本书系国家社科基金一般项目"文明互鉴下的犹太伦理与先秦儒家伦理比较研究"（项目号：15BZJ004）结项成果

元典伦理
与
文明互鉴

谢桂山 著

中国社会科学出版社

图书在版编目（CIP）数据

元典伦理与文明互鉴/谢桂山著.—北京：中国社会科学出版社，2023.8
ISBN 978-7-5227-2345-7

Ⅰ.①元… Ⅱ.①谢… Ⅲ.①儒家—伦理学—研究②犹太哲学—伦理学—研究 Ⅳ.①B82-092②B222.05③B382

中国国家版本馆CIP数据核字（2023）第144753号

出 版 人	赵剑英
责任编辑	刘亚楠
责任校对	张爱华
责任印制	张雪娇

出　　版	中国社会科学出版社
社　　址	北京鼓楼西大街甲158号
邮　　编	100720
网　　址	http://www.csspw.cn
发 行 部	010-84083685
门 市 部	010-84029450
经　　销	新华书店及其他书店
印刷装订	北京市十月印刷有限公司
版　　次	2023年8月第1版
印　　次	2023年8月第1次印刷
开　　本	710×1000　1/16
印　　张	18
插　　页	2
字　　数	303千字
定　　价	98.00元

凡购买中国社会科学出版社图书，如有质量问题请与本社营销中心联系调换
电话：010-84083683
版权所有　侵权必究

目　录

绪　论 ……………………………………………… (1)
  一　文明互鉴 …………………………………… (1)
  二　研究意义 …………………………………… (5)
  三　内容目标 …………………………………… (10)
  四　思路方法 …………………………………… (12)

第一章　问题与溯源 ……………………………… (14)
  一　文献范围 …………………………………… (14)
  二　学科沿革 …………………………………… (17)
  三　文献综述 …………………………………… (23)
  四　研究成果 …………………………………… (27)

第二章　本源与原则 ……………………………… (29)
  一　道德起源与本质 …………………………… (29)
  二　道德价值与原则 …………………………… (46)
  三　爱与仁的比较分析 ………………………… (55)

第三章　律法与礼 ………………………………… (67)
  一　律法与礼的界定 …………………………… (67)
  二　律法与礼的渊源 …………………………… (73)
  三　律法与礼的内容结构 ……………………… (82)
  四　律法与礼的基本特征 ……………………… (100)
  五　律法与礼的文化意象 ……………………… (112)

六　律法与礼的差异 …………………………………………（120）

第四章　契约与伦理 ……………………………………………（124）
一　律法之契约思想 …………………………………………（124）
二　礼之契约思想 ……………………………………………（132）
三　契约伦理比较 ……………………………………………（140）

第五章　生态伦理 ………………………………………………（145）
一　生态危机与生态伦理 ……………………………………（145）
二　"创造"之生态伦理 ……………………………………（146）
三　"创造"与"生生"伦理之相通性 ……………………（153）
四　"创造"与"生生"伦理之相异性 ……………………（161）

第六章　社会伦理 ………………………………………………（165）
一　犹太选民伦理 ……………………………………………（165）
二　先秦儒家角色伦理 ………………………………………（171）
三　选民伦理与角色伦理比较 ………………………………（181）

第七章　家庭伦理 ………………………………………………（190）
一　犹太家庭观及其伦理 ……………………………………（190）
二　儒家家庭观及其伦理 ……………………………………（200）
三　家庭伦理比较 ……………………………………………（208）

第八章　慈善伦理 ………………………………………………（215）
一　慈善与慈善伦理 …………………………………………（215）
二　犹太慈善伦理思想 ………………………………………（218）
三　先秦儒家慈善伦理思想 …………………………………（225）
四　慈善伦理比较 ……………………………………………（229）
五　慈善伦理创新与转化 ……………………………………（236）

第九章 经济伦理 （241）
  一 犹太经济伦理 （242）
  二 先秦儒家经济伦理 （248）
  三 经济伦理比较 （254）

结 语 （264）
  一 文明互鉴的必要性 （264）
  二 两种伦理模式的定位 （266）
  三 两种伦理模式比较的学术价值 （266）
  四 两种伦理模式比较的现实意义 （268）

参考文献 （270）

后 记 （279）

绪　论

"文化是一个国家、一个民族的灵魂。文化兴国运兴，文化强民族强。"[①] "文化自信，是更基础、更广泛、更深厚的自信，是更基本、更深沉、更持久的力量。"[②] 文化自信源于中华民族五千多年文明历史所孕育的优秀传统文化。我们的文化自信要建立在传承和弘扬中华优秀传统文化，坚持创造性转化、创新性发展的基础上。中华民族基于"究天人之际，通古今之变，成一家之言"的优秀历史文化传统，建构了一种注重历史事实、当下实际和追求理性价值、道德价值的民族精神系统。中华文明是世界古代文明中为数不多的、未曾沉溺于宗教神秘和彼岸幻想的文明，这与中华文明注重历史事实和当下现实问题的思考密切相关，体现了中华文化的独有价值和对世界文明的重要贡献。研究世界文明，特别是伦理文明的历史经验、发展规律和现实价值，探究中华道德文明历史渊源、嬗变脉络和当代呈现特征，比较不同民族道德文明的优势和不足，分析世界各大文明系统的内在发展机理和外部表现特征，文明互鉴是一个优先的视域和不错的切入点。

一　文明互鉴

文明互鉴是以不同文明为研究对象。人类文明具有多样性、平等

[①] 习近平：《决胜全面建成小康社会　夺取新时代中国特色社会主义伟大胜利》，人民出版社2017年版，第40页。
[②] 《习近平治国理政》，外文出版社2017年版，第349页。

性、包容性等特征。文明互鉴的内在价值驱动源于人类文明多样性的各种助益，文明互鉴的基本前提源于不同民族文明共识的平等性，文明互鉴的动力则是源于不同民族对彼此文明的包容性。从文明内在机制到文明发展模式，从文明进步动力到文明进步轨迹，从文明进步价值到文明进步标准，文明互鉴既是研究文明系统的优先起点，又是观察、研究、阐释、辨析、实践的文明全过程的基本方法。文明互鉴之目的是希冀不同国家、不同民族、不同种族在平等交往的对话中，实现文明理解、文明包容和文明宽容。

文明个体甚至文明个体的部分、侧面之比较是文明互鉴的起点，文明整体下的个体与个体的比较、个体与整体的关联，文明演进下的微观和宏观、个体与群体、局部与整体、过往与当下、现在与未来的比较，则是文明互鉴的基本向度。文明比较和文明互鉴兼具目的论和方法论意义。之所以具有目的论意义，是因为不同文明形式唯有在比较互鉴中异同尚能凸显，价值方能实现。之所以具有方法论意义，是因为文明比较与互鉴是选重择要，不可能包罗万象，比较和互鉴提供的选择坐标、整体概念和形成研究进路、思维方式，更具学术价值。挖掘具有普遍意义的伦理智慧，检视当代中国伦理价值的判断坐标，是我们必须正视的一个重要的时代课题。如冯友兰所言，"我们把它们（中西文化）看作是人类进步同一趋势的不同实例，人类本性同一原理的不同表现这样，东方西方就不只是联结起来了，它们合一了"[1]。"轴心时代"的概念范畴、价值理念需要通过批判性继承、现代性转化，才能在新时代获得新生。因此，基于儒家文化视角审视犹太文化，抑或从犹太文化维度理解儒家文化，比较和互鉴具有重要的方法论意义。

（一）文明互鉴是文明自信的前提

在人类历史和人类文明的嬗变进程中，世界上不同民族创造出了绚丽多彩、风格迥异、独具个性的文明成果和文明方式。冷战结束以来，文明冲突和文明博弈、文明矛盾和文明对抗，是引发国际社会利益博弈和矛盾冲突的一个重要因素。尊重文明多样性，在一定程度上是实现整

---

[1] 冯友兰：《三松堂全集》第11卷，河南人民出版社2000年版，第271页。

个世界和平繁荣最具统一性和一致性的选择。文明对话与文明隔阂、文明互鉴与文明冲突、文明共存与文明优越，是人类文明发展进程中亟待解决的几个重要问题。人类文明发展历程和历史事实确证，因民族、国家、宗教、种族、地域、地理、文化等要素的不同，文明将呈现出多样性、丰富性、多维性和地域性、民族性、种族性的基本特征。

任何一种文明形式都有其独特承载主体和嬗变历程，对于承载这种文明形式的国家和民族而言，都弥足珍贵、薪火相传、毋庸否定和不可割舍。世界文明没有高下、优劣、好坏之分，只有特色、民族、地域之别。文明是拥有多元形式和丰富内涵的文化生态系统，仅以单向内容评价一种文明，仅用特定标准衡量一种文明，仅用一国一族价值要求一种文明，是导致美国学者亨廷顿"文明冲突论"立论缺陷侧漏的主因。

我们认为，造成世界冲突的不是文明本身，也不是文明多样性形式，而是文明背后的政治、宗教和利益的驱动，抑或是以文明的同质性消解文明多样性的价值驱使。文明互鉴的主旨是在肯定世界统一性中尊重文明的差异性，在文明比较中实现文明相互借鉴与文明相互尊重。

文明互鉴研究，首先必须肯定和尊重其他文明系统生存发展的正当性和合法性，形成衡量文明发展标准的普遍性和共识性，尊重文明发展的差异性和多样性，承认其他各国文明选择其发展道路、政治体制、社会制度、文化习俗、宗教信仰的历史性、现实性、合理性。通过文明互鉴，不同文明系统能在相互了解中获得不断发展的动力，促进文明间的和谐共处，成为人类命运共同体构建的重要力量。

（二）文明互鉴是文明互信的基础

在"文化的传统性与现代性，文化的民族性与全球性，文化的差异性与同一性，文化的多样性与一体性，文化的本土性与世界性"[①]几个维度中，实现文明互鉴，文明互信是一个尤为重要的前提。文明互信之于各种文明形式，要求我们不能将其他文明视为自己的"异者""他者"和威胁，而应如《礼记·中庸》所言，"万物并育而不相害，道并行而不相悖"。研究不同文明相互交往的内在机制，实现不同文明在核

---

① 方汉文：《比较文明学》第一册，中华书局2014年版，第421页。

心利益上的共圆和交集，比较互鉴是一种方法和路径。比较互鉴"作为一种视域，从其最根本意义上说就是同异俱于一，就是破除一法之执，要采取辩证的认知方式与方法"，因为"我们面对的是多元的文明，我们能有的只是与其相对应的、超越东西方任何一种文明的观念和方法，这是十分正常的。方法的融合与互补是多元文明研究所需要的，是跨文明的"。①

（三）文明互鉴是文明互谅的内在机制

文明差异和冲突的哲学形式就是理性主义和相对主义的对立与反弹。"相对主义鼓励对特定文化惯习、宗教信仰、艺术、价值观和自我认知的兴趣，而理性主义方法则倾向视其为次要的。同时相对主义贬抑了寻找人类行为的跨文化的兴趣，而这恰好是理性主义方法的核心。"②但比较互鉴研究对于"理解人类行为和文化变迁具有重要价值"，"对每一个早期文明的详尽而独立的理解是比较研究的前提条件。如果运用一种早期文明信息去填补其他早期文明知识的空白的话，将不可避免地造成远多于实际情况的跨文化统一性的假象"。③而化解冲突的重要途径包括：实现不同文明妥协和谅解，构建各文明间畅通的、多渠道的对话机制，有效管控文明冲突，加强不同民族和国家对其他文明形式学习和了解，形成文明互谅的社会基础。通过文明互鉴，不同文明系统，能在相互了解中获得自身发展的动力，能在比较中实现和谐共处，能在互鉴中成为人类命运共同体构建的重要力量。

（四）文明认同、自信、共育和互蕴是文明互鉴之目的

儒家文化和犹太文化都是民族性凸显的文化类型，时至今日，要真正把握两种文化模式的核心内容，还必须从世界的视角理解它们的源流和源向问题。一方面，文明时空坐标系是世界性的，必须站在世界维度

---

① 方汉文：《比较文明学》第一册，中华书局2014年版，第289页。
② [加]布鲁斯·G. 崔格尔：《理解早期文明：比较研究》，徐坚译，北京大学出版社2016年版，第9页。
③ [加]布鲁斯·G. 崔格尔：《理解早期文明：比较研究》，徐坚译，北京大学出版社2016年版，第13、14页。

方能把握文明流变的规律；另一方面，文明因变量亦是世界性的，必须站在世界维度认真探究左右文明发展大势的根本性因素，尚能把握决定文明变迁和更替的实质性因素。如傅有德先生所言："我们研究的是距今2500年前后的希伯来先知与或许更遥远的儒家圣人。在时间上，他们无疑都属于'过去时'了。然而，他们的言行却超越了时空而化为不朽的思想和精神，影响着犹太的、欧洲的、亚洲的乃至整个人类的历史发展和文明进程。"[1] 基于世界维度审视儒家文化和犹太文化，我们得到的不是文化的自怨自艾、妄自菲薄，而是不同文明的尊重和互信，这是国与国、族与族交往发展、共育互蕴的文明因子。

文明互鉴不应限于具象条件下的研究，而应是由学术生命构想孕育出超越人类心理和生理属性、冲破时空坐标的拘囿形而上的思考和研究。黑格尔认为，"各民族在其相互关系中的命运和事迹是这些民族的精神有限性的辩证发展现象。从这种辩证法产生出普遍精神，即世界精神，它既不受限制，同时又创造着自己；正是这种精神，在作为世界法庭的世界历史中，对这些有限精神行使着它的权利，它的高于一切的权利"[2]。我们无法绕开人类文明的交互性、贯通性和一致性，不必避讳文明多元，不应回避文明自强，多元自强之后，肯定是浩浩荡荡的文明大势。

二 研究意义

在交通落后、地理阻隔、通信原始的古代，犹太先知和儒家先哲的交往、交通和交集很难进行。但在人类文明演进的大势中，在现代文明融合进程中，在现代学术的平台上，对两种元典伦理[3]的互鉴研究，无论是互鉴的语境、互鉴的条件，还是互鉴的模式、互鉴的目标都凸显了文明流变的普遍性和共通性。

---

[1] 傅有德：《希伯来先知与儒家圣人比较研究》，《中国社会科学》2009年第6期。
[2] ［德］黑格尔：《法哲学原理》，范扬、张企泰译，商务印书馆2017年版，第398页。
[3] 基于学术研究需要，本书以圣经犹太教时期与先秦时期儒家伦理为研究对象，这一时期是两大伦理传统萌生、创制时期，也是两大伦理模式形成的元典时期。

(一) 互鉴的基本要求

要认知犹太和儒家的元典伦理思想，就必须了解两种伦理产生的思想根基、文化渊源和物质前提，必须追溯到犹太文明和中华文明萌生之初，以探究两种伦理模式源头时期的思维和观念对两个民族后世文明嬗变发展的重要影响，从而呈现犹太文明和中华文明的内在价值、体系维度和核心要素。在这些内在价值、体系维度和核心要素的聚合体之中，我们可以肯定的是，两个民族的宇宙观、世界观、人生观、价值观和伦理观及其对人性关系假定、时空关系探究、因果关系考量、生命关系追求，均各自呈现出不同的特色和气度，凸显出独特的内在价值、生存逻辑和演进规律。

"轴心时代"的思想家对上述问题的探究和回答，可谓千差万别、莫衷一是，构建的文明之路和学术流派亦不尽相同，可谓今来古往，物是人非。犹太和儒家之元典伦理演变至今，早已物是人非，现代犹太伦理与古代犹太伦理相去甚远，儒家伦理发展至今，与先秦儒家伦理呈现的特征和发展的理路亦极不相同。但"天地里，唯有江山不老"，犹太与儒家元典之道德观念和道德判断，均隐含着对两种伦理文明形态整体性、连续性和持久性的预测和认知，我们不能否定文明发展历史长河中某个阶段和某个部分断层和异变，如犹太民族沦为"巴比伦之囚"和为古罗马帝国征服，但其文化的信仰是贯穿始终、不可更改的，先秦儒家伦理学说曾有过遭受打压和边缘化的阶段，但其核心价值是一以贯之、经久不衰的。

"轴心时代"之后，两种伦理流变重大变革从未停止，自我革命和应对外来挑战很多时候是腥风血雨、你死我活的，甚至二者都有长时间的低谷和消沉、悲情与失落。但令人感慨的是，两种伦理架构从未出现过质的断裂和断层，可谓愈挫愈奋、持久连续、生机盎然。总体而言，两种伦理架构是生命性、连续性和可持续性的文化生命体。在这个文化生命体中，既包括外在的制度伦理形式，也包括制度伦理形式背后的信念伦理。

因此，作为犹太文明和中华文明的根基——元典犹太伦理和儒家伦理，其基本道德思维形式、道德思维观念和道德价值判断亦有久远的稳定性和连续性。应该指出的是，比较两种伦理体系既要追溯到元典伦理形成之初，探究当时的道德思维和道德观念建构机制对后世伦理的影响，实现两种伦理模式有效借鉴学习，又要超越元典伦理的特殊阶段，从人类文明嬗变和文明共同体的维度，省察和体认两种伦理模式成熟期的基本特征和重要价值。二者互鉴的目的是获得价值重塑和道德重建的文化资源，是从元典和现代伦理两个维度省察二者的基本价值和基本特色，把握当下呈现的新气象和新形式，研究两种伦理模式的重要内涵和重要意义。

(二) 互鉴的学术价值和应用价值

基于上述分析，本书研究的学术价值、应用价值从两个向度可以呈现出来：一是通过跨文化、跨文明的比较研究，在传统伦理与现代伦理、民族伦理与世界伦理之间形成张力，完成传统伦理的创造性转换，形成民族道德认知、道德认同和道德自省，这是本书希冀实现的学术价值；二是通过对两种创制时期的伦理范型的比较，还原伦理源头的本来面貌，发掘两种伦理流变的嬗变规律，在比较中相互借鉴，汲取更多的道德资源，实现道德重塑和道德治理的目的，这是本书希冀实现的应用价值。

(三) 互鉴的现实意义

首先，"轴心时代"文化先哲们的学术耕耘，实现了人类伦理精神的伟大突破。"轴心时代"道德先知对民族伦理的内窥和预判，是由天人关系、神人关系思考，推至人与人、人与社会关系的思考，继而深入至人与人道德关系、人与社会道德关系思考的伦理观照过程。犹太先知和儒家先哲们的共同学术耕耘，实现了人类伦理精神的重大突破，创制地彰显民族精神和民族价值的道德理论、道德实践、道德模式和道德体系，在很大程度上左右着后续民族伦理演进的基本方向和伦理运思的基本形式。

从发生学角度来看，任何伦理文化生成都是在"源原之辨"中进行逻辑的发展，所谓"源"即历史渊源方面，"原"即社会现实方面。随着社会结构、政治制度方面的转型，传统伦理创造性转换是逻辑发展的应然需要。通过跨文化、跨伦理的比较，在传统伦理与现代伦理、民族伦理与世界伦理之间形成张力，完成传统伦理的创造性转换，必然会形成民族道德认知、道德认同和道德自省。通过对两种创制时期的伦理范型的比较，还原伦理源头的本来面貌，探究两种伦理流变的嬗变规律，在比较中相互借鉴，汲取优秀的道德资源，也必然会达到道德重塑和道德治理的目的。因此，基于文明互鉴需要，比较两种伦理模式的异同，有助于互相借鉴学习优秀的伦理传统和伦理资源，擘助民族文化的自信、自觉和自省。

其次，"轴心时代"文化先哲们独特的文化追求和伦理探索，实现人类道德文明的重大创新。两个民族思想家关于人类道德问题的考量和追问、关于民族发展和民族危机的道德反思，设置了高于律法和礼法的道德目标，希冀以道德之声唤醒民族意识。文化先哲之独特文化追求和道德探索，实现人类道德文明的重大创新，这一时期"是在知识、心理、哲学和宗教变革方面最具创造性的时期之一"，"没有任何一个阶段可与之相提并论"。①"轴心时代"文化先哲们的精神气质和精神追求及其一致性的洞见，均蕴藏在民族发展和文明发展的进程中，而犹太先知和儒家先哲致力于人类伦理的研究，在彰显普遍性和民族性的伦理规范建构中，形成爱与仁、律法与礼法、中道与中庸、他律与自律为基础的伦理传统，这一传统和古希腊苏格拉底、古印度佛陀思想遥相呼应。犹太与儒家之元典伦理是轴心时代两种典型的伦理模式，将"轴心时代"人类先哲的伦理洞见赋予其民族特色，诉诸当下价值重塑和道德重建，适应"百年未有之大变局"的国际环境，具有重要的民族价值和世界意义。同时，对两种伦理模式的比较研究，有助于优长互鉴、相互学习，有助于重塑伦理精神和构建现代化的道德治理体系。

再次，"轴心时代"文化先哲们独特的伦理致思进路，是实现人类道德实践的重大创新。不同文明的比较、互鉴是尊重人类文明多样性、多元性、多维性的重要前提。比较两大伦理传统的继承性与积累性、共

---

① ［英］凯伦·阿姆斯特朗：《轴心时代》，孙艳燕、白彦兵译，海南出版社2010年版，第2页。

时性和历时性、融合性与渗透性，有助于建构多元文明的平等、共享、相融机制，是打通民族与世界、传统与现代、当下与未来的内在伦理关联的有益尝试。现代社会要想使冲突的多元价值实现共存，建构伦理对话平台是重塑当代伦理价值体系的重要前提。每个行为主体自由、平等地参与到伦理话语的建构之中，通过主体间的交往理性达成道德共识，才能最大限度地消解现代人类道德危机。如宋希仁所指出那样，"哈贝马斯商谈伦理的最大特色，就在于它把主体间性提高到中心位置"[①]。世界范围内不同文明对话、商谈和互鉴是文明多样性、多元性、多维性存在和发展的重要前提。

以亚洲古代典型的伦理模式——犹太与儒家元典伦理为范本，研究不同文明形式间对话与互鉴的必要性和可能性，根据比较文化的学术要求，采用经典诠释方法、比较研究方法、系统分析方法，等等，分析人类伦理文明的发展规律、内在机理和深层意义，为多元文明对话和商谈提供有价值的范本，引导不同文明形式寻求共识方向和目标，有重要现实价值。两种元典伦理学的思想资源、保障制度、普及化机制的相互借鉴，有助于当代伦理学体系的建构。冯契认为："从辩证法的观点看，百虑不应忘记一致，一致亦不应排斥百虑。求一致而能兼综百虑，便具有兼容并包精神。"[②] 不同文明间的商谈、对话和互鉴，形成知理、知心、知行的共识价值，能消解文明隔阂、冲突、狐疑，畅通异域文明交流合作，消除文明霸权和道德绑架，形成构建人类命运共同体和人类文明共同体的智慧和合力，助益世界和平与发展。

最后，两种元典伦理资源互鉴只有进入"比较哲学"的状态，才能彰显先哲们的伦理智慧在解决现代人类道德危机中的作用。作为两个民族的源头伦理资源，没有时空的交通和信息的沟通，基于文本和文献的比较研究，能真正以平和心态、平等立场和公允标准实现互鉴的目的，亦是避免文化霸权主义和文化沙文主义的有效方式。在比较中，发现人类文明发展演进的内在动力、发展理路、思维向度的异同，获得文明良性发展的重要资源。如徐复观所言："我们中国哲学思想有无世界

---

① 宋希仁：《当代外国伦理思想》，中国人民大学出版社2000年版，第581页。
② 冯契：《冯契文集》第八卷，华东师范大学出版社1997年版，第556—557页。

的意义，有无现代的价值，是要深入到现代世界所遭遇到的各种问题之中去加以衡量，而不是要在西方的哲学著作中去加以衡量。"① 所谓"比较哲学"并非"中体西用"抑或"以中释析"，而是要在充分把握"源原之辨"的基础上"双向格义"。通过文明比较，分别以己方与彼方的立场、思维方式和文明标准，深度理解彼此文明中"善"的价值和成因，探求不同文明体系中道德价值的共通性和普适性，形成不同文明形式间的有效交流和真诚合作，将异域文明的优秀文化资源化为本土文明繁荣和发展的动力支持。我们有理由相信，文明的对话、比较和互鉴，将成为各大文明系统普遍认同和普遍选择的、维系世界和平与发展的最重要的力量和最基本的方法。

三 内容目标

本书是两种元典伦理思想及其当代价值的互鉴研究。超越时空的拘囿，自觉会通两种元典伦理，在比较中互见异同，在互鉴中互吸养料，在更高层面探究相通相似、相融互补的可能性，实现全球化、信息化和人类命运共同体视域下文明互鉴和道德重建的目标，是两种伦理模式比较和对话的意义、目的之所在。

（一）本书研究内容

本书的研究内容从多个维度对两种元典伦理的历史渊源、时代背景、体系架构、基础、原则、内容、特征、嬗变历程、传承影响、当代价值等进行比较研究。

首先，犹太伦理：上帝—爱—律法的架构；儒家伦理：天—仁—礼的架构。通过"上帝与天""爱与仁""律法与礼"的比较，界定两种伦理模式的基础、原则和基本特征。

其次，犹太伦理：信仰—制度—责任—信仰的范型；儒家伦理：信念—制度—责任—角色的范型。通过"宗教性和世俗性""法治与德治""神治与人治"及其信仰伦理、制度伦理、责任伦理和角色伦理的

---

① 徐复观：《中国思想史论集续编》，上海书店出版社2004年版，第8页。

比较，探究两种伦理范型的相似相通、相异相悖的特点，寻求可供互相借鉴的道德资源。

再次，犹太伦理具有宗教化、契约化、律法化、利益优先之特点；儒家伦理具有政治化、宗法化、礼制化、道德优先之特质。通过宗教与宗法、契约论与人伦、义利观、自律与他律的比较，可以发现前者是宗教契约伦理，后者是宗法人伦伦理；前者视利益为根本目的，后者视道德为根本目的。

最后，通过犹太与儒家元典伦理之善恶观、幸福观、慈善观、生态观、家庭观以及中道、公义、公正、平等、民本等思想的比较，体察两大伦理源头资源对当代道德自省、道德重建、道德认同的意义，发现两种伦理范型的互鉴价值。

本书的主要目标是在源头上对两大伦理传统进行检视、追究、对比，在文化之根的追述考察中互见异同、短长，基于文明互鉴之需，在更高层面探究互补融合的可能性。

（二）本书的研究目标

基于文明互鉴、对话、会通的需要，在文明共同体和文化全球化的视域下，建立一种科学、合理、公允的伦理文化比较架构，对于构建文明互鉴的伦理平台有重要现实意义。文明互鉴不仅是研究不同伦理文化之间的共性、相同性、相通性、相似性，寻求可以借鉴的道德资源和道德助益，而且要探析不同伦理文化的个性、独特性和民族性，把握人类文明发展的内外动力和嬗变轨迹，这对建立人类文明共同体是一件有价值的工作。

基于人类文明发展的需要，从源头上对两种不同的伦理范型进行梳理、省察、检视，获得对当代重大现实伦理问题的解答，令传统伦理资源"活起来"，是笔者希冀实现目标。更为重要的是对二者进行比较研究，亟待需要在比较中勘定不同类型伦理的优点和不足、长处和短处，在相互比较中，借鉴异域伦理之优长，弥补本土伦理之不足，并在网络化和全球化语境下，明晰文化交流之频繁、文化影响之加深、文化趋同之加快，并未消解不同民族伦理文明的独特性，相反，伦理文明的独特性恰恰是其他文明最应学习的。文明互鉴之价值在于吸收异域文化之优长，寻找本土文化发展的动力机制，从而实现保持本土文化生命的强大活力，绝非因为网络化和全球化而消弭不同伦理文化的独特性。

四　思路方法

（一）本书的研究思路

从文本出发，对原始经典梳理、归纳、综括和诠释，厘定二者异同、分出个性与共性，找出可供互补、借鉴的资源；从伦理史的视角，追究、总结二者的理论渊源、基本内涵、演化过程和现实危机，把握两种伦理范型的嬗变规律和基本特征；从文明对话、互补和伦理精神塑造等方面，体察和认知二者对道德自觉、自信、自强和道德重建的现实价值，这是本书研究的基本思路。

在互鉴中发现两种伦理之异同，发掘两种元典伦理的源头价值，研究新的文献资料，洞悉源头伦理的蕴含的内在价值和表现形式，寻求轴心时代伦理流变的内在规律，需要综合运用多种研究方法。确立科学的研究方法，是保证比较研究有效完成的基本前提，否则，比较研究就难以进行，甚至会令研究成为简单的资料整理和归纳，互鉴之目的也就很难实现，比较研究就会脱离研究轨道，不能成为真正的比较研究。

（二）本书的研究方法

本书在综合运用多种研究方法中，将以下几种研究方法为主：

首先，经典诠释方法。对《圣经》中《创世记》《出埃及记》《利未记》《民数记》《申命记》和"先知"的思想与先秦儒家的经典文本系统阐释，研究其相似相通、相异相悖的共性与个性。通过对传统经典、新发现的史料以及相关资料的诠释，把握犹太经典和儒家经典产生时代背景和文化背景，了解犹太经典和儒家经典阐释的现状，这是比较研究最基础的文献资料，通过诠释或再诠释，形成关于犹太与儒家元典伦理一般性思考，并基于比较互鉴的需要，形成关于二者的特殊性思考，发掘传统经典文本之现代价值，从而帮助我们把握两种伦理流变的内在机理。

其次，比较研究方法。对两大伦理模式的基础、原则、特征、性质与时代背景、思想演进、现代价值进行比较性研究，以期获得对现实问题的回答。比较研究法就是对二者相似相异之样式和程度进行研判，形成中道性结论。根据现代道德重建和人类命运共同体的建构要求，对两种伦理相互关联的各种内容进行历时性和共时性的考察，寻找二者在普遍伦理架构之下的相似相通、两种伦理流变演进的普遍规律与特殊规律，形成伦理重建的普遍性资源和特殊性资源认知。

最后，系统分析方法。对两种伦理模式的比较要在民族文化系统和世界文化系统中综合考量，通过系统分析找出可供借鉴的有价值的思想，打通传统与现代、民族与世界之间的关系，实现伦理自觉和道德重建的目的。

第一章
问题与溯源

20世纪初期以来，随着新技术发明和全球化演进，世界范围内的各大文明系统及其亚文明系统的比较研究方兴未艾，从文明萌发、文明发展、文明成熟和文明规律到文明物质基础、文明历史渊源和文明社会基础的比较研究异彩纷呈，从文明宏大主题到文明具体层面的比较研究成果日趋丰富，从文明整体性到文明内部构成的比较研究持续深入，从文明比较研究到文明互鉴研究步步深入。文化学者、历史学者、社会学者、哲学学者、法学学者、人类学学者、经济学学者、生态学学者、宗教学学者和伦理学者皆将文明比较研究和文明互鉴研究纳入自己的研究视域，出版和刊发了一批有影响力的学术研究成果，成为比较研究领域的主要推动者。我国文明比较研究发轫于20世纪中后期，这一时期的犹太文化专题研究主要侧重文献、翻译、历史、考证、诠释等几个维度，文献学学者、翻译学学者、历史学学者、哲学学者、文学学者、宗教学学者等率先将犹太文化与中国传统文化进行比较研究，涌现出一批有影响力的学术成果和学术机构，为跨文化比较研究奠定了坚实的学术基础。

一 文献范围

本书不过多地纠结时间的范围，而是将主要的精力投放到经典文献上，借鉴先人之经典文本诠释的成果，研究考古新发现的文献材料，寻找源头时期道德先知们共同关注的道德问题，以及他们对人类共同道德问题的解决方案，以获得当下价值重构和道德重建的历史文化资源。

元典犹太文化与儒家文化之所以与人类结下不解之缘，不仅是因为它们各自成为西方文化和东方文化的基因和源头，而且是因为二者都给后人留下了对世界、人生和社会具有指导意义的文明智慧和文化典籍，使后人能够读出或再读出富有现代性的意义和价值。犹太经典和儒家经典共为人类文明的重要文化遗产。犹太文化和儒家文化的不断传承和持续发生强大影响力的一个重要原因，是二者都给我们留下众多的文化典籍和思想智慧，这些富有营养的传统典籍和思想智慧早已融入犹太民族和中华民族的血液之中，沉淀为两个伟大民族的民族心理，成为两个民族的文化基因和文明密码。本书之文献范围，主要是元典时期（创制时期）的经典文献，而非其他时期的经典文献。

（一）犹太文化经典范围

犹太文化资源是世界四大文化宝库之一。犹太文化最重要的经典文献是《圣经》和《塔木德》。犹太人称《圣经》为《塔纳赫》(*Tanach*)[①]，由"律法书""先知书"和"圣著"三大部分构成，共39卷929章，是《圣经》成书的三个重要阶段。"律法书"亦是狭义的《托拉》，是《圣经》之前五卷，相传为摩西所作，包括《创世记》《出埃及记》《利未记》《民数记》和《申命记》，故称《摩西五经》。[②]

"先知书"共21卷，由于列入圣典的时间先后时间不同，可分为"早期先知书"（6卷）和"晚期先知书"（15卷）。[③]"在犹太教中，先知是神在世上的代言人"，"在古以色列人的政治、宗教和道德生活中起过重要的作用"。[④]

"圣著"（13卷），大约成书止于公元1世纪。它是犹太诗歌、寓

[①]《新旧约全书》基督教徒都认同，是基督教的《圣经》。而犹太教徒称自己《圣经》为《塔纳赫》，犹太人既不承认《新约》，也拒绝以《旧约》称呼自己的《圣经》，因为犹太人否认基督教之耶稣是救世主，更否认上帝与耶稣立"新约"的说法。

[②]《摩西五经》有不同时代的四个来源，其中最早成书于公元前950年，最晚成书于公元前500年。

[③]《先知书》大约完成于公元前200年。

[④] 傅有德：《近现代犹太宗教运动》，山东大学出版社1996年版，译者序第5页。

言、格言、谜语、比喻的总汇，是研究犹太文学和犹太诗歌的重要内容，对基督教的《新约》和《启示录》影响巨大，对世界文学和世界诗歌影响功高至伟。

除了《圣经·旧约》之外，《塔木德》亦是犹太教最重要的法典。《塔木德》由《密西那》（Mishnah）和《革马拉》（Gemara）两部分混合组成。《密西那》是犹太教的口传律法，由著名学者犹大哈纳西于公元200年编撰成书，《革马拉》则是历代犹太贤者对《密西那》的诠释和评注。

《次经》（Apocrypha）也是犹太民族的重要文化遗产，全书共十五卷。公元90年的詹尼亚会议以后，拉比们开始浩繁庞大《次经》的选编工作。《次经》的经卷是从未编入正典的著作中选编出来的，其中的启示文学、智慧文学、历史书和小说，包含着丰富的伦理思想。

《伪经》（Pseudepigrapha）是《圣经》伪仿或模拟作品，是公元前200年至公元100年间产生的、未收入《圣经》和《次经》的以色列先民的作品或著作。《伪经》虽不属于《圣经》正典范围，但其所描述的人物都是《圣经》正典中曾有过或者出现过的人物。《伪经》因未录入正典范围，故此传世的版本、篇目和范围杂乱不一，大部分已佚失。现在市面上见到的《伪经》可分为《巴勒斯坦伪经》和《亚历山大里亚伪经》，二者仅仅是原来《伪经》的一小部分。《巴勒斯坦伪经》用的是希伯来文或亚兰文，《亚历山大里亚伪经》用的是希腊文。研究犹太文化和犹太伦理，《伪经》有重要的参考价值。

《死海古卷》在20世纪中叶（1947—1952年）被西方学术界称为当代最重大的文献发现，曾经是轰动全球的重大事件，引起了历史学家、考古学家和圣经研究者的巨大兴趣。其中找到藏经洞十一处和昆仑社团遗址一处，发现古卷共六百余卷，残片碎片数以万计，经专家和技术测定，古卷产生于公元前167年到公元前233年之间，是世界上现存最古老的希伯来圣经的手抄本，因古卷众多、篇幅浩瀚，学术价值、考古价值和历史价值连城，成为当代重大文献发现，是研究古犹太文化和犹太伦理的重要资源。《死海古卷》可分五类：一类是希伯来《圣经》手抄本，除了《以斯帖记》外，其他各卷均有抄本；二类是《次经》《伪经》和其他经书的抄本，主要包括《圣经旧约》的三十九卷，以及公元前200年到公元1世纪犹太民间广泛流行的经书；三类是昆仑社团成员各种文献遗存和法规；四类是《圣经》注释讲义，是讲经、释经者对众多《圣经》内容和段落注释和解释，是库兰社团独有的文献；五类是感恩诗篇、圣殿篇和其他。

总之，犹太文化最重要的经典文献是《圣经》和《塔木德》，研究中我们还必须充分观照《次经》《伪经》《死海古卷》等重要文献，以及历史学家、考古学家的研究成果。

（二）儒家文化经典范围

对儒家先哲而言，其经典文献极其丰富。孔子删订六经，《诗》《书》《礼》《乐》《易》《春秋》，现存有五经。历代圣贤不断选萃择重，宋儒将儒家经典勘定为"四书"：《论语》《孟子》《大学》《中庸》。《荀子》以及孔门弟子和再传弟子的思想，也是儒家的重要经典，上述典籍可统称为"儒经"，"这些儒家经典成为中国封建社会人人必须遵循的最高教诲。这些最高教诲告诉人们一切知识，包括做人的道理、治理家庭的原则、管理国家的理论和方法等等"①。历代儒者的解经、注经、释经的重要思想，也是本书参考的重要文献。

二 学科沿革

犹太—儒学比较研究作为新兴的研究方向和研究领域，经历了从开始依附于基督教—儒学比较范式，到独立建构犹太—儒学比较范式的一个发展过程，这与文化交流范围拓展、文化比较研究深化和文明互鉴需要紧密相联，与一批兼有犹太学和儒学学术背景的研究者的努力密切相关，同两希文明与中华文明对现代世界文明的重大影响密不可分。

（一）从资料介绍、知识普及到专业研究领域的形成

我国的犹太研究基本上经过四个重要阶段。

一是中国犹太研究封闭沉寂期，新中国成立以后到改革开放之前

---

① 董小川：《儒家文化与美国基督新教文化》，商务印书馆1999年版，第116—117页。

（1949—1977年）。这一时期关于犹太民族和犹太文化学术性的研究成果比较少见，刊发的文章以政治性、政策性、民族性为主导，以知识介绍、普及和传播为重点，影响力较强的学术研究成果寥寥无几。

二是中国犹太研究复苏期（1978—1988年）。发轫于1978年的改革开放给我们带来的不仅仅是经济转型和思想解放，更重要的是国外的哲学、法学、伦理、经济、管理、宗教、美学等学术思想纷至沓来，重新进入中国。我国的犹太研究也由此逐渐复苏，其标志是一些学者通过研究西方文化递进至研究犹太文化，希冀寻找两希文明内在关联及其影响机制，一些学者远渡重洋，赴欧美、以色列和澳大利亚研究犹太文化，一些学者借助"文革"之前的学术积累再次投入犹太文明的研究中，因此，这一时期是我国犹太研究的复苏期，即是学术研究的积累阶段。影响较大的学术成果有：潘光旦先生的《关于中国境内犹太人的若干问题》、赵复三先生的《犹太教简介》、江文汉先生的《中国古代基督教及开封犹太人》、王仲义先生的《犹太教史话》、朱维之先生主编的《希伯来文化》；译著有：阿巴·埃班的《犹太史》；论文有：犹太中国籍专家沙博理的《希望中国学者研究中国的犹太人历史》、杨申先生的《论苏联犹太人》、王神荫先生的《死海古卷与库姆兰社团》、彭小瑜先生的《略论犹太教一神论的起源和发展》、赵复三先生的《对犹太宗教文化与其他文化关系的一点探索》、潘光先生的《古代犹太国家兴亡记》、王庆余先生的《旧上海的犹太人》，等等，伴随中国犹太研究的复苏，有关犹太历史、政治、文化、宗教、风俗、节日、习俗之学术性的研究成果和介绍性、普及性的文章也不断增多。

三是中国犹太研究的高潮期（1989—2007年）。进入20世纪90年代以后，我国的犹太研究逐渐形成高潮，其特点是：一批专业性、学术性的研究成果问世，一批犹太研究机构和研究基地相继建立，中国的犹太研究学术向度增多、成果更趋多元、译著分量增大、硕博论文频现、高端学术会议增多。在不到20年的时间中，中国的犹太研究成果（专著、译著、论文、评书）呈井喷之势，新的创新研究成果频现，共出版学术著作90多部、译著80余部、发表论文600多篇。[1] 其中影响力

---

[1] 经知网等学术网站检索的结果。

较大的专著有：朱维之先生的《古犹太文化史》，顾晓鸣先生的《犹太——充满"悖论"的文化》和《犹太文化丛书》，徐新、凌继尧先生主编的《犹太百科全书》，傅有德先生的《现代犹太哲学》《犹太哲学史》《犹太哲学与宗教研究》，潘光等先生合著的《犹太文明》，许鼎新先生的《希伯来民主简史》《旧约导论》，刘洪一先生的《犹太文化要义》《犹太精神：犹太文化的内涵与表征》，徐向群先生的《沙漠中仙人掌：犹太人素描》，肖宪先生的《犹太人：谜一般的民族》，黄陵渝先生的《犹太教学》《当代犹太教》，工立新先生的《古代以色列历史文献、历史框架、历史观念研究》，彭树智先生主编的《中东国家史》（巴勒斯坦卷），黄天海先生的《希腊化时期的犹太思想》，梁工、卢龙光先生主编的《圣经文化解读书系》，徐新先生的《走进希伯来文明》，翁绍军先生的《神性与人性——上帝观的早期演进》，李炽昌和游斌先生的《生命的言说与社群认同》，潘光先生的《犹太文明》《犹太研究在中国三十年回顾：1978—2008》，张倩红教授的《犹太人》《困顿与再生——犹太文化的现代化》，沐涛和季惠群先生的《失落的文明：犹太王国》，梁工、赵复兴先生的《凤凰的再生——希腊化时期的犹太文学研究》，梁工、卢龙光先生的《律法书·叙事著作解读》，章学富先生的《斐洛思想导论：两希文明视野中的犹太哲学》《圣经和希腊主义的双重视野》，等等，上述研究成果，对固牢中国犹太研究基础和拓宽犹太研究视域功不可没。

这一时期的代表性论文有：傅有德先生的《犹太教中选民概念及其嬗变》《论犹太哲学及其根本特征》《东西方之间：犹太哲学及其对中国哲学的意义》《开普兰的犹太文明书评》，周燮藩先生的《论什么是犹太教》《犹太教的自我诠释——再论什么是犹太教》，潘光先生的《美国犹太人的成功和犹太文化的特征》，张倩红先生的《犹太文化的几个特征》《圣经时代以色列人的国家观念》，徐新先生的《犹太教在中国》，黄陵渝先生的《论犹太教伦理的核心主题》，傅永军先生的《伦理的一神教与唯一神的伦理确证——利奥·拜克自由神学思想的现代意义》，王立新先生的《论以色列君主制发展的三个阶段》，宋立宏先生的《希腊罗马人对犹太教的误读》《犹太战争与巴勒斯坦罗马化之两难》，余建华先生的《早期犹太文明与希腊、罗马文明的交融碰撞》，等等，上述成果主要侧重犹太宗教、犹太哲学、犹太文化、犹太伦理、犹太选民等问题展开，中国的犹太研究呈现出向多维度延伸的态势。

这一时期众多译著问世：傅有德先生任主译的《汉译犹太文化名著丛书》，包括海姆·马克的《犹太教审判——中世纪犹太——基督两教大论证》、大卫·鲁大夫斯基的《近现代犹太运动》、摩西·迈蒙尼德的《迷途指津》、亚伯拉罕·科恩的《大众塔木德》、塞西尔·罗斯的《简明犹太史》、利奥·拜克的《犹太教的本质》、马丁·布伯的《论犹太教》、莫迪凯·开普兰的《作为一种文明的犹太教》、弗朗西斯·罗森茨维格的《救赎之星》、亚伯拉罕·海舍尔的《觅人的上帝》、赫尔曼·柯恩的《理性宗教》等。张文建、王复先生译的《犹太通史》，肖宪先生译的《犹太国》，涂笑非先生译的《犹太神秘主义主流》，关宝艳先生译的《塔木德四讲》，吴模信先生译的《犹太教史》，张平先生译的《阿伯特：犹太智慧书》《天下通道精义篇：犹太人处世书》，祝东力和秦喜清先生译的《圣经之谜：摩西出埃及记与犹太人起源》，王神荫先生译的《死海古卷》，赛尼亚编译的《塔木德》，浙江大学外国哲学研究所组织翻译的"两希文明经典哲学译丛"[1]，北京大学组织翻译的《犹太古史》《犹太战记》，[2] 石敏敏译的《论律法》，等等。这一时期的犹太研究题多面宽，学术性和专业性更强。

四是中国犹太研究进入总结期（2008年至今）。代表性学术成果有：徐新先生的《中国的犹太研究》，张倩红、尚万里先生的《近十年来（1997—2007年）国内犹太研究的特色》，两文对犹太研究及其特色进行了客观、系统和全面的总结。徐新先生从"研究阶段、研究机构的建立、大量成果的问世、犹太研究在高校的开展、犹太研究的国际交流、学术贡献与社会影响"等方面，对新中国成立以来我国的犹太研究进行了全面综述。张倩红和尚万里先生则对1997—2007年国内犹太研究的内容和特色做了全面总结，分类综述的"犹太思想与文化研究、犹太历史研究、'大屠杀'研究、中国犹太人研究、以色列国家研究、

---

[1] "两希文明经典哲学译丛"中有斐洛的《论律法》《论凝思的生活》《论摩西的生平》等。

[2] "基督教文化译丛"之一的《约瑟夫著作精选》。

存在的问题"等,十分全面地梳理综述了我国犹太研究的内容与特色,具有重要的文献参考价值。

这一时期有众多重要著作问世,有:刘洪一先生的《犹太文化要义》、宋立宏和孟振华先生的《犹太教基本概念》、饶本忠先生的《犹太人与欧洲文明》、张倩红和张少华先生的《犹太千年史》、张倩红和艾仁贵先生的《犹太史研究入门》、张倩红等先生的《犹太史研究新维度——国家形态·历史观念·集体记忆》、王宏选先生的《犹太律法研究》、田海华先生的《希伯来圣经之十诫研究》、王立新先生的《古犹太历史文化语境下的希伯来圣经文学研究》、王永刚先生的《犹太文明五千年》,等等。

有影响力的译著有:林为正先生译的《法律创世记》、安佳译先生的《犹太人与现代资本主义》、蔡永亮等先生译的《五千年犹太文明史》、甘霖先生译的《历史中的十诫》、王广州先生译的《犹太人与犹太教》、张平先生译的《密释纳》、赛妮亚先生编译的《塔木德》、肖宪先生译的《犹太文明史话》、邓远尉先生译的《安息日的真谛》、石敏敏先生译的《希腊化文明与犹太人》、温司卡先生译的《论〈创世记〉》、刘平等先生译的《犹太政治传统》、郑阳先生译的《古典时代犹太教导论》、孙增霖先生译的《以色列的先知及其历史地位》《理性宗教》、叶舒宪等先生译的《〈旧约〉中的民间传说》、刘精忠等先生译的《世界犹太人历史》、黄龙光先生译的《基督教旧约伦理学》、徐新等先生译的《以色列2000年——犹太人及其居住地的历史》、王崟兴和张蓉先生译的《谁是犹太人?》、简扬先生译的《我的应许之地——以色列的荣耀与悲情》、李源先生译的《上帝代言人——〈旧约〉中的先知》、辛涛先生译的《以色列的诞生》、张倩红等先生译的《中国与犹太民族:新时代中的古代文明》、王戎先生译的《以色列——一个民族的重生》、王向鹏先生译的《耶路撒冷史》、黄福武等先生译的《犹太人的故事——寻找失落的字符》、徐永明等先生译的《旧约圣经背景注释》、宋立宏先生译的《犹太人三千年简史》、张倩红等先生译的《耶路撒冷三千年》、胡浩先生译的《美国犹太教史》、冯象先生译的《以赛亚之歌》,等等。

(二) 犹太—儒学比较研究的形成与发展

上已述及，2008年至今，中国犹太研究进入全面总结深化阶段，与此同时，犹太—儒学的比较研究实现了全面突破，比较研究的学术成果逐年增多，比较人才逐年增加，出现一批专事犹太与儒学比较研究的学者，多个向度的犹太—儒学比较研究风生水起、硕果累累。两大文化体系的比较研究由萌芽、发展到定型，成为一个新兴的研究方向和新兴的研究领域，引起国内外学界的关注和重视。

犹太—儒学比较研究的萌生，是随着跨文化比较研究在世界的兴起而走进学者视野的。详言之，犹太—儒学之比较作为跨文化比较研究的一个重要方向和重要分支，有一个从基督—儒学比较中逐步分离、演进的过程，是国内外学者持续观照两希文明与东方文明对世界文明的影响，逐步形成的一个新的学术研究领域和研究方向。"分离—划界—发展—定型"，是犹太—儒学比较研究以学科性形式呈现给我们的发展轨迹。正如下面将述及的那样，犹太—儒学比较研究在萌芽阶段的主要内涵在基督—儒学比较研究体系之下，甚至有的学者直接套用基督—儒学的比较范式诉诸犹太—儒学比较研究，如马克斯·韦伯、秦家懿等学者的研究都属于这一类型，有的学者在基督教架构下研究旧约时期伦理，如英国学者莱特（Christopher J. H. Wright）、德国学者卡尔·白舍客（Kerl H. Peschke）、英国学者罗理（H. H. Rowley）、韩国学者金胜惠（Sung-Hae kim）和我国学者董小川等，这些学者的研究视角、路径和方法，尽管依旧是在基督教—儒学的范式之内，但客观上为犹太—儒学学科性的比较研究奠定了基础。

犹太—儒学比较真正从基督教—儒学比较范式独立出来，成为一个独立学科的标志，学界普遍认为是古德曼的《社会中的道德领袖：儒家的"君子"与犹太教的"柴迪克"的比较》一书的发表，其比较研究的范式、方法和路径对后继研究者有借鉴意义。但令人遗憾的是，国外学者对两大伦理源头，即圣经犹太伦理与先秦儒家伦理的比较研究尚未充分展开，成果也并不多见。

国内基于比较哲学和比较伦理范式进行"犹太—儒学"比较研究的学者首推山东大学的傅有德先生，他和弟子的学术成果有：《犹太教与儒学三题议》《神人关系与天人关系——犹太教与儒学比较》《希伯来先知与儒家圣人比较研究》《比较视域中的古代犹太教与早期儒家之孝道》《律法与礼：圣经犹太伦理与先秦儒家伦理》，等等，其他著名学者的研究成果有：张倩红先生的《圣经时代犹太教育与先秦儒家教育思想比较》、姚新中先生的《早期儒家与古以色列智慧传统比较》、贺璋瑢先生的《历史与性别——儒家经典与〈圣经〉的历史与性别视域的研究》、孙燕先生的《早期儒家和古代犹太教慈善思想之比较》、金美恩先生的《先秦儒典与〈圣经〉比较研究》、王彦敏先生的《中、犹家庭观之比较》、潘光和王健先生的《犹太人与中国：近代以来两个古老文明的交往和友谊》、邓莉先生的《犹太教与儒教教育传统比较》、王申红先生的《犹太教和儒学对王权影响之比较》，等等，这些研究成果标志犹太—儒学比较研究的学科性方向基本形成。

需要指出的是，犹太—儒学比较研究作为一个新的研究方向和研究领域，需要研究比较的东西极为丰富，已有的比较研究成果多以宏观、重点、基本和突出为要义，其他相关比较研究尚未涉及且亟待展开。比较宗教学和比较哲学是犹太—儒学比较的最重要层面，但并非犹太—儒学比较的全部，比较政治学、比较法学、比较管理学、比较文学、比较美学、比较风俗学等，皆应是犹太—儒学比较重要的组成部分，多学科的比较研究将是犹太—儒学比较研究全面发展的价值追求。

三　文献综述

犹太与儒学的比较研究，与基督—儒学、基督—佛学、基督—道学、佛学—儒学的比较研究相比，晚起很长时间，未曾出现过历史上儒释道激烈论战的惊心动魄之宏大场面。犹太—儒学的互鉴比较和规模性的学术对话，始于20世纪90年代，得益于我国的改革开放政策和经济全球化而塑造的全球化的文明对话与交流，得益于我国恢复高考后的第一代学者远渡重洋，研究两希文明并将其介绍回国内的众多重要的犹太文献和学术成果，由此形成了20世纪晚期和21世纪初期犹太—儒学的比较研究高潮。

犹太—儒学传统中众多优秀的文化因子和文化要素，存在着大量交互性和交叠性，有的范畴、概念和规范及其价值取向，甚至存在着惊人的相似性、相通性和相同性，这是国内学者将犹太文化传统与我国儒家文化传统进行比较研究的一个重要诱因。具有犹太文化和哲学背景的国外学者，要想研究东方文化和东方哲学，无法绕开儒学文化传统，必然选择与犹太文化有诸多共性的儒学为主要比较对象。国内外两个向度的比较研究虽立意有别、主客不同，但在客观上推动了犹太—儒学比较研究的学科完善与学科定型。

（一）宗教学层面的比较研究

国内知名学者傅有德先生是较早推动从哲学、文化和宗教学视角展开犹太—儒学比较研究的，他的多篇重量级比较论文的发表，奠定了他在犹太—儒家比较研究领域的领先地位。他通过创造论、启示论、救赎论三个方面的比较，说明犹太教是神本主义的宗教，儒学是人本主义的宗教或宗教性伦理；通过神论、经书和基本学说三个方面的比较，认为犹太教是典型的一神教，儒学属于多神教或带有浓厚的多神教的色彩；犹太教是以神为中心的宗教，儒学的基调则是人本主义的，二者的某些方面可以相互补充；在传统和现代之间，犹太教改革采取了"兼顾彼此"的态度，犹太人既融入西方社会，实现现代化，又存留了犹太教，保住了犹太人的族性。犹太教的改革经验为中国人提供了有益的启示，中国人在传统和现代的抉择面前不应"非此即彼"，而应该取道于两者之间，在实现物质层面的现代化的同时，继承和革新以儒家为核心的传统，使之成为中国人的精神安顿；通过对犹太先知与儒家圣人的比较认为：先知之法治与圣人的德治互补、先知的公正优先原则与圣人的仁爱优先原则互补、先知的道德批评与圣人的道德典范互补。因此，先知传统与圣人传统各有优点，可以互为补充，相得益彰。通过对古代犹太教与早期儒家的孝道比较认为，二者之孝道在对父母赡养、孝敬等方面有高度的相似性，但在行孝的范围和程度、孝道在犹太伦理与儒家伦理体系中的作用和地位有较大差异性。这些研究成果虽不属于比较伦理学范畴，但为本书的研究提供了可借鉴的方法、路径和思路。

（二）伦理学层面的比较研究

近年来，国内外一批学者致力于犹太—儒家伦理的比较研究，出现一批质量不错的研究成果。周国黎认为，儒家伦理是宗法伦理，依附于王权和专制国家，以君为本；犹太伦理是宗教伦理，依赖于犹太社团或犹太社会，以人为本；郭晓琳认为，二者形成的历史文化背景不同，追求的价值取向有差异，爱和仁有神爱与人爱、博爱与仁爱之别；张艳云认为，以人为中心的儒家伦理文化和以神为中心的犹太伦理文化是两种不同的伦理文化范型，两种不同的伦理范型的原则、规范和教条实现了对道德行为和民族心理、民族精神的培育；吾淳认为，犹太伦理为宗教伦理，儒家伦理是宗族伦理。犹太教伦理的实现主要是通过各种律法（如摩西十诫），儒家伦理的实现要通过族训和族规，这种亦伦亦法的生活准则通过教育得到落实；孔汉思认为，"己所不欲，勿施于人"既是儒家与犹太先知道德实践原则，也是人类伦理传统的基本原则；刘昀认为，犹太与儒家的精神内涵，对重构现代社会道德价值体系具有现实意义；张和生认为，"犹太教育观与儒家教育观"都注重道德教诲、道德修养、尊师重教以及师德建设；徐朝旭认为，在诚信伦理、慈善伦理、竞争伦理、商业企业社会责任等方面，儒家文化和犹太文化的商业伦理既有形式的相似与差异，又有建构特征的趋同与分歧。这类成果尽管不是创制时期两种伦理范型的比较研究，但已论及犹太伦理与儒家伦理的特征、原则之异同，对定向深化研究有参考价值。

（三）法律（律法）层面的比较研究

律法和礼法是犹太—儒学的基本特征，亦是二者比较研究的一个重要向度，众多学者的比较结论是：先秦儒家之礼的价值体系和主导精神具有人本主义特征；犹太教的律法是犹太文化的重要载体，具有神本主义特征。

从起源上看，先秦儒家之礼与犹太律法都与人类原始部落的宗教祭拜相关；从内容结构上看，二者都具有丰富的伦理思想内涵；二者都提倡仁爱，追求至善，重视家庭伦理，重视教育，注重在社会日常生活中实现人生价值和精神追求，注重人伦天性和理性规范的结合，均具有对人生目的和终极价值的深层关怀，都具有建立社会秩序和调节社会矛盾的社会管理功能，为建立现代和谐社会提供有益的资源。

从差异性上看，先秦儒家之礼的天人观与犹太律法的神人观，先秦儒家之礼倡导的礼治与犹太律法实行的法治，先秦儒家之礼提倡建立的有"分"有"别"的社会等级秩序与犹太律法推崇的平等正义的神圣社会秩序，先秦儒家之礼有关仁的差等性和犹太律法关于爱的平等意识的论述，先秦儒家之礼的自律为主和犹太律法的他律为主，先秦儒家追求的向内性超越与犹太教追求的宗教超越等方面，具有本质的区别。

（四）文化层面的比较研究

有的学者认为犹太文化追求实在的意义，重精神、重宗教生活，强调出世；儒家追求现世道德的意义，重世俗、重现实生活，强调入世；犹太人强调对上帝——神的崇拜，中国人强调对祖先——人的崇拜。犹太教因亚当、夏娃偷吃智慧果而产生了始祖"原罪"的概念；而中国古代社会则认为祖先圣人品德高尚，罪恶是后代子孙不尊祖德的结果，是"后罪"的概念。犹太人为摆脱困境，指望的是上帝的救赎，依靠的是神的力量；中国人注重的是人的自我拯救。

国外学者涉足犹太—儒学的比较研究的学者，多是从基督—儒学比较研究逐渐进入至犹太—儒学比较研究的。亚伯拉罕的宗教传统，导致基督—儒学的比较必须追溯至犹太—儒学的比较，回归源头尚能发现"源头"之意，亦是正本清源的当然选择。国外学者直接以犹太—儒学为比较研究对象的有英国的经学研究家罗利（H. H. Rowley）和韩国的儒学研究学者金圣惠（Sung-Hae Kim），前者对中国的圣人与以色列的先知做了较全面的比较研究；后者对中国传统文化中的"圣人"和古犹太文化中"义人"进行比较。[①] 在此之前的马克斯·韦伯的《古犹太教》《儒教与道教》《新教伦理与资本主义精神》涉及的内容和秦家懿之基督—儒家

---

① 参见 H. H. Roely, *Prophecy and Religion in Anincent China and Irael*, New York: Harper and Brothers, 1956; Sung-Hae Kim, *The Righteous and the Sages: A Comparetive Study on the Ideal Images of Man in Biblical Israel and Classical China*, Seoul: Sogang University, 1985。

智慧的比较，基本都是在基督—儒学比较架构下进行的，尚未真正展开对犹太—儒学的比较研究。

近年来，国外关于"犹太伦理与儒家伦理"的相关研究成果逐渐增多。张平先生认为，儒家与犹太正义思想在起源、内容、特征方面虽然不同，但二者可以借鉴互补。德国学者白舍客在《基督宗教伦理学》一书中，对"旧约"的伦理基础、价值追求（团体意识）、基本特征及局限性进行阐述，其提供基督伦理研究的范式有一定的参考价值。马丁·布伯的很多学术专著触及了犹太伦理和儒家伦理、犹太教与东方精神的实质，对两种伦理流变的比较研究有参考价值。

四 研究成果

20世纪90年代以来，我国许多从事伦理文化研究的学者，对犹太—儒家伦理进行具有开拓性的比较研究，出版了一些有重要影响的研究成果，一类是在基督文化—儒家文化比较范式下，涉及犹太伦理与儒家伦理的比较，如，董小川先生的《儒家文化与美国基督新教文化》，从传统、宗教、伦理、政治和危机等方面对儒家文化与美国基督新教文化的比较，为儒学—犹太比较提供一个范例；姚新中先生的《儒教与基督教：仁与爱的比较研究》《早期儒家与古以色列智慧传统比较》等著作，对比较伦理的内容、方法、范式的选择有重要参考价值；赵敦华先生的《人性和伦理跨文化研究》，为我们进行犹太—儒学伦理比较研究提供了一个总体框架和思路；万俊人先生的《寻求普世伦理》，以更宽阔的学术视野对不同伦理流变梳理研究，有重要的参考价值；张平先生翻译的《天下通道精义篇：犹太人处世书》，对犹太—儒家的中道思想进行了比较，一批重量级的论文直接推进了犹太—儒家伦理的研究，傅有德教授的《希伯来先知和儒家圣人比较研究》《比较视域中的古代犹太教与早期儒家之孝道》，张平教授的《天道、人道、天下通道》，田薇教授的《圣爱与仁爱的精神品质和价值内涵》，这些比较研究成果为深化犹太—儒家伦理的比较研究奠定了坚实的学术基础。

总之，尽管犹太—儒学比较的学科性方向基本定型，但总体而言，我国专门从事"犹太—儒学"比较研究的学者屈指可数，两大伦理文化系统创制时期的比较互鉴的研究成果偏少，这与两大伦理文化体系对世界文明影响和贡献极不相称，亟待我们回到源头探究希伯来文明与东方文明的特征、规律及其内在运行机制，这将有助于民族文明的交流与对话，有助于世界文明共同体的重建。本书将比较研究对象和范围限定于两大伦理系统的元典时期，希冀在借鉴已有比较研究成果和研究方法的基础上，基于文明互鉴的要求，对二者伦理进行系统的比较研究，在对创制时期源头伦理的深度比较中，获得文明互鉴的资源和方案，对当下价值重塑和道德重建、建立人类命运共同体是一件极有价值的工作。

第二章
本源与原则

元典时期，对犹太伦理而言，上帝既是人类道德的本原、道德价值的赋予者，还是人类道德评价和善恶评价的终极标准。对上帝及上帝与人关系的思考与探究，应是研究犹太伦理的逻辑起点和重要进路。对儒家伦理而言，天之一体多义，并未消解天是人类道德的本原、人类道德价值的赋予者的特殊意义。对天及天人关系的思考和探究，亦是解读先秦儒家伦理道德起源的基础和前提。因此，基于文明互鉴的需要，探究两种伦理的异同，比较上帝与天之相异相通，体察神人关系和天人关系之个性与共性，应是两种源头伦理比较研究的基础性工作。

一　道德起源与本质

元典时期，以色列先民的宗教观和伦理观杂糅交织、融为一体，伦理宗教化和宗教伦理化是圣经犹太伦理的一个重要特征。在整个古犹太文化体系中，上帝是不证自明的存在，是一切存在物的终极本原，是人类道德价值本原、人类道德评价和善恶评价的根本标准。探究上帝道德属性及其与人类的道德关系，既需研究《希伯来圣经》的经文，从浩瀚如烟的历史、文学、诗歌、法律、政治、宗教仪式中寻找答案和伦理共识，又需设身处地地了解以色列先民的历史境遇和民族形成的历史进程，从其独特世界观、宗教观、人生观中，探析上帝与人的关系亦即神人关系，了解以色列先民的独特的宗教生活和伦理观念。

(一) 上帝及其道德属性

上帝是自有永有、无须证明的超验性的存在，是一个不言自明的真理。《圣经·创世记》开始就明示，"起初，神创造天地"①。接着上帝创造了世界万物和芸芸众生。因此，上帝是一个不证自明的超验性的精神存在，是一个超宇宙、超自然的存在，换言之，不存在先于上帝存在的存在，上帝是自有永有，无须理性证明。如《大出埃及记》所言，世界在被创造之前，造物主已经存在，世界终了之后，造物主依旧存在。故此，宇宙的起源被归于一位造物主，而造物主本身是"无起源"的。《圣经·创世记》之上帝创世造人是犹太教一个永恒命题，这是圣经犹太教及其伦理思想展开的逻辑起点。

1. 上帝的特征

首先，上帝是永恒、全能的存在。世界被创造前，上帝已存在，世界被消亡后，上帝仍将存在，世界万物源于上帝又归于上帝，因此，上帝是一个永恒的存在。不仅如此，上帝还是一个全能的存在。上帝按照自己的意志创造世界，是宇宙万物的创造者和宇宙秩序的安排者。世界万物的产生、生息、延续和发展都是上帝意志的表现形式。同时，上帝还是超越时间和空间的存在，时空对上帝而言没有意义，因为时间和空间也是上帝的创造物。因此，无所不能、无所不知、无所不在、超越时空，是上帝的重要特征。

其次，上帝是唯一性存在。一神论是以色列先民维系民族生存发展独特的文化创造。远古时期，近东地区泛神论和多神论占主导地位，多神信仰和多元崇拜是当时宗教的主要特征。与中国古代一样，古代近东，神在每个民族中都有一个较为完整的谱系，世界由众神创造并由众神管理，神的职责不同，其治理范围亦各不相同。在多民族聚居的两河流域，不同的民族、不同的部落甚至不同的家族皆各信其神、各司其神、各祭其神，不同的信仰对象、不同的信仰标准、不同的祭祀礼仪和不同的神之旨意，令古代近东地区道德标准和善恶标准差异、冲突和矛盾凸显，以致信仰、宗教、文化、伦理、契约从形式到内容相异相悖、

---

① 《圣经·创世记》1:1。

矛盾冲突不断。多神信仰和多元崇拜导致自然秩序、社会秩序甚至社会治理秩序完全处于无序状态。多神论是中西方世界古老民族共有的文化现象，但在古犹太文化体系中，一神论及其一神信仰始终是犹太律法和犹太伦理的主调。以色列先民认为，上帝耶和华是整个世界的最终本原、唯一的意志和最终创造者，除此之外，宇宙中没有任何存在物与之媲美，没有任何力量与之匹敌，没有任何意志与之抗衡，因为上帝耶和华是万神之神。

摩西十诫开宗明义："我是耶和华——你的上帝，……除我以外，你不可有别的神。"①《圣经·申命记》曰："以色列啊，你要听！耶和华——我们上帝是唯一的主。"② 上帝之唯一性是形成一神信仰的基础。唯一性具有多重含义，"唯一性"凸显上帝存在的"独特性"，是绝对的"单一性"或"独有性"；"唯一性"凸显上帝存在的"排他性"，是绝对的"一元性"而非"多元性"；"唯一性"彰显上帝存在不可分性，是绝对的"唯一"，拒斥"三位一体"和谱系神性。因此，上帝"唯一性"是犹太教的最重要的理论基石，它当然地证明了上帝存在永恒性和全能性，拒斥和否定了上帝存在的虚无性，即上帝是真实唯一的存在，是贯通过去、现在和将来的永恒存在。

再次，上帝具有公正性和道德性。与其他民族神或有不道德目的，或行为具有非道德性，或行为具有邪恶性，或善恶具有分裂性不同，以色列先民塑造的上帝耶和华是一个充满仁爱、正义、忌邪性的完美道德形象，是一位善恶分明、集宗教审判与道德审判于一体的至上神。如犹太先知所言，偶像崇拜和多神崇拜将带来社会性和伦理性灾难，人类行为取决于敬拜对象，对以色列先民而言，上帝耶和华是道德行为界定和道德选择的决定者。"上帝先有所行动，才呼召百姓有所回应"，"上帝主动在恩典中展开救赎的行动"，③ 这是道德教导和道德要求的起点。犹太伦理是关于神人关系的道德反思，对犹太先民而言，遵守上帝之道，并非盲目地顺从和死守一套超时空的律法规则，而是在回应与感恩

---

① 《圣经·出埃及记》20：2。
② 《圣经·申命记》6：4。
③ ［英］莱特：《基督教旧约伦理学》，黄龙光译，中央编译出版社2014年版，第10页。

中回想、重述历史,实现身份认同和使命认同,并在体认身份和使命中展现其伦理特质。犹太伦理借助人们对上帝耶和华的敬畏心理,将道德立法权赋予全能的上帝耶和华,令道德化上帝具有公义、公正、平等的品性和特征。以法律和伦理规制社会秩序,以律法和道德规范惩戒偶像崇拜者及其犯罪行为,是维系一神信仰的最重要方式和方法。上帝耶和华惩罚犯罪者,主要诉诸现实的灾难和苦难,并通过除恶扬善、扶弱抑强、平等公义等手段,引人向善,回归上帝。

《希伯来圣经》既是一部宗教文化典籍和以色列先民宗教信仰、法律生活、道德生活、社会生活以及文学艺术、风俗习惯的百科全书,又是一部关注犹太民族之宗教道德与世俗道德的伦理学典籍。从"摩西十诫"到口传律法,仁慈、平等、公义等道德品性都被赋予了上帝。犹太律法融法律、伦理、宗教、政治和艺术为一体,犹太伦理是在伦理法律化和法律伦理化、伦理宗教化和宗教伦理化双向演进中形成的,社会舆论、内心信仰、风俗习惯以及先知的威望是维系犹太民族伦理的基本手段和重要力量。徐新先生认为,一神论的重点不是为了科学地解释世界,而是为了通过强调神人之间独特的关系,确立宇宙和个人存在的意义,确立伦理道德体系在人类社会中的重要地位,在精神层面丰富人的生活。[①] 因此,于圣经犹太伦理体系之中,上帝具有仁慈性、公正性和崇高性,是道德之本原与道德价值的标准。

最后,上帝是一个人格神。犹太之上帝既兼有至高神性和平实性特征,又凸显独特神形和一般人形的特征,不仅如此,犹太之上帝还是一位人格神,即上帝具有人一样的意志、情感、理智和行为,拥有人一样的喜怒哀乐,既能与人进行语言交流,又能与人进行思想沟通,偶尔还能像父一样"嘱咐"孩子。《圣经》之上帝与人对话,以"word"形式下命令,上帝因人崇拜偶像而生气,因人遵守律法而狂喜,因独享唯一性与人立约,频繁地向亚伯拉罕、以撒、雅格、摩西显现,下达指示和命令,与先知交谈。有些拉比甚至将人的品性,惟妙惟肖地赋予了上帝,如上帝佩戴护身护、晨祷披巾、生灵创造失败哭泣、参加人的婚礼、担当男宾、探望病人、抚慰家属、传递遗嘱、安葬死者,等等,如

[①] 宋立宏、孟振华:《犹太教基本概念》,江苏人民出版社2013年版,第5页。

傅有德先生所言："人格神是宗教所要求的神。惟其是人格神，他才能成为教徒信仰和崇拜的对象。"①

2. 一神信仰确立

犹太民族一神信仰确立历经一个漫长的过程。为了维系民族生存发展和统一民族意志，以色列先民高举一神论大旗，从亚伯拉罕、摩西到先知致力于反对多神信仰和多元崇拜，化多元信仰为一元信仰，消解偶像崇拜与多神崇拜，不断净化偶像崇拜、家神崇拜和异神崇拜。如西奈山下，摩西怒杀铸造金牛犊的跪拜者；进入迦南地后，为抵御异族的侵略和统治，有民族担当和才华出众的士师纷纷抵御和反对异族信仰，摧毁巴力神坛，拆除巴力神坛的木偶，建立上帝耶和华的祭坛。

为实现建立统一王国的目标，不断扩大王国统治版图，维系共同的民族精神和民族意志，实现民族团结，巩固王国统治秩序和社会秩序，从扫罗到所罗门国王，将犹太一神教定位一尊，超拔为国教。为维护一神教的权威，犹太民族构建了一套等级完整的祭司制度和系统完备的崇拜仪式，从最初以食物献祭为主要形式，发展出了更多的崇拜形式。至所罗门时期，在耶路撒冷锡安山矗立起一座雄伟豪华宗教神殿——犹太一神教的信仰中心。四邻各国，纷至沓来，朝觐神殿，一神教传播至远。犹大王国的第三代君王亚撒希冀借助宗教的力量，形成统一民族意志，实现民族融合，他高举一神教大旗，推崇一神教信仰，废除偶像崇拜。巴比伦之囚的教训，令以色列先民痛定思痛，为提振民族精神、整肃社会秩序、聚集民族力量，上帝耶和华被推崇到至高无上地位。约西亚国王大力推行宗教改革，废除各种偶像，禁止其他崇拜，捣毁多神崇拜神殿，将耶和华作为唯一神，并通过修改教规和教义，将一神教定为国教。

伦理一神教的确立和形成，耶和华民族神被奉为宇宙至上神，以色列先知功不可没。著名先知阿摩司高举公平正义大旗，怒斥社会腐败，假借耶和华名义，号召信徒摒弃献祭形式，发自内心地按公道正义行事，既爱以色列人，也爱邻人；何西阿宣扬上帝之爱，将宽容和仁慈品

---

① 傅有德：《犹太哲学史》，中国人民大学出版社2008年版，第47页。

德赋予上帝，上帝不仅是复仇神、惩罚神，更是具有宽容和仁慈的爱神，神爱人，人爱神，成为一神教伦理内涵；西番雅悲天悯地，呼唤以色列人，重整旗鼓，创立了世界末日论。耶利米提醒以色列人要自我反省、自我醒悟，实现精神宁静，号召众人摒弃传统善恶赎罪观和报应观。与西结将祭司思想和先知思想融为一体，他强调爱神须尽责，必须修改律法，构建官方和民间相应的律法和训诫。第二以赛亚将以色列民族神发展成宇宙之神、人类之神，确立犹太一神宇宙观，并提出了"弥赛亚（救世主）"来临的思想。

一神教的确立与发展，深受巴比伦文化和波斯帝国文化影响。新巴比伦王国为了防止民族分裂和加强国家统治，通过宗教改革重新安排信仰系统，实现民族信仰和民族精神的统一。新巴比伦王国的宗教改革对客居巴比伦的以色列先民产生了深刻的影响，间接强化了一神信仰。波斯帝国的推行单一信仰的拜火教，与犹太一神信仰不谋而合，犹太一神信仰在波斯大帝居鲁士的保护与扶植下，得到迅速发展完善。返回故国的以色列先民重建耶路撒冷和耶和华圣殿，借鉴学习波斯教的祭司教制，构建出以学士为主体的祭司阶层，形成了典型的政教合一的实体机构和制度体系。以大祭司以斯拉为代表大学士，重修和编撰一神教义和教规，犹太教及其伦理的理论基础——"摩西五经"在这一时期基本完成，一神教日趋完善、定型，并逐渐成熟。

3. 神人关系

与宇宙万物相同，人也是上帝的创造物，而且是上帝最完美的创造物。《圣经·创世记》有两个形式不同的上帝创造人的神话。一是上帝按照自己的形象造人，即人是上帝形象的复制，与此同时，上帝赋予人不同于其他存在物众多的管理权限和管理对象，并赐福给人，让人管理天、地、海洋之中的存在物。二是上帝造耶和华用尘土造人，吹生气于他鼻孔之中，人便有了灵性，女人则是由男人肋骨构成的。

《创世记》记载的两个上帝造人的神话，尽管人被创造的形式、方法和路径不同，但创造与被创造的主旨基本一致：天地间本无人的存在，人是上帝按照自己的意志创造出来的，创造人是上帝全能、全知、全在的能力彰显。人是造物主上帝实现自己意志的最完美的产物，作为上帝的创造物,人是万物中最高的存在物,具有其他存在物所没有的管理权力和管理范围。人是高于其他存在物,上帝不仅赐予人以肉体,还赐予人以灵魂,人有高于其他存在物的神圣根据。

以色列先民关于人类、世界、民族、社会、文化、宗教起源的神话,凸显和强调上帝是世界、人类、民族、社会、文化和道德的本原,上帝是本原性、根本性和决定性的终极存在和终极动因。人是造物主的作品,是造物主意志的实现方式,人具有从属性和依赖性;人被赋予管理权力和管理职责,人的存在高于其他存在物,具有神圣性和部分决定性。

总之,犹太教之神人关系是创造与被创造、决定与被决定关系,上帝耶和华具有至上性、绝对性、决定性和终极性。神是万物之本、万物之源。人具有从属性、依赖性,人类及其价值和道德皆本原于上帝。以色列先民赋予上帝以自由意志、非凡创造力和无限智慧,希冀通过对上帝的坚定信仰和实践行为,消解偶像崇拜和异族统治,获得神佑福泽,赐予灵魂与道德。上帝是决定人的最终主宰,正如后文所论及那样,神人关系是契约关系,人又有道德选择的自由。

(二) 天及其道德属性

自上古以降,探究天人关系,成为中国知识阶层建构自己学说的重要基点与终极目标。不同知识、思想、信仰和时空维度,对天人关系的体察和思考,呈现出不同风貌,甚至建构的天论南辕北辙,形成的天人学说异彩纷呈。西周伦理思想的诞生,是中国古代伦理思想建立的重要标志。先秦儒家在政治上承续周代天子为中心的政治体制,在伦理上借鉴周代"敬德保民"和"以德配天"思想,在宗教上损益天神崇拜和祖先崇拜,在哲学上创制新的天人合一学说。天是先秦儒家伦理思想体系的逻辑起点,天人关系是先秦儒家伦理思想的哲学基础。

1. 释"天"

现代伦理文化研究表明,仅从政治伦理和社会伦理维度去解读和考察一个民族、国家历史上的道德制度、道德思想、道德观念和道德价值,很难全面系统地把握这个民族和国家伦理文化全貌,一个民族和国家道德制度和道德思想史，与该民族和该国家所处时代的宇宙观和思维方式密切相关。

先秦时期，儒家伦理是一个政治伦理和宗法伦理密切结合、完整严密的伦理体系。在中国古代伦理思想中，本体论与伦理学融为一体，是伦理学普遍性存在的哲学基础。不同学派体察和认知"天道"与"人道"的含义和进路不同，但由"天道"引申出"人道"则是殊途同归。伦理学是哲学本体论的具体验证形式，"人道"本原"天道"，之于经典儒家，有混淆"必然"和"应然"、"事实"与"价值"之嫌。"天道"和"必然"之思想维度，属于本体论的事实视域，是与价值的对立范畴，是客体不依赖于主体的需要、欲望、目的而独立存在的事物。而"人道"和"应然"是客体的事实属性对于主体需要、欲望、目的的某种效用，属于应然之则视域，是价值视域范畴。先秦儒家伦理是以本体论为基础，以天道与人道、必然与应然、事实与价值合一为贯通理路，形成的一种轻道德自由选择的道德宿命论和德性主义的人性论。

天人关系是先秦儒家伦理的本体论基础。先秦儒家伦理以"天人合一"为理论基础，以人道本原于天道、人道效法天道为伦理思想延展的基本形式，以此来展开对道德本原、人性论、道德修养、道德人格和道德价值等问题的追寻和回答。因此，体察和认知先秦儒家天论之内涵，探究天的特征以及天人关系独特伦理意蕴，是我们解释先秦儒家伦理关于道德本原的重要前提。

自古及今，溯源、诠释和探究先秦儒家天论的学说及其成果可谓汗牛充栋，古今中外的文献资料不计其数，从天论入手是研究中国传统哲学、伦理、法律和宗教，必须优先解决的重大问题。体察先秦儒家天论，探究先秦儒家人伦，思考天人关系，首先需要认知天之含义和特征。

周文化是殷文化的继承和发展。如徐复观在《中国人性史纲》所言，周初的天、帝、天命之概念、范畴和观念源自殷代的文化系统。[1]

---

[1] 徐复观：《中国人性论史》先秦篇，上海三联书店2001年版，第17页。

张光直同样认为,夏、商、周在文化上是一系的,亦即都是中国文化。① 殷人已展开对天、帝、天命的思考,因此,多数学者和考古学家比较一致的看法是,至上神的宗教概念在殷代已经出现。郭沫若在《先秦天道观之进展》一文中认为,"天"的观念可溯源至殷商时期,但卜辞之至上神不是"天",而是"帝"。"上帝"或"帝"在卜辞中有众多记载。但张光直在《商周神话之分类》中认为,卜辞中并未发现将上帝和天空或抽象的天观念联系在一起的证据。卜辞中的"上帝"主宰天地和人间的祸福,上帝能降饥、馑、疾、洪水,能令日、月、风、雨等自然神为官。殷人之"帝"或许是先祖的统称,抑或先祖观念的一个抽象。② 显然,帝是一个至上神。陈梦家则认为,西周时期产生了天的观念,并以"天"取代"帝"。晁福林认为,统一、至上的神在殷代并不存在,帝仅是众神之一,而非众神之长。自然神和天神并未有严格界限。帝是最重要的天神,已经呈现出人格性。③ 姑且不究学术争论孰是孰非,天和帝作为一种文化观念形态早已存在,却是一种不争的事实。

"天"一字在甲骨文中已经出现。我们可以发现,从周代《大孟鼎》到《说文解字》,再到后来陈注《释天》,"天"有顶、大、颠、至高之义。王国维在《观堂集林·释天》中也认同这一解释,因此,日、月、星、辰的存在之处和至高无上、至大无二者,皆可谓天。显然,这是"天"之自然化的解释,亦即所谓"自然之天"。但应该指出的是,对天的认知和体察是一个渐进深化的过程,人类认知能力提高和实践能力增强,天已不再是自然现象的代名词,天的内涵不断放大,成为宗教、哲学、伦理学、美学和文化学等研究视域和对象,"天"被赋予了更丰富的内涵和更"人化"的价值。

在殷人的观念体系中,"上帝"是一个无所不能、威力无比的至上神,自然秩序和社会秩序的主宰者。故此,殷人有尊神、事神的文化传统,甚至有杀人祭神的风俗习惯。商人将商朝产生与命运归于上帝的安

---

① 参阅张光直《中国青铜时代》,生活·读书·新知三联书店1999年版,第72页。
② 参阅张光直《中国青铜时代》,生活·读书·新知三联书店1999年版,第383页。
③ 参阅晁福林《论殷代神权》,《中国社会科学》1990年第1期。

排。商人笃信宗教，《尚书》《诗经》和司马迁的《史记》等史籍多有记载。考古发掘的商代甲骨文证明，上帝、自然神和祖先神是商代宗教信仰的主要对象。上帝是至上人格神，天、日、月、风、雨、江、湖、海属于自然神。牟钟鉴和张践在《中国宗教通史》中认为，商代宗教信仰主要表现为至上神的人格性、自然性、多神等级性和祭祀的宗法性。

周初出现"天"概念，曾与"帝"并用，但周中后期"天"的地位上升，逐渐取代"帝"的地位。因此，至上神之天观念主要是从西周信仰开始的。必须指出的是，"帝"的退位是个复杂漫长的过程，研究周代典籍我们可以发现，周人"帝"的观念并未彻底摒弃，很多典籍中有"天"和"帝"观念不清、混杂不明和彼此替代情况。《逸周书·商誓解》中，武王多次提及"上帝""天""天命"，将"上帝"与"天"的概念混而用之，甚至视"上帝"与"天"为同义。天命，即上帝之命，上帝或天是政权更替、周人命运和历史演进的最高主宰。因此，我们可以肯定的是，至上神之"天"观念和思想是周人基于等级制和宗法制的要求创造出来的，将"天"混同"帝"，作为至上神观念和思想则主要承续了殷人的文化系统。

周代以"天"为至上神的主因是周公推行的宗教改革。周公之"修德配命""以德配天"和"敬德保民"为主要内容的宗教改革，开启古代国家宗教伦理化之路。周天子及其统治者享有天命的核心和关键，首先在于能否"以德配天"，因为"皇天无亲，惟德是辅"，唯有通过"修德"和"敬德"，尚能享有天命，这是对天人关系和修德与天命关系的思想总结和创新发展，也是对殷人天命观的重大矫正。天之降福降祸、行赏施罚和人之"修德""敬德"和"以德配天"的思想，实质是赋予天以社会道德属性和道德品格。质言之，天是至上神，但天命是可改变的，"修德""敬德"能使天命转移，实现"命不于常"① 之目的，显然这是一个内涵人文精神的宗教伦理思想体系。

殷周之际，修德与配天、敬德与尊天、天命与民意、天治与人谋、

---

① 《康诰》。

明德与慎罚等思想昭示：人文道德和理性主义因素增加和凸显，以天人关系为主轴衍生出复杂和多维关系，如宗教与人文关系问题、天命如何转移问题、道德本原问题关系，成为当时知识阶层关注的重点，亦是孔子"吾从周"必须关注和回答的问题。

冯友兰先生的《中国哲学史》一书，从物质、主宰、命运、自然和义理五个维度探索"天"的内涵，天空、天神、天命、天性和天理与之对应。冯先生的研究理路是我们研究先秦儒家之天的重要借鉴。前孔子时期，从"帝"到天的转变、《尚书》和《诗经》出现的疑天和怨天的思想、周人之天命到天道的思考、《左传》和《国语》中逐渐完善的天道观，对儒家创始人孔子的天论以及孟子、荀子对天及其天人关系的认知，均产生了深刻的影响。可见，天及其天的问题考问是殷周思想文化的逻辑起点，由天道至人道，将天人关系作为思想中心或重心，并凸显人的问题，成为先秦各派伦理思想家必须直面和破解的问题。儒家创始人孔子和弟子及其再传弟子，对天的认知和体察以及天人关系深度思考，为儒家伦理思想的展开奠定了重要基础。简言之，天是先秦儒家伦理的逻辑起点。

2. 天的特征

纵观《论语》《孟子》《荀子》《中庸》和《郭店楚简》的天论和人论、天道与人道的论述，以及后学对之的复述与解读、探究与发展，我们可以发现，作为先秦儒家伦理思想基础的"天"有如下基本特征。①

天是自然万物产生和变化的重要根源。天虽不言，但四季变化、万物产生皆系于天。"天何言哉？四时行焉，百物生焉。"② "天生万物，人为贵。"③ 这是所谓自然之天。天是一个自然神，人类无法认识和无法控制的各种异己力量的总和。但是，孔子的自然之天亦有宗教性，他将"百物""四时"的生与行统一于天之下。生与行之宗教文化架构中，是大仁至德。自然之天赋予生生之德而不再为自然之天，孔子言

---

① 对先秦儒家之天的研究归纳有丰富的成果，笔者择其要者述之，不再全面展开论证。
② 《论语·阳货》。
③ 《郭店楚简·语丛一》。

天、论天，归根结底要赋予"天"以宗教与伦理文化精神。

天是人类道德本原和道德价值的主宰者。《论语》之"固天纵之将圣"①、"天生德于予"②、"君子有三畏"③、《郭店楚简》之"天降大常，以理人伦"④，这是所谓的道德之天。《论语》之天很多兼有主宰意义和道德意义，《郭店楚简》之《语从一》和《成之闻之》之天亦是兼有多义。天之道德义、天之命运义与天之宗教义是融为一体的。天是生生之源，又是道德之本。孔子认为人之仁德本原于天，他甚至笃信，存在生而知之者。孟子认为生而知之的对象是道体和德性。因此，在孔子之天论及其伦理思想中，天是一切道德的终极依据，是一切道德价值的本原，仁义礼智信之德皆归之于天。道德的超然性、普遍性和永恒性必须以天为核心展开，并结合天道、天命、天意、天祷等，方能理解。

天具有人格性。与其他宗教信仰之至上神相比，先秦儒家之天的信仰呈现出独有的特征。《论语》之"天厌之"的表达、"获罪于天"的警告、"天之将丧斯文"的忧思、"天丧予"思考，敬天、法天、则天的仪式和心理，天人交通的机理，从不同层面证明，孔子之天具有至上神的人格性，换言之，先秦儒家将人的情感、意志及其喜怒哀乐赋予了天。孔子之天虽有人格性特征，但与西方宗教之人格神相比，哲理性更多更强。

敬天法祖的双元信仰。天人关系问题，本质而言是人神关系问题。换言之，是否承认天对自然和人的主宰性、根本性和决定性问题。孔子之天，有部分人格性的特征，但更凸显了规律色彩和有规律可循的"天命"。孔子将"道之将行"与"道之将废"归为"天命"，孟子则将"莫之致而至者"称为"天命"。天命是非人格的力量，但并非盲的，而是可以认识把握的，"诚"与"思诚"、"天道"与"人道"，经努力是可以打通的。因此，人需要尊天、从天、顺天，莫要逆天、违天，这是"敬天"的基本内容。孔孟之敬天思想与古代宗教之天神崇拜一脉相承，宗教性和哲理性兼而有之，但哲理性更为凸显和强化。天

---

① 《论语·子罕》。
② 《论语·述而》。
③ 《论语·季氏》。
④ 《郭店楚简·成之闻之》。

命代表着宇宙间有规律可循的秩序和力量,是先秦以降人们笃信和坚持的"至上命令",它具有无可比拟的绝对地位。如果我们深度追究可以发现,在儒家创始人的宗教观和伦理观中,实际存在一个所谓的神之谱系,即已逝世先王构成一个完整的信仰系统,先王具有亦神亦人双元特征,成为过去与现在、过世与现世、人与天之间交流沟通的中介。因此,由祭祖形成祖先崇拜的信仰理路,一方面证明孔子思想中蕴含有大量的宗教成分;另一方面说明孔子以天为基础的伦理体系,更重要地开出了人本主义伦理思想。

天是宇宙万物和人类的本原。人是天的一部分,是天的派生物。从《诗经》之"天生烝民"、郭店楚简的"天生万物,人为贵",到孟子对"天生烝民"肯定和认同,都说明宇宙万物由天而生,禀其天命按规律和秩序而运行。

(三) 神论与天论的异同

对以色列先民而言,上帝创造宇宙万物,是一个无须证明和千古不变的命题。上帝耶和华创世之前,抽象观念与具体物质都不存在,古希腊哲学之"形式说"和"质料说",为犹太教排斥。因为上帝是从"无"中创造世界,上帝之"自有"性,决定了没有其他东西和原理参与宇宙万物的创造。上帝之"永有"性,决定上帝是永远与永恒的存在,没有所谓的起点和终点,因为上帝本身是起点和终点,上帝之外,别无他神。古埃及人和迦南人的神明都不是上帝,唯有耶和华才是唯一上帝。上帝还是一个无所不能的存在,创造世界是上帝意志的产物,宇宙秩序和万物运行亦是上帝意志的安排。换言之,宇宙万物的产生、发展和灭亡都是上帝意志的体现。上帝是超越时间和空间的存在,时空对上帝而言没有意义,时间和空间也是上帝的创造。上帝无所不能、无所不知、无所不在、超越时空、永恒全能,故此,上帝具有至上性、主宰性和决定性。

对先秦儒家而言,天是宇宙万物的本原、亦是人之本原。天生人,人是天的派生物。天生民的观念起源于三代时期,孔孟基本认同"天生烝民"、"天生万物,人为贵"、天赋德与人的说法,他们笃信天是万物之源、万物之本,天有生生功能。因此,先秦儒家之天论承续三代生生之天的思想，天具有创造性，是世界本原，具有至上性、根源性和最终决定性。至上性、主宰性、根源性和最终决定性，是圣经犹太之上帝和先秦儒家之天的共有特征。从"自有永有"到"至上、主宰和根源"的深化，前者实现了从崇拜到信仰的飞跃；后者实现了哲理化和伦理化的跃升。

1. 上帝和天都具有人格性特征

首先，上帝既有至上性、神形、自有永有性，还有人的平实性、普通性和生活性之特征；既有创世造人、规约宇宙万物的大能之力，又有与人促膝交谈、草丛发声、暗自惩戒之为；既有劳作创造行为，还有歇工休息追求。其次，上帝与人同形同行，有人一样的五官，有人行为方式，如能听话、说话、读约、写法、发笑、嘘唏、吹哨、指令。再次，上帝如人一样，有情感、意志、喜好、许诺、传言，甚至以献祭考验人，时常以发威、迁怒、嫉恨、恫吓等，让人"倾听"、接受指令，等等。最后，上帝有众多拟人化的称谓，如父、王等，通过异象、梦境、显现等，与人对话、传达指令、诉说存在的"恶"，与人类立约并主导约形式和条件，毁约要遭诅咒和惩罚，等等。

因此，对犹太教而言，上帝是一个人格性充盈的上帝，我们甚至可以说不是上帝造人，而是人创造了上帝，是人将自己的一切心理和行为特征赋予了自己创造的上帝。

与上帝一样，天于先秦儒家视域中，也具有人格性特征。人格之天有像人一样的行为，如"天生""天丧"的行为方式，有人一样的情感意志，如天能降罪、降祸、降福、厌恶、喜悦的情感，甚至赋德赋能于人。因此，"天"之先秦儒家，人格性亦十分明显。

2. 上帝和天是道德本原

在犹太伦理体系中，上帝耶和华这一神圣本体，不仅是宇宙万物及其运行秩序的创造者，而且是人类道德精神世界及其标准的创造者。换言之，上帝是人类道德本原、道德价值标准制定者和善恶评价标准。《圣经》记载，上帝不仅将律法赐予以色列先民，而且将爱、公义、慈善、公正之道德品性赋予了人类。《摩西五经》中，上帝反复提醒亚伯拉罕及其后代，拣选之人必须遵守上帝之道，必须仁慈、公正和慈悲，人的品性高于其他创造物,是上帝创造的顶点。

神人关系是一种特殊的亲缘关系。虔信、正直、公平、善良、慈悲、真实、和睦等道德品质和道德品性是神人共有的,人类伦理及其道德价值标准是上帝意志的表现。因此,上帝耶和华是一个公正、仁慈、完美等道德品质集大成者,这些道德品质和道德价值源于上帝,又分享给人类。

犹太伦理借助一神信仰以及人类天然的敬畏心理,将上帝视为道德本原及其道德价值的赋予者。正如下文所述及的,在犹太社会的制度体系中,"摩西十诫"居于核心地位,是犹太律法和契约的基本要求,是犹太伦理的基本原则,也是犹太社会的基本道德规范。伦理原则因为以神圣本体为基点,道德规范彰显出至上的权威性。

先秦儒家的天论、道德观,以体察与认知天与天人关系为逻辑起点,是思想家们希冀从总体上把握外部世界及其运行法则,主动反思人类在自然界和社会中的独特价值和特殊地位的明证。葛兆光认为,中国人很早以来就有这样的看法,宇宙是一个相互关联的整体,天、地、人之间有一种深刻而神秘的互动关系,不仅天文学意义上的"天"、地理学意义上的"地"、生理学意义上的"人"乃至政治学意义上的"国"可以相互影响,而且天、地、人在精神上也相互贯通,在现象上互相彰显,在事实上彼此感应。①

西周以"孝"为核心的宗法道德规范、"修德配命"的道德自觉、"以德配天"的价值追求、"敬德保民"的人文思考,与孔子"仁德"、《周易》之"生生之德"、《中庸》之"尽心、知性、知天"的内在与外化的追求,皆凸显出天人关系内在一致性,形成了天人之道、天人之性、天人之德的内在交通。天是万物与人之本原,天的根本性和本原性昭示,天是先秦儒家伦理的绝对依据和"最高道德命令",是"唯大"至上,"唯天"至大,人道本于天道、效法天道而化育,天是道德规范、道德原则、道德价值和道德标准的最终依据。

由于信仰路径、历史背景、社会阶段、民族特点与外来宗教文化影响不同,尽管两大伦理体系在神圣本体抑或至上神的某些信仰特征、秩

---

① 葛兆光:《中国思想史》第一卷,复旦大学出版社2013年版,第74页。

序形态、治理价值等方面有相似相通之处，但总体而言，相异相悖居于主导和主要层面。这些主导和主要层面，令上帝与天有本质性的差别。故此，两大伦理体系的目标设置和价值追求各有侧重，伦理形态和道德旨趣亦差别明显。

首先，一神与多神之别。神圣本体上帝具有唯一性和独一性，其存在不以人的意志为转移，《出埃及记》《申命记》《以赛亚书》反复强调，除上帝之外，别无他神。以唯一上帝即一神论为基础形成的犹太教是典型的"一神信仰"抑或"一神教"，建立在"一神论"基础上的犹太伦理是典型"一神论宗教伦理"抑或"一神教伦理"。上帝的唯一性，拒斥和否定多神存在和偶像存在，一神信仰拒斥和否定多神信仰。因此，从信仰层面看，犹太教是一神信仰或一神论。

神圣本体天是先秦儒家建构自己学说的基础，虽然天具有至上性、主宰性和根源性，但先秦时期"帝"和"天"混杂，自然神、祖先神和鬼神观念依旧占有重要位置。商周宗教文化是孔子思想的来源，在殷人信仰体系中，有"上帝"，亦有"帝廷"。上帝统辖日、月、风、雨云、雷等天之诸神和土地、山、川等地之诸神。周代之时，"帝"之信仰退隐，但依旧与天之信仰同在，天成为至上性的主宰。天在万物之上，天神统辖自然诸神和鬼魅物灵，一个浑然一体的彼岸世界矗立对峙此岸世界。西周文化的一个重要特点是凸显德性，主张"修德配命"、搁置鬼神，"敬鬼神而远之"，[①]强调事人之先之重。尽管如此，"敬而远之"、事鬼神之后之轻，并未否认甚至是以或然性的态度肯定了鬼神及其信仰的存在。"远鬼神"的立场，使先秦儒家天论与传统宗教相区别。孔子既"敬"又"远"的理性态度，实质上不是否定鬼神的存在，而是要人应保持"远"距离，基于冷静、严肃、理性的态度，权衡宗教价值和作用，并实现合理有效的利用和取舍。因此，与犹太教的一神信仰相比，先秦宗教中的天神并不排斥自然神、祖先神等其他神灵的存在，而且是与其他神灵共同构成了一个等级森严的天国，夏商以来形成的等级严格、组织缜密的祭祀制度和祭祀礼仪则是明证。

犹太教是以上帝至上性、主宰性和根源性为信仰基础和道德本原，

---

① 《论语·雍也》。

一神论或一神信仰是其突出特征。先秦儒家是以天的至上性和根源性为立论基础和道德本原,但并未否认其神灵的存在,甚至不同季节和不同地方众多信仰互不排斥。因此,从宗教信仰和道德信仰的层面看,一个是典型的一神信仰,一个是典型的多神信仰。

其次,实体性与非实体性之别。对犹太教而言,上帝耶和华是一个实体性的存在、超越宇宙的存在,是一种最高的精神实体,非自然之构成部分。上帝创世造人,事必躬亲,先后有序,程序合理,有始有终。在先秦儒家天论中,天是一个非实体性的存在。先秦儒家承续三代之"天生人"宗教传统,天高高在上,有所谓的"天廷""天胤""天爵""天予"的设计与说法,但天生人的方式、程序并未说明,先秦儒家天论凸显的非实体性即功能性的描述。

犹太教之上帝造人,是上帝按照自己的"形象"的"复制"和创造,上帝与创造物——人都是一个物质性和精神性的实体:男人是上帝用泥土造的,女人是男人的"骨中骨""肉中肉";上帝耶和华有人一样的情感意志,有人一样的喜怒哀乐,有人一样的算计和谋略,为实现自己的意志和目的,让人与之立约附加有利于自己条件,甚至因人违背其意,对人实施惩罚和诅咒,可见,上帝具有实体性特征。先秦儒家之天有至上性和人格性,即天有神性,但天并非一个具体的神灵,而是祖先神、自然神和至上神等所神灵特征的集合。这样的天显然是非实体性的精神存在或道德存在,是一个具有强大功能价值、关乎远古与当下、有形与无形、存有与虚无的难以把握和认知的存在,其至上性和人格性显然是非实体性的。

最后,神本主义和人本主义之别。犹太伦理是以上帝为基础建构起来的,上帝是律法制定者,是道德价值的来源,还是道德评价和善恶评价的标准。因此,犹太伦理是神本主义伦理。作为神本主义伦理,犹太教伦理体系既凸显上帝的万能神性,又强化以色列先民对神恩赐的回馈与反应。神本主义伦理在一定意义上,更为强调人对信仰和现实行为的义务和责任及其评价。不过犹太教将人之信仰和行为的道德价值及其评价标准,归于上帝及其上帝对人以色列先民的特殊关照。没有上帝蒙恩和拣选,没有上帝之道昭示,人的行为价值就很难彰显和表达。神本主义伦理将道德和道德价值都视为上帝的创造标志,宇宙万物在神本主义体系中，没有所谓的独立地位和独立价值。

在先秦儒家伦理体系中，天是道德及其价值的本原。但儒家创始人孔子以"截断众流"的气魄和勇气，建构了以"仁爱"为伦理基本原则，以"仁—礼"统一有序为核心的社会道德治理模式，提倡"仁者安人"的道德理想人格，提出学思并重的道德修养方法。因此，天人关系中的"人"是儒家伦理的中心或重心。孔子将"仁"界定为"人"之本质，将现实人之存在状态与人之道德价值的实现设置为最核心的价值目标，凸显出以人为核心或重心的人文主义的价值追求。因此，先秦儒家伦理是一种具有鲜明人文主义思想的伦理模式。

二 道德价值与原则

爱是犹太伦理的基本原则，是以色列先民处理国家和社会道德关系的本质概括，是调整犹太社会关系和利益关系的根本要求，是犹太伦理行为规范的总和。仁是先秦儒家伦理的基本原则，是道德规范体系的总纲，是先秦儒家倡导普遍遵循的道德准则。爱和仁是两大伦理体系的道德基本原则，均有指导性、普遍性、全面性和稳定性特征，是区别于其他伦理体系的重要标志。因此，将爱与仁进行比较，能抓住犹太伦理与先秦儒家伦理的核心、性质和特点，有纲举目张的意义。

（一）爱是犹太伦理的核心价值和基本原则

信仰视域下，犹太伦理以上帝为其本原，以上帝信仰为其核心和目的；现实层面下，犹太伦理则是实践本位与道德本位凸显，因此，犹太教亦称为"伦理一神教"。爱以神人关系和人人关系为主轴，以契约和律法为形式，以社会、民族、国家关系为对象，具有总体意义和核心价值，是犹太伦理的基本原则。

1. 神人之爱

在犹太伦理体系中，一个最重要命题是：上帝爱人和人爱上帝的双向互动具有主导性和根本性。《创世记》以"上帝的创造和安息日"为主题，开宗明义，上帝将自己的爱以"创造"和"说"（word）的形式呈现出来，创造了包括人在内的宇宙万物及其生命。上帝对人的爱具有特殊性，表现为"创造"之独特性，"上帝就照着自己的形象造人"①，使之具有灵气，并赋予"治理"和"管理"之职，成双成对、互相照应。上帝如父，爱自己创造的一切，将自己的爱播撒人间。上帝耶和华显现"恩慈"，"恩待"和"怜悯"人②，将怜悯、恩典、慈爱和诚实③，留给世人，以神圣之爱，赐福人类、祝福人类、风调雨顺、物产丰盈、平安生活④，"上帝的食物，无论是圣的，至圣的，他都可以吃"⑤，"使你们可以存活得福，并使你们的日子在所要承受的地上得以长久"⑥。"使你可以到流奶与蜜之地得以享福，人数极其增多"⑦。因为上帝造人，"充满了仁慈，人类才得以应运而生"⑧，"上帝的父性与他对人类的爱是同义的，每个生物都活生生地证明众生之父就是慈爱的上帝"⑨。

总之，对以色列先民而言，爱是造物主自带的品性和品德，是创造者对受造者的仁慈之爱，是一种以上帝耶和华为中心的，并由其发起和赋予人类的一种神圣之爱和宗教之爱。

2. 律法之爱

犹太律法与犹太教的发展密不可分。犹太律法的确立历经一个漫长过程，在宗教信仰领域，犹太律法是在与多神信仰、泛神论、偶像崇拜激烈斗争中逐渐完成的。在民族、国家和社会治理领域，犹太律法是民族与民族、征服者与被征服者、贵族与百姓实现宗教、政治和物质利益有效调整中逐渐完成的。宗教、律法、法律、伦理和习俗之多维合一、密不可分，是早期犹太律法的一个基本特征。多数律法兼有法律规范、

---

① 《圣经·创世记》1：27。
② 《圣经·出埃及记》33：19。
③ 《圣经·出埃及记》34：6-7。
④ 《圣经·利未记》26：4-6。
⑤ 《圣经·利未记》21：22。
⑥ 《圣经·申命记》5：33。
⑦ 《圣经·申命记》6：3。
⑧ 亚伯拉罕·科恩：《大众塔木德》，盖逊译，傅有德较译，山东大学出版社1998年版，第21页。
⑨ 亚伯拉罕·科恩：《大众塔木德》，盖逊译，傅有德较译，第26页。

宗教戒律和道德规范的特点。犹太律法在犹太一神教中地位和作用，居功至伟、不可替代。

传统犹太教认为，律法是上帝耶和华对以色列先民的启示，上帝赋予律法之神圣性和权威性，与上帝存在永恒性一样，不同时代律法都具有永恒性。对以色列先民而言，能否做到守教，有三个基本标准，即信奉上帝、爱上帝和遵守上帝律法。在一定程度上，信奉上帝、爱上帝主要通过行动上遵守上帝律法体现出来。作为犹太律法的核心和"法典中的法典"，"摩西十诫"规定了信仰对象、诫命范围、律法形式和律法内容，将爱贯通于"摩西十诫"及其律法之中，"爱我，守我诫命的，我必将向他们发慈爱，直到千代"①，"我民中有贫穷人与你同住，你若借钱给他，不可如放债向他取利"②。谨遵诫命、律例、典章等律法，须尽心、尽性、尽力地爱上帝，遵守律法和爱上帝须臾不能忘记，贯穿日常所有行为之中，遵守律法和爱上帝只有永续传承，方能存活得福、子孙满地、直到千代。尊法得福、行善积福是爱上帝的表现。"你们果然听从这些典章，谨守遵行，耶和华——你上帝就比照他向你列祖所起的誓守约，施慈爱。他必爱你，赐福于你"③及其后代。《圣经》载，律法的本质是敬畏上帝，遵循上帝之道，爱上帝，尽心、尽性事奉上帝，遵守上帝的诫命律例。简言之，遵守律法、爱上帝具有内在的统一性，"你要爱耶和华——你的上帝，常守他的吩咐、律例、典章、诫命"④。爱在犹太伦理体系中具有统摄地位和核心价值。

3. "邻人"之爱

在犹太伦理体系中，上帝造人、爱人、降福于人，与人要敬畏上帝、尽心尽性爱上帝、彰显创造荣耀，具有内在统一性。传统犹太教视上帝和人为父与子之亲缘关系，上帝按照自己的形象创造人，人本原于上帝，是上帝形象的复制和分享。人爱上帝，必须爱上帝及其创造的一切，爱异族人、外邦人以及失去土地和生活能力的穷人、孤儿、寡妇，

---

① 《圣经·出埃及记》20: 6。
② 《圣经·出埃及记》22: 25。
③ 《圣经·申命记》7: 12-13。
④ 《圣经·申命记》11: 1。

因为异族人、外邦人和穷人、孤儿和寡妇均是上帝的受造者,爱上帝内涵着必须"爱邻人"——外邦人及其弱势群体。"每逢三年,就是十分取一之年,你取完了一切土产的十分之一,要分给利未人和寄居的,与孤儿寡妇,使他们在你城中可以吃得饱。"①

律法要求安息年要施行豁免,施舍穷人,"因为耶和华——你的上帝必在你这一切所行为的,并你手里所办的事上,赐福于你"②。同时律法还规定,安息年要给予奴隶、婢女、长工自由身,给予必需的生活资料。《圣经·利未记》反复强调,要留下田间角落庄稼和葡萄园掉地果实给穷人和寄居的人,使之获得基本生活资料;要爱邻居,不能觊觎其财物;要诚信,及时付给工人工资;要行善,照顾残疾人,给予方便;要公义,穷人与富人审判平等,不能报仇邻居和兄弟,要爱人如己;要恭敬,孝敬尊敬所有老者;要躬行普世之爱,不能欺负外邦人和外乡人;要公道,商品交换不可短斤缺两,要用公道的天平、砝码、升斗、秤,维系商品平等交换。显然,"爱邻人"之爱,于信仰架构中,是爱上帝的衍生和延伸,爱上帝是由遵守上帝律法付诸"爱邻人"的行为表达。

总之,爱上帝是爱的总目标,爱邻人是实现总目标的具体行为方式。对犹太伦理而言,遵守上帝之道,必须尽心尽性爱上帝,原因在于人是上帝的复制品和形象代言人,对上帝之爱亦是对人类之爱,离开对人类之爱,对上帝之爱就无从表达和彰显。爱是遵守上帝之道的律法要求,是处理社会关系和人际关系的情感要求和道德要求,是神人关系视域下处理人与人关系具有最大"公约数"的基本原则。

4. 契约之爱

根据传统犹太教,一方面,上帝耶和华与以色列人的关系是一种契约关系,耶和华是以色列人之上帝,以色列人要遵守律例、典章、诫命,成为上帝之特选子民。另一方面,以《托拉》律法为代表的律法传承系统,是以神人立约的诫命制度和启示形式彰显出来,神人之约是律法的表现形式,源于上帝诫命和启示的律法——"成文律法"和"口传律法",都是神人之约的主体内容。《圣经》记载,上帝创世造人

---

① 《圣经·申命记》26:12。
② 《圣经·申命记》15:10。

之初,便以彩虹为记号,与诺亚和一切活物立约。亚伯兰年至九十岁时,上帝耶和华与之立约,让他做多国之父,后代繁衍极多,赐给其迦南之地为世代繁衍生活的产业。① 这是上帝耶和华将其荣耀和神爱给予以色列先民的重要标志。更具代表性的立约是上帝与摩西之西奈之约,上帝将"十诫"和众多律法启示给以色列先民,并多次重复和回忆立约要求,强化神人之间的契约关系和伦理关系。

从上帝立约形式观之,从单向度赐予宇宙万物的生命之约,到神人双边关系之约,再到以律法形式规定神人责任和义务之约,"约"的形式和内容愈加丰富和完善。上帝耶和华在万民之中,拣选以色列人并与之建立独特契约关系,如《圣经·申命记》所言,是上帝耶和华专爱以色列人的标志。上帝专爱以色列人既是一种超验的绝对命令,又是以选民相对应的义务和责任为先决条件。犹太契约观和契约伦理是两河流域契约观和契约伦理的承续和发展,商贸发展和商品交换中形成的契约思想,经民族性创新和宗教性改造,人人之间的契约关系转变或异化为神人之间的契约关系。律法作为神人立约之主体内容,是上帝圣爱及衍生的公正、平等、公义和圣洁等道德品质的表现,是将上帝之爱制度化、规范化和诫命化赋予以色列先民及其后裔的表达方式。

神人之约,上帝耶和华是立约的主导者和决定者,以色列人是立约的被动者和接受者,上帝通过决定立约条件和立约内容,将神圣之爱的律法赋予以色列先民。因此,神人立约是神爱之启示和展现,是一个上帝之爱普及化的过程。契约订立完成,维系契约关系则需神人双方以"互爱"理念和规范形式遵守契约,完成彼此承诺的义务和责任——上帝爱人,人爱上帝。

显然,契约关系已超越了原始的血缘关系和亲缘关系,更为重要的是,对以色列先人而言,契约之义务和责任成为一种普遍性要求。上帝通过恩典,使以色列国成为圣洁国度,以色列人成为特选子民,荣耀和福祉降临犹太民族,以色列人在契约中获得公义、圣洁、慈爱、公正和安全。同时上帝之蒙召,要求以色列先民应不断超越自我限制,遵守上帝律法,感激上帝的普世性救恩,以尽心尽性地爱上帝的行动,接近上

---

① 《圣经·创世记》17:1-8。

帝，实现自我超越。可见，神人契约是一种律法关系和责任与义务关系，更是一种以爱为核心的契约伦理关系。

总之，爱是犹太伦理的基本原则。上帝爱人和人爱上帝，是基于创造生成之旨形成的纵向之爱的道德关系。爱上帝，必须爱与上帝有亲缘关系的人，爱邻人是爱上帝的自然延伸及其表达方式，是横向的道德关系。犹太民族是律法民族和契约民族，为维护信仰神圣性和民族性，以色列先民将人人之契约关系宗教化，转化或异化为神人之契约关系，并以律法的形式进行规制，爱凸显出契约之爱和律法之爱的特点。因此，犹太伦理是以爱为基本原则，是以契约和律法作为爱之实现条件的一种契约伦理模式。

（二）仁是先秦儒家伦理总纲和基本原则

先秦儒家将天作为建立自己哲学本体论及其伦理学说的基础，对天人关系的多维体察和探究及其道德认知水平提高，既反映了先秦时期社会变革过渡性的基本特征，又凸显出先秦时期新旧伦理更替、冲突和改造的基本趋势。以孔子为代表的先秦儒家承续西周以"礼"为核心的文化传统，在继承宗法伦理、探究"德"之内涵、明晰道德作用和分辨义利关系中，建立了"仁"为基本原则的伦理思想体系。"仁"是先秦儒家伦理的道德总纲，是"美德之美"和全称之德。

1. 亲亲为仁、孝悌为本

春秋之前，"仁"作为一个道德范畴已经存在，其适用范围颇为广泛。"爱亲之谓仁"①，慈孝父母是人之本，爱亲事亲是"仁"的要求，孝亲爱人是仁的基本内涵。亲亲为仁的原则与宗法等级制度维系君君、臣臣、父父、子子的统治秩序密切相关。因此，"仁"是人与人关系的伦理原则，"爱人"是"仁"的基本内涵。由"爱亲"推展至"爱人"，春秋时期"仁"已是一个个别与一般相统一伦理范畴。

"孔子贵仁"②，孔子继承和发展了立足血缘亲善关系之亲亲为仁的内容，将"爱亲""孝亲""敬兄""爱弟"规定为"仁"之本始。如

---

① 《国语·晋语一》。
② 《吕氏·春秋不二》。

《论语》所言:"君子务本,本立而道生,孝弟也者,其为人之本与!"① 孟子所言,"仁之实,事亲也"②,"亲亲,仁也"③。在先秦儒家视域中,"仁"是基于血缘关系而形成的道德情感,其心理基础是爱亲孝悌的血缘之情。因此,爱亲孝悌是"仁"之最低道德要求。孔子解宰我三年守孝之疑曰:"予之不仁也!子生三年,然后免于父母之怀。夫三年之丧,天下之通丧也,予也有三年之爱于其父母乎!"④"孝"依旧是孔子思想中一个基本的德性范畴,视"仁"为其核心价值。因此,孔子之"孝"的观念已实现了从虔诚礼敬祖先到自我意识反思之伦理精神的转变。

2. 仁者爱人、推己及人

亲亲为仁、孝悌为本,是孔子对西周礼文化传统的继承。"仁"作为春秋时期新伦理思潮,经孔子总结和创新,具有了相对独立的思想内涵和伦理价值,"仁"已突破血缘层面爱亲孝悌的限定,获得更普遍化和更广泛性的意义,构成了孔子伦理思想的核心。孔子是古文化集大成者,也是先秦时期文化的创新者。樊迟问仁,孔子认为"仁"就是"爱人"。孔子以"爱人"为"仁"之内容,"仁"由"亲亲"到"爱人",实现从具体到抽象的超越。孔子要求,"弟子入则孝,出则悌,谨而信,泛爱众而亲仁"⑤。孔子之仁爱精神,是从亲缘关系最近的父、兄开始,由近及远,推展及无血缘关系的其他社会成员,实现"泛爱众"的目的。孟子将孔子思想进一步发展,"君子之于物也,爱之而弗仁。于民也,仁之而弗亲,亲亲而仁民,仁民而爱物"⑥。"仁者爱人"之所爱的对象和范围,已超越了"亲亲与孝悌"血缘层面的规定,推之至"泛爱众""四海之内""仁民爱物"。"亲亲"到"爱人"再到"爱物","仁"的范围和层次进一步扩大,由家、族、国之爱,成为天下、万民和世界之爱,获得普遍性和更高层次的道德意义,成为华夏诸

---

① 《论语·学而》。
② 《孟子·离娄上》。
③ 《孟子·尽心上》。
④ 《论语·阳货》。
⑤ 《论语·学而》。
⑥ 《孟子·尽心上》。

族最基本的社会道德心理和道德规范。总之，经孔孟的创造和创新，"仁者爱人"之伦理意义实现了由具体到抽象、由个别到一般的超越，突破了"亲亲""尊尊"的氏族伦理和宗法伦理的拘囿，成为调节人与人、人与社会和人与自然万物关系的道德原则。

3. 美中之美、德中之德

"仁"是先秦儒家伦理的核心，是实现仁与礼相统一的社会治理模式的灵魂。先秦儒家以"仁"规定人之本质属性，以德治建构社会基本秩序，以道德调整人与人、人与社会之间的关系，以"仁、义、礼、智、信"之五德作为基本道德规范，以"恭、宽、敏、惠、忠、孝、悌"作为道德基本要求。一是"仁"是具体德目和行为规范，是个体化的道德要求。如《论语》所言，"仁者安仁，知者利仁"[1]，"知者不惑，仁者不忧，勇者不惧"[2]，"好学近乎知，力行近乎仁，知耻近乎勇"[3]，狭义之仁，与义、礼、智、信、知、勇一样，是一个具体的德目。二是仁是包含诸多道德要求的基本原则，是超越个体凸显一般的道德精神和道德理想，义、礼、智、信、恭、宽、敏、惠、忠、孝、悌等皆为"仁"之主体内容和"仁"德的具体展开形式。

总之，"仁"是具体德目和美德，是普遍性的道德原则，诸德目和诸美德皆在"仁"中，是"仁"内涵展开和表现形式；"仁"是根本性的道德原则，统摄着诸德目和诸美德，诸德目和诸美德从多层面多维度诠释"仁"之大义；"仁"是最高的道德原则，包含着高于其他道德规范的多种道德要求，是规范之规范、原则之原则、"美中之美"、"德中之德"。

4. 忠恕之道、一以贯之

"仁"由宗法血缘的道德范畴超拔为普遍性的道德原则，成为先秦儒家调整人与人、个人与社会、人与国家、人与自然之间利益关系的根本原则，成为统治集团和士大夫阶层遵循的普遍原则，成为先秦儒家道德评价和善恶评价重要标准。因此，"仁"是先秦儒家伦理思想的重要

---

[1] 《论语·里仁》。
[2] 《论语·子罕》。
[3] 《中庸》第二十章。

标识，是区别于其他伦理流派的基本标志。"仁"作为人内在的道德情感和社会普遍性的道德原则，需要通过现实的行为方式表达出来，实践"仁"的行为方式和行为准则，即取譬于己，推己及人——"忠恕之道"。"忠恕之道"具有独特的价值内涵和运作机制，蕴含着诚信、忠诚、平等、中和等伦理精神。朱熹认为，"尽己之谓忠，推己之谓恕"①。孔子认为，仁者做到"己欲立而立人，己欲达而达人"②，"己所不欲，勿施于人"，方能"出门如见大宾，使民如承大祭"，实现在邦在家"无怨"之状态。曾子认为"忠恕之道"贯穿孔子整个思想体系，是基本符合孔子思想之本义的。

"仁"是将人类内在道德情感和外在道德行为、最高道德理想和现实道德实践融为一体，"忠恕之道"实质囊括了"忠恕"之积极与消极的两个层面。"忠恕"都是"仁者爱人"的独特表现，孔子从"我"发现了"类"，从"类"体察到"众"。"忠恕"是实现仁德的两种基本方式，是实现"爱人"的两种基本道德境界。

从学理上看，忠和恕都是仁者应有的道德情感和道德境界，是"爱人"的两个向度，人我同类、人我同心、人我同欲，则应人我互尊、人我互爱，"爱人"由"类"之普遍性逐渐上升为基本的道德原则。

从历史上看，孔子之"爱人"对象和范围限于贵族内部，排斥奴隶和"小人"，他认为"君子学道则爱人，小人学道则易使也"③，"未有小人而仁者"④。因此，"爱人"是贵族内部之互爱，"惠"和"恩"于"小人"，则是役使和统治的需要。仁者爱人，从本质而言，是服务于贵族统治的，具有阶级性和等级性。"仁"作为道德基本原则，首先是调整治阶级内部的道德原则。

从实际效果看，孔子之"爱人"蕴含着宽民、富民、惠民、教民的思想，以"君子之德风"感化教育"小人"，以君施仁德取信于百姓，使之"学道"、守礼，小人（民）必有"爱人"之德性、仁爱之

---

① （宋）朱熹：《论语集注》卷二。
② 《论语·雍也》。
③ 《论语·阳货》。
④ 《论语·里仁》。

同心,"爱人"终成百姓基本的道德原则。

总之,"仁者爱人"作为先秦儒家伦理普遍性的道德原则,在"忠恕之道"之展开和实践中,孔子由天道发现"人道",即人皆有道德属性,仁是"人道"之本质,故孟子强调,"仁也者,人也,合而言之,道也"①。

三 爱与仁的比较分析

爱与仁的比较分析,有助于我们把握两种源头伦理的核心价值和基本原则,有助于求同存异,获得伦理文化重建的道德资源。

(一) 爱与仁之同

爱与仁是犹太伦理与儒家伦理的核心价值和基本原则。爱与仁发端于家族家庭血缘关系,离开亲情之爱,"爱人如己"和"仁者爱人"则是无本之木;爱与仁是两大伦理体系的核心价值和普遍性道德原则,离开了普遍性价值,爱和仁就失去意义。

首先,爱与仁均有血缘性和亲缘性。若剥离宗教外衣,我们将会发现犹太之爱在世俗层面是以家族、家庭为中心,具有亲缘性和血缘性。《圣经·创世记》载,亚伯拉罕、以撒、雅格的信仰传承,是以血缘亲情为载体和主线的传承,亚伯拉罕传财产给后代,实质是以血缘亲情之爱为核心的。"亚伯拉罕将一切所有的都给了以撒,亚伯拉罕把财物分给他庶出的众子,趁着自己还在世的时候打发他们离开他的儿子以撒,往东方去。"② 以撒年老,吩咐孩子,"现在拿着你的器械,就是箭囊和弓,往田野去为我打猎,照我所爱的做成美味,拿来给我吃,使我在未死之先给你祝福"③。父慈子孝、母爱如山的亲情之爱,充斥《创世记》中,"摩西十诫"将"当孝敬父母"作为"爱"基本内容和要求。以色列先民很早就发现了"爱德"与"幸福"、孝敬父母与生命圆满的内

---

① 《孟子·尽心上》。
② 《圣经·创世记》25:5-6。
③ 《圣经·创世记》27:1-5。

在关系，认为"孝敬父母，使你得福"①。而敬爱父母、礼让老者，与敬畏上帝一样。对父母不行孝敬之爱，《出埃及记》《申命记》《利未记》祭出多种惩罚方式，如警告、诅咒、惩罚。可见，犹太之爱的观念实质是一种亲缘血缘之爱，只不过在宗教思想体系下，这种亲缘血缘之爱被"异化"为神（犹太上帝拟人化为父）的爱而已。

希伯来神话中有兄弟之间因利益相互冲突的记载，但更多的是兄弟之间相互容纳的戒律之规和道德要求。如，雅格冒充兄长以扫，窃取其祝福和名誉，引发冲突，以扫曾怨并企图杀死雅格。但基于上帝耶和华爱之规定和血缘亲情，兄弟化干戈为玉帛，以大爱之心相互宽恕、相互容纳。② 圣经犹太教时期，爱的观念凸显宗教性、民族性特征，但不容否认的是，游牧部落、家族、家庭依旧是圣经犹太教时期的基本社会单位，因此，以凸显伦理著称的犹太教及其民族风俗之爱具有血缘性和亲缘性的特征，是一个不容否定的事实。

先秦儒家伦理的"仁者爱人"之爱，继承西周以前氏族宗族血缘之爱的内涵，前已述及，爱亲、亲亲、事亲是"仁"的最初含义，言"仁"、能"仁"，必是爱亲、爱人。因此，"仁"的原初之义，是对根植于宗法血缘关系的亲情之爱的抽象概括。儒家创始人孔子以"仁"为核心建构的伦理思想体系，首先继承"仁"之爱亲事亲的本始要求。《论语·学而》认为孝悌为"仁之本"，孟子认为是"事亲"是"仁之实"，"亲亲"是"仁"的基本要求。亲情之爱是"仁"之最深刻的血缘基础和心理基础，仁爱是从家庭血缘关系中引申而来的。

古代人际关系主要包括父子、君臣、夫妇、兄弟、朋友五伦。其中父子、兄弟、夫妇关系是家族宗法伦理必须优先解决的问题。家族、家庭之亲爱是人最早的血缘基础和心理基础，是维系家族和家庭共同体的纽带。人们首先爱有血缘关系的亲人，方能爱非血缘关系的他人。因此，对孔孟而言，"仁"首先是血缘亲情之爱。

总之，爱与仁都具有血缘性和亲缘性，是氏族宗族血缘关系的反映，是早期游牧民族和农业民族处理人际关系的一个基本原则。

---

① 《圣经·申命记》5：16。
② 《圣经·创世记》33：1－15。

其次，爱与仁均有层次性和交互性。对犹太教而言，上帝爱人具有根本性和决定性，否则上帝的创造和荣耀无法彰显，不仅如此，人类之爱从属上帝之爱，是上帝之爱的回应与延伸，人爱上帝源于上帝爱人。由信仰层面观之，上帝之爱具有本原性和决定性，居于最高层次。人爱上帝源于上帝是宇宙万物及秩序的创造者，源于上帝是人类伦理规范和道德价值及社会秩序的创造者。上帝爱人和人爱上帝建构起创造者和受造者独特的内在关系——人分享了上帝的形象，神人关系如同人类的父子关系，因此，犹太之爱具有交互性特征。

人爱上帝，包括爱上帝创造的一切，爱父母和爱邻人包含在人爱上帝的绝对命令之中。从世俗层面观之，犹太之爱是以家庭为中心向外推展形成的，第一是血缘关系基础之上的中心层次，以父为核心，爱表现为"当孝敬父母"、尊敬族长；第二是非血缘关系基础之上的紧密层次，以"邻人"为主体，爱邻人包括穷人、外邦人、孤儿和寡妇等所有非血缘的人；第三是与人生活关系密切的动植物，爱包括"地所产的，牲畜所下的，以及牛犊、羔羊，都必蒙福"①。

总之，在宗教信仰层面，上帝之爱是一切爱的源泉，纵向上处于决定地位；人爱上帝是对上帝之爱的回应，纵向上处于被决定地位。爱在神人之间具有交互性。在世俗规制层面，爱以家族或家庭为中心，由血缘到非血缘再推及自然万物，是一个由近及远的圈层结构。

对先秦儒家而言，"仁者爱人"是以氏族宗法家庭为中心，"仁爱"由血缘关系密切父子开始，由近及远，拓展到无血缘关系的其他人，以致"仁民而爱物"。"亲亲"到"爱人"再到"爱物"，"仁"之视域和功能覆盖家、族、国和天下。因此，与犹太之爱相似，先秦儒家仁爱也是一个由近及远的圈层结构。

再次，爱和仁均有普遍性和一般性。犹太伦理包括爱上帝和"爱邻人"两个基本原则。在犹太伦理体系中，爱一个圆融统一的整体，是处理神与人、人与人、人与社会、人与外部自然的关系的内在心理情感机制和外部行为机制。为学理研究之便，我们将犹太之爱分为宗教之爱和世俗之爱，单就犹太之"爱邻人"而言，爱的视域包括"一切"

---

① 《圣经·申命记》28：4。

和"所有"的人，"邻人"是指非血缘关系的人，既是认识熟悉之人，亦是不认识不熟悉之人，如朋友、穷人、外邦人、仆婢、寄居者和鳏寡孤独者，甚至是仇人和敌人。

在犹太伦理中，"爱邻人"既是个人和"类"的普遍感情、普遍意识和普遍心理，还是神人架构下人与人之间的道德关系、律法关系，特别是尊奉上帝诫命而从内心生发的对其他个体和"类"的热诚关怀和爱戴。爱的视域由家人到邻人，由熟人到生人，由个体到群体，由本族到异族，由人类到动物，远及宇宙万物。因此，爱有普遍性、普适性和一般性。

对先秦儒家而言，"仁"的视域由"亲亲"范围，即有血缘关系的成员，推及非血缘关系成员，由个体、家庭、家族为起点推至国家、天下和万物，是"博施于民而能济众"①"仁民而爱物"②。因此，"仁者爱人"具有普遍性和一般性。

元典时期，犹太民族是游牧民族和商业民族，中华民族则是以农业为主的民族，但二者都是由多家族、多宗族和多民族构成的文化生命共同体。家庭、宗族、民族之间各种利益关系的处理，犹太之"当孝敬父母"之爱，显然无法普及至"邻人"和异族；而儒家之爱的"亲亲"原则，亦无法推及至"泛爱众"。犹太之"爱"若局限于家族、民族视域，犹太伦理也许只能是一种个体宗教德性伦理，而不能成为"爱人如己"的契约伦理和民族伦理。儒家之"仁"若局限于家庭、家族视域，先秦儒家伦理充其量只能是一种个体德性伦理，而不能成为"修齐治平"的社会伦理和政治伦理。故此，如果没有"爱邻人"与"泛爱众""爱人如己"与"仁民爱人"的普遍价值和普遍精神，之于两大伦理体系是难以理解的。

最后，爱和仁均有决定性和统摄性。犹太之爱可从三个维度理解，作为神学之爱主要体现为上帝的创造性和本原性，即人类及其道德价值来源于上帝；作为宗教之爱主要体现为上帝与选民之间特殊契约关系以及在此基础上形成的特殊信仰关系；作为伦理之爱主要体现为在人爱上

---

① 《论语·雍也》。
② 《孟子·尽心上》。

帝基础上形成的"爱邻人"的道德关系。神学性、宗教性和伦理性是"伦理一神教"结构的三个不同层面。就本质而言，犹太之爱皆以上帝为中心，爱人抑或"爱邻人"和爱物，是上帝之爱的表达方式或表现形式，从属于上帝之爱。但应该指出的是，对以色列先民而言，爱首先表现为上帝与其选民之间的特殊关系，即凸显民族性的律法关系抑或契约关系。在犹太伦理架构下，爱具有神学性、宗教性和伦理性，还具有民族性、律法性和契约性。因此，爱具有决定性和统摄性。

全面认知和把握孔子之仁的观念和思想，将"仁者爱人"置于儒家的天人观、哲学观、伦理观和宗教观中，尚能窥见其微言大义。在先秦儒家的天人观中，仁是道德形而上学的善，是具有普遍性和实践性的爱；在先秦儒家哲学观中，仁是天人合一、天人合德的本体要求，是人的本质规定；在先秦伦理观中，仁是人类道德生活的基本原则和道德总纲；在先秦儒家的宗教观中，仁是"约礼入仁""敬鬼神而远之"，以虔诚之心从事宗教活动，"物无不怀仁，鬼神飨德"[①]，"郊社之礼，所以仁鬼神也"。因此，仁在先秦儒家思想中具有决定性和统摄性，是美中之美、德中之德，可谓全称之德。

综上所述，爱和仁是贯通犹太伦理和儒家伦理之道德理论与道德实践系统的核心主题，是指导和构成形而上学学说（宗教学说）和道德应用方面的基本原则，是人类德性伦理和美德伦理的核心。尽管爱和仁的表现形式有众多不同，但二者都是实现民族发展和社会良性运作的核心价值理念，爱令犹太教凸显出重要的伦理特征，犹太教又称"伦理一神教"；仁使先秦儒家思想凸显出人类德性伦理和美德伦理的特质，儒家伦理是德性伦理和美德伦理的代表。

（二）爱与仁之异

首先，神本之爱与人本之仁。在犹太伦理体系中，爱的观念和原则根植于上帝的创造和存在之中。犹太神性之爱主要表现为上帝的创造之爱、选民的契约之爱、"爱邻人"的普世之爱。《圣经》载，宇宙之初，上帝之外并无其他存在。上帝按自己意愿创世造人，关心和爱护允斥创

---

① 《礼记·仲尼燕居》。

造行为之中，创世造人是上帝全心全意付出爱的过程。上帝之爱使世界呈现出秩序和规律，有了光明照亮黑暗，有了天和地，有了白昼和黑夜，有了万物生命，也有上帝形象的代表——人的诞生。更为重要的是，上帝为确保所有受造者都是善的，将其恩赐和荣耀体现在创造、爱和善之中。简言之，生命是上帝之爱的创造，上帝赋予受造物以善的本质。

上帝与选民的契约之爱，主要体现在神人立约的过程中。在犹太传统中，上帝与人立约是上帝爱人的表现，通过立约，上帝之爱得到真正体现。摩西代表以色列人与上帝西奈立约，上帝说："我向埃及人所行的事，你们都看见了，且看见我如鹰将你们背在翅膀上，带来归我。如今你们若实在听我的话，遵守我的约，就要在万民之中作属我的子民，因为全地都是我的。你们要归我作祭司的过度，为圣洁的国民。"①"约"或"盟约"内涵着"信任、忠诚、慈善和博爱"。上帝与选民的契约之爱，是责任与义务的统一，契约之爱是创造之爱的表现形式。

"爱邻人"之普世之爱，是"爱上帝"的表现形式，换言之，实现"爱上帝"的目的，没有"爱邻人"的普及化实现是很难完成的。"爱邻人"的具体行为并非自由选择，而是遵循上帝诫命、履行神人契约、坚守律法规定的选择，人在"爱邻人"中发现了"他与我""个体与群体"关系的交互性，确立自我目标与价值，最终与"爱上帝"形成高度统一。

在犹太伦理体系中，爱根植于上帝创造及恩赐，契约之爱和邻人之爱本原于上帝之爱，人爱上帝不过是上帝爱人的回应，爱邻人则是爱上帝的表现形式。因此，犹太伦理是典型的"以神为中心"的恩典伦理和契约伦理。

与犹太伦理不同，作为先秦儒家伦理核心和总纲的"仁"，发源于氏族宗法血缘亲情，爱亲事亲是具体表现形式，仁的原初意义在于人抑或与人类存在具有统一性。孔子独创"仁学"，将具体个别之"仁"擢升为一般抽象之"仁"，不仅视"仁"为人之本质规定性，而且赋予"仁"以高度原则性，成为"全德之称"。但无论如何，在先秦儒家视

---

① 《圣经·出埃及记》19：4-6。

域中,"仁"都是基于现实的人与人、人与社会、人与国家、人与外部世界展开的,不是由"外在的他者"决定的。作为基本原则和核心价值,"仁"是"以人为中心"展开的,有一个人性本原。因此,我们可以认为,先秦儒家伦理是"以人为中心"的德性伦理和美德伦理。

总之,爱与仁,一个根源于神性,一个发自人性;一个是神性之爱,一个是人性之爱。以爱与仁为核心和原则的两大伦理体系,一个是"以神为中心"的契约恩典伦理;另一个是"以人为中心"的德性伦理和美德伦理。

其次,契约之爱与人伦之爱。爱贯穿犹太契约理念和契约伦理之中,神人关系和人人关系主要是契约关系,而非血缘关系和地缘关系。契约理念和契约伦理是以色列先民整合多种文化形式,借鉴异族文化观念,创制一种反映民族心理和民族道德需要、务实变通的文化。通过神人立约或盟约的方式,神人之间形成一种独特的"神佑人和人爱神"伦理关系。契约规定神人双方的道德义务和道德责任,上帝恪守契约,将平等、公平、公义等赋予所有选民,选民没有贫富、贵贱之别,君王和百姓都享有独立人格和尊严。选民恪守契约,尽心尽力爱上帝,遵守上帝律法,遵守神人之约,这些都是爱上帝的表现。由犹太契约观之,上帝是立约的发起者和主导者,故此神人契约关系是非平等和非均衡的关系,但神人皆为立约主体,契约关系一旦形成,神人沟通交互则是平等的。因此,对以色列先民而言,契约关系实质是以"爱"为核心的伦理关系,因此,犹太之"爱人如己"之爱是契约之爱,亦是平等之爱。

先秦儒家"仁者爱人"之爱,源于家庭血缘亲情,家庭之血缘亲爱是爱的原初形式,孝敬父母和尊敬兄长是"仁"的根本和基础。中国古代人际关系主要包括父子、君臣、夫妇、兄弟和朋友五伦,每伦各有义务和责任,又凸显次序和等级,既突出爱、亲,又强调别、序。"爱有差等"的人伦关系体现了家庭关系和社会关系的等级性和次序性,家庭血缘关系之爱和君臣政治关系之爱,本质而言都是宗法等级人伦之爱。从伦理史上看,先秦儒家之"仁爱"严格意义而言是调整宗法家族内部和奴隶主阶级内部的道德原则和道德规范,奴隶阶级和"小人"不在仁爱范围之内。儒家以"能近取譬"为施行"仁"

的根本方法，就实质而言，"能近取譬"是以孝悌为道德基础，以仁爱家庭成员为中心推及其他亲近之人（如朋友），进而拓展至仁爱所有人。"能近取譬"的方法与孔孟"亲亲"的原则、爱有差等的要求一脉相承。因此，先秦儒家之"仁者爱人"之爱，是等级之爱抑或差等之爱。

总之，在两大伦理体系中，爱与仁有不同的性质和特点，犹太之爱是契约之爱、平等之爱，先秦儒家之仁，是人伦之爱和差等之爱。

（三）爱与仁之鉴

爱和仁是两大伦理体系的核心价值和根本原则。犹太伦理是以神为中心的恩典契约伦理，儒家伦理是以人为中心的德性伦理。神本与人本的分野是由于两大伦理体系核心价值和根本原则的性质不同而产生的，并由此表现为两种伦理模式的不同特征和实现道德完善的不同途径。爱与仁在众多层面的相同，说明了人类伦理文化认知和演进具有相通抑或相同的特点，为我们建构普遍伦理（底线伦理）找到一个普遍化的基础；爱与仁在不少层面的相异，说明了人类伦理文化认知与演进具有地域性、民族性以及各自发展规律、发展模式和独特优势，为我们重塑现代伦理和构建道德治理体系，提供了相互借鉴、互补、学习的丰厚资源。

1. "外在他者"与"自我修德"

以爱为中心的犹太伦理将人类独有心理感通和道德体验异化为上帝对人恩典和救赎，通过上帝的创造及"爱人如己"的扩充，形成爱上帝和爱邻人的高度一致。对犹太伦理而言，爱邻人不能从人自我中得到解释，而必须由上帝之爱来规定，爱具有神圣性，以爱为核心价值的道德规范系统有一个"外在他者"监督，故此犹太道德规范凸显出神圣性和宗教性。仁是先秦儒家伦理的根本原则，先秦儒家将道德完善和家国情怀融为一体，宗法家族伦理之爱和政治伦理之爱，是"仁者爱人"与人性完善有机统一，人既是角色主体，又是责任主体；既要对家国的道德进步与发展负有责任，又要对自己道德完善和精神追求负有责任。以仁为核心的先秦儒家伦理是一个"自我自觉"修炼"仁德"，培育德行,并扩充至世界的过程。如果先秦儒家伦理借鉴吸收犹太伦理凸显刚性和神圣性的合理因素,则能使儒家道德规范和道德理想更易于遵行和实现;如果犹太伦理借鉴吸收先秦儒家伦理"自我修德"、注重自我修养和推展德行的因素,则能使犹太伦理之道德规范易于推广和圆融。简言之,爱与仁的实现方式和实现路径的有机结合,能使现代道德的治理方式和治理路径更趋合理。

2. "爱人如己"和"仁者爱人"

爱和仁是两大伦理源头核心精神,是两大伦理体系的基本原则。犹太之"爱人如己"与儒家之"仁者爱人"的实践方式具有互补性和借鉴性。作为轴心时代伦理典型代表,犹太伦理与先秦儒家伦理不约而同地将"金律"作为处理人际关系的道德原则和道德实践的基本方式。犹太之"爱人如己"是既是诫命要求,又是法律和伦理要求,是为完成神人契约必须遵守的责任和义务,《圣经·利未记》的"礼节和伦理上的圣洁"一章,从三十五个方面对犹太伦理的伦理规范和道德实践方式做了列举和阐释,贯穿其中的核心伦理精神是"爱人如己",而实现"爱人如己"的方式是"己所不欲,勿施于人"。与先秦儒家不同,以色列先知主要是从积极层面将"金律"诉诸伦理关系的调整,以"不可"律法形式规定实现"金律"内容和方式,如"不可心里恨你的兄弟""不可报仇""不可埋怨你本国子民""不可彼此说谎"等,引领和规定"不可"内容则是"金律"①。《圣经》载:"若有外人在你们国中与你同居,就不可欺负他。和你们同居的外人,你们要看他如本地人一样,并要爱他如己。"② 从爱本族人到爱外族人再到爱所有人,"金律"强调的是处理人类各种关系,首先要以尊重他人、关心他人,站在对方立场思虑相互之间的关系,将尊重对方的思想、意志、行为、价值视为基本前提,正像犹太思想家希勒尔所言,你自己讨厌的东西不要强加给邻居,这就是全部《托拉》的内涵。先秦儒家以"仁者爱人"

---

① 金律,又称"黄金规则"。从最低层次的"以眼还眼,以牙还牙"的"铁的法则"开始,到"银的法则"和"黄金法则"。这一法则有不同的表达方式,如"一种原则、一种行为的原则、一种具有指导意义的道德行为原则、一种道德原则、一种伦理原则、一种人类关系的普遍性原则、理性伦理最高法则",等等。

② 《圣经·利未记》19:33-34。

作为处理人际关系的道德原则，"金律"是实现其道德原则的基本方式和基本方法，"己所不欲，勿施于人"和"己欲立而立人，己欲达而达人"是以"心同此心"的外推方式，作为实践和实现"金律"的路径，故此学者们将之视为消极层面。

犹太先知与儒家先哲发现了人类共通普遍的一个道德原则——"金律"，"你愿意别人怎样对待你，你就那样对待别人"，"金律"的积极层面抑或消极层面普遍存在于世界所有种族、宗教、伦理和哲学之中，而积极和消极的圆融结合正是"金律"在世界各大文明系统"共通"精神实质和普遍化的道德原则。而犹太先知和儒家先哲以"爱""仁"为核心、以"金律"为原则建构的伦理模式，是可以互鉴的重要资源。

当下建构人类命运共同体包括理论、实践和文化层面多个维度创新，无论是机会均等、合作共赢的发展模式，还是彼此尊重的国际政治关系；无论是处理世界各国的利益关系，还是适应世界大发展、大调整趋势以及多极化、全球化和信息化的要求；无论是应对地区风险，还是应对全球性危机，"一种适用于全人类的伦理必不可少"，"这样一个世界共同体无疑不需要一种统一的宗教或意识形态，但是，它却需要一些相互有联系的、有约束力的准则、价值、理想与目标"。[①] 贯穿这些有约束力的准则、价值、理性与目标是一种基于"金律"要求的"底线伦理""重叠伦理"，抑或"普遍伦理""世界伦理"，如汉斯·昆所言："没有一种——合乎时代潮流下的情况下——适合全人类的、相互联结的、有约束力的伦理，没有一种世界伦理，这个世界秩序又算个什么呢？"[②] 全球伦理是在各大文明传统中，探究和挖掘人类行为、道德价值和基本道德理念的"重叠""共同"之处，不是将各大文明简化为最低限度的道德，"而是要展示世界诸宗教在伦理方面现在已有的最低限度的共同之处"，"把这种伦理化为自己的道德，并且按照这种伦理

---

① ［瑞士］汉斯·昆：《世界伦理构想》，周艺译，生活·读书·新知三联书店2002年版，第4页。汉斯·昆又译为"孔汉斯"。
② ［瑞士］汉斯·昆：《世界伦理构想》，周艺译，生活·读书·新知三联书店2002年版，第45页。

去行动"。①"普遍伦理"抑或"世界伦理"的"人道原则"②和"金律"原则,正是犹太伦理"爱人如己"和儒家伦理"仁者爱人"的核心价值和处理人际关系的基本原则。

3. 契约论与人伦

对以色列先民而言,伦理关系本质而言是契约关系,犹太之"爱人如己"之爱是契约之爱,亦是平等之爱。对先秦儒家而言,"仁者爱人"之爱源于家庭血缘亲情,孝敬父母和尊敬兄长是"仁"之根本和基础,伦理关系本质而言就是父子、君臣、夫妇、兄弟和朋友之间的义务和责任关系,凸显次序和等级,强调爱和亲之别和序,是先秦儒家之仁的重要特点。因此,在人与人关系上,犹太先知主张契约论,而先秦儒家则主张人伦。犹太伦理是伦理契约化和契约伦理化的统一,儒家伦理是伦理人伦化和人伦伦理化的统一。

古犹太文化中的人际关系主要是一种契约关系,强调神人、人人之关系是"律法"关系,是以"契约"而不是以血缘人伦为最终根据,是以神的创造和恩典为源泉,而非君和父统摄和养育为条件。建构现代伦理体系和实现道德重建的目标,血缘家庭道德建设是基础,伦理首先是人伦伦理,而社会伦理仅仅以扩充人伦伦理方式,显然不能实现道德治理的目的。儒家如果将伦理道德规范仅仅限定在血缘亲情之爱的视域内,几乎难以实现社会治理与社会稳定的目的,因为先秦时期中国社会,尽管是以家族为基本细胞,但整个国家是多宗族、多家族和多民族的文化生命共同体,"仁者爱人"没有"泛爱众"扩充和契约约束,儒家设置的修齐治平的目的很难实现。同理,我们可以发现,如果犹太伦理仅仅以"神爱"为中心,而不以家庭、家族伦理为基础,将一切关系,如人伦、亲朋、社会和国家关系泛契约化,必然会忽视和否定道德的人性起源,漠视基于人类情感、心理、意志的道德发展心理机制和情

---

① 孔汉斯、库舍尔:《全球伦理——世界宗教议会宣言》,何光沪译,四川人民出版社1997年版,第12页。

② 《全球伦理——世界宗教议会宣言》一书将"每一个人都应该得到人道的对待"作为"全球伦理"或"世界伦理"的基本要求。每一个人,不论其年龄、性别、种族、肤色、生理或心理能力、语言、宗教、政治观点、民族和社会背景如何,都拥有不可让渡的、不可侵犯的尊严。

感机制。建构现代伦理学，既需要学习借鉴犹太伦理的契约思想，将契约贯通社会利益关系，作为调整社会利益关系的重要手段；又需要学习借鉴儒家以家庭人伦为基础建构伦理体系，将仁爱贯通伦理体系，作为调整家庭关系、社会关系和民族关系的重要手段和原则。简言之，契约论和人伦的有机结合，是实现现代道德治理的一个不错的方法和重要的路径。

第三章
律法与礼

犹太民族以"律法的民族"著称于世,中华民族以"礼仪之邦"闻名世界。律法和礼是犹太民族和中华民族的"文化印记"和文化符号。律法之于犹太文明,既是犹太民族之信仰、信念和思想的表现形式,又是犹太民族和犹太人的行为规范大全,还是犹太人的"生活之道"。礼之于中华文明,既是中国传统文化的核心,又是国家、社会和个体之普遍性的制度规范,涵盖政治、经济、伦理、宗教、法律、婚姻、家庭、教育、管理等诸个层面,是国家治理之制和百姓生活之道。

作为两种传统的治理方案、治理体系和治理模式,律法和礼之的治理之要差别明显,治理模式和治理路径不尽相同,学理之概念和范畴亦非对应和相同,但如果将研究的视角置于"公共道德治理"之现代伦理视域中,我们将会发现律法和礼之传统社会道德治理重点内涵、结构、特征、功能、模式以及现代的超越与转化、解构与建构等方面,均有众多相似性和相通性,甚至众多层面有"殊途同归"之妙。因此,律法与礼的比较研究,有助于把握两种伦理的基本特征和嬗变历程,实现两大源头伦理文化互鉴之目的。

一 律法与礼的界定

犹太律法与先秦儒家之礼的产生、发展、完善及其治理作用的发挥,都有深刻的社会、文化和历史背景,二者都是对当时社会、政治、经济、文化及其民族伦理价值和法律追求的反映。不同的社会、文化和历史背景昭示出律法和礼的不同治理动机和目的、不同治理策略和手段与不同治理途径和追求。但是，律法和礼维系社会良性运作和实现有效治理的价值追求和目标设定，又有诸多的相似相通之处。从律法和礼的治理目的视域观之，我们亦能洞悉到，两种伦理源头在不同的社会、文化和历史背景深层，仍有相通甚至相同的治理路径依赖和制度凭借。因此，以律法和礼之背景，作为探究与分析二者相异相通的逻辑起点，是实现互鉴主旨和比较目的的一个优选方向。

（一）犹太律法

在古汉语和白话文运动早期，"律法"是对"法律"的称谓。《说文解字》将"律"解释为，"律，均布也。从彳，聿声。"段玉裁在《说文解字注》释"律"曰："律者，所以范天下之不一而归于一，故曰均布也。"桂馥在《说文义证》将"律"释为"均布也"。王筠《说文句读》释"律"为"均也""布也"，"律"有音律、乐律之义。

从古代法律层面看，"律"有"法律""律令""规律""规则""治理""处置""遵守""效法""衡量"之义。古代"法"写为"灋"，最早出现在西周的金文中。"法"之原义是指"法律""法令"，其古义与今义变化甚小，古代之"法"有"刑法"之义，有"法律"之义，亦有"标准""方法"之义。古汉语和白话文运动早期的"律法"与犹太之"律法"的形式不同，内容差异明显。

在古犹太文化及其治理体系中，律法具有统摄价值和核心地位。律法之于犹太治理体系具有根本性的保障规制作用，律法之律例、诫命、法令及其民间法规是犹太群体与犹太个体最重要、最普遍的行为规范。

犹太律法（Jewish Law）基本上皆汇集于犹太文化的经典之中，以犹太百科全书著称的《希伯来圣经》，是最重要和最集中的犹太律法典籍文献，它由《托拉》《先知书》和《圣录》三个重要部分构成，是迄今为止传播、影响最大和最广的犹太文化典籍，亦是研究犹太政治、文化、经济、社会、伦理、法律、文学、诗歌最重要的文献资料。

犹太律法有广义和狭义之别。狭义的犹太律法主要是"哈拉哈"

(Halakhah),即"犹太民族法"或"以色列法"。① 广义的犹太律法包括成文律法和口传律法,成文律法主要藏于《托拉》②之中,口传律法则主要载于《塔木德》等文献之中。

《托拉》(Torah)是《塔纳赫》(《希伯来圣经》)的前五卷,又称《摩西五经》,包含《创世记》《出埃及记》《利未记》《民数记》《申命记》,也称"律法书"。犹太先人认为,"律法书"由613条律法构成,其中否定性的禁令有365条,肯定性的教导有248条,二者统称"成文律法"。

"托拉"在犹太律法架构中居于核心地位,是最重要的犹太成文律法,并以此为基础形成最具统摄力的犹太法律治理体系、契约治理体系和道德治理体系,以此为逻辑起点构建出一套完整的犹太教及其文化治理体系和治理标准,以此为圆心形成体系性的犹太人及其生活之道德规范体系和法律规范体系。

在"托拉"中,"摩西十诫"则居于核心地位,有统辖整个犹太律法体系和道德规范体系之功效。"摩西十诫"是上帝的"直接话语","是在西奈藉摩西颁降于以色列人的十条信仰原则,是古代以色列人宗教与伦理生活的最基本原则的总纲"③。"托拉"之律法是内涵着犹太社团和犹太个体之生产、生活、交往等不同层面宗教、道德和法律的戒律和规范。

就法律层面而言,包括犹太社团和犹太个体的法律属性、犹太个体的法定权利与法定义务、犹太个体的法定财产所有权和债务关系、犹太平民的婚姻家庭和继承权利,以及犯罪种类、刑罚类型、审判机构、诉讼制度,等等。就道德规范和道德理念层面而言,包括犹太社团和犹太个体道德规范、个体修养规范、婚姻家庭规范、邻邦道德规范,公正、公义、怜悯、慈善之道德理念。

犹太律法是一个完整的制度体系和思想体系,兼有宗教戒律、契约、法律、道德规范、生活习俗之特质,"这些神圣的、至高无上的犹

---

① 在犹太法律文献和资料中将"哈拉哈"(以色列民族法)称为"犹太律法",但不是现代意义上的以色列国的法律制度。饶本忠:《论犹太律法的特征》,《学海》2011年第3期。
② "托拉"一词在希伯来语中的本义是"训诫、晓谕",亦有"教训""命令""引导""法律"等意义,代表上帝启示的行为规范或处世之道。
③ 田海华:《希伯来圣经之十诫研究》,人民出版社2012年版,第56页。

太律法可以被解释或说明，但绝不可更改"①。这些律法以一神思想为逻辑基础，律法之权威性、普遍性和规制性主要不是靠国家强制力的维系和推展，而是基于"外在之他者"之至高地位和权威建构的信仰治理体系、发自内心对神圣上帝敬畏之自我心理治理体系、谨守遵行律法的行为规范治理体系、违反律法的规制体系和惩罚体系相互支撑形成的强大力量。如伯尔曼所言："希伯来的法律与宗教是不分的。《摩西五经》所记载的既是上帝的诫命，又是人间法律，这就是律法。"②

"口传律法"主要载于犹太经典《塔木德》之中。为防止异族文化的侵入和信仰多元化的困扰，消解托拉律法与实际需求之差别，让客居他乡的犹太人牢记耶和华的旨意，亟待制定一套满足流散世界各地犹太人的生产与生活之行为规则。因此，历代犹太律法老师、先知、精神领袖致力于传经说道，孜孜不倦地诠释《托拉》，使蕴藏于《托拉》之中律法类型化、定型化、通俗化，这些诠释的部分和口头的讲述汇编成集，就是"口传律法"。

"口传律法"主要包括如下几类：一是上帝的启示、早期先知（如摩西等）的蒙启之传；二是历代拉比基于"托拉"要义的诠释、民间先哲薪火相传的口头说教；三是有现代司法解释意味的历代犹太法庭为解决疑难案件和实际问题，根据成文法律解释推演出来的关于犹太律法的原则、条例、规范、规则和戒律，等等。

《塔木德》由《密西拿》和《革马拉》两部分组成。前者是犹大亲王和门徒历经数年，将丰富多彩的先辈们诠释、讨论和传播的律法，搜集、挖掘、整理、分类、分目，大约于公元200年完成。后者则是研究者对《密西拿》的评注、评述和解释，晚于《密西拿》300年左右完成。与《摩西五经》不同，《塔木德》又称"口头圣经"，其中的律法称为"口传律法"。

（二）先秦儒家之礼

中国自古以来被称为"礼仪之邦"，原因在于礼文化是中国传统文

---

① 王宏选：《犹太律法的演变和特征》，《甘肃政法学院学报》2007年第3期。
② 伯尔曼：《法律与宗教》，梁治平译，中国政法大学出版社2010年版，第5页。

化之核心部分。孔子曰："周监于二代。郁郁乎文哉，吾从周。"① 周初制礼作乐，周公制设一套宗法等级礼仪制度，有"辨君臣上下长幼之位"和"别男女父子兄弟之亲"② 之效，因此，"夫礼，必本于大一，分而为天地，转而为阴阳，变而为四时，列而为鬼神其降曰命，其官于天也。夫礼必本于天，动而之地，列而之事，变而从时，协于分艺。其居人也曰养，其行之以货力、辞让、饮食、冠昏、丧祭、射御、朝聘。故礼义也者，人之大端也，所以讲信修睦，而固人之肌肤之会、筋骸之束也。所以养生、送死、事鬼神之大端也，所以达天道，顺人情之大窦也。故唯圣人为知礼之不可以已也。故坏国、丧家、亡人，必先去其礼。故礼之于人也，犹酒之有糵也，君子以厚，小人以薄"③。礼之萌发、嬗变和完善，致体系化、系统化、制度化，成为维系社会秩序、建构国家体制、规制具体行为规范体系。郑玄《礼序》曰："礼也者，体也，履也。统之为心曰体，践而行之曰履。"古之礼为"五帝之礼"与"三王之礼"，孔子创立儒学，是承续"三王之礼"和周礼。

孔子曰："殷因于夏礼，所损益，可知也；周因于殷礼，所损益，可知也。其或继周者，虽百世，可知也。"④ 夏商周之礼的延续是个传承与变革、由简入繁和丰富完善过程，并由此构建了一个以礼文化为核心的文明传承体系。《汉书·礼乐志》曰：

> 《六经》之道同归，而《礼》、《乐》之用为急。治身者斯须忘礼，则暴嫚入之矣；为国者一朝失礼，则荒乱及之矣。人函天、地、阴、阳之气，有喜、怒、哀、乐之情。天禀其性而不能节也，圣人能为之节而不能绝也，故象天、地而制礼、乐，所以通神明，立人伦，正情性，节万事者也。⑤

礼为"六经"之首。"六经"之《易》《诗》《书》《春秋》《乐》

---

① 《论语·八佾》。
② 《礼记·哀公问》。
③ 《礼记·礼运》。
④ 《论语·为政》。
⑤ 《汉书礼乐志》，中华书局1962年版，第1027页。

亦为礼。古人观念之中，个人、家族、社会、国家的一切行为和知识皆表现为礼。礼之发展历经一个分化、演变、递进的连续性过程，即从礼俗至礼制再到礼义的文化精神和文化价值的彰显过程，是礼及其礼义融入政治、伦理、法律、宗教、文艺、哲学之中的过程。因此，礼是"六经"之道同归，"实际是夏商周三代的经济、政治、文化以及实际的社会生活"①之总称。

先秦（公元前21世纪—前221年）是指从传说中的三皇五帝到战国时期，经夏、商、西周、春秋和战国等重要阶段。从古代文献看，夏、商、周三代之礼制，经"损"和"益"之整合和扬弃，至周代日趋完备，是孔子"从周"的主因。礼文化涵盖了信仰文化、制度文化、精神文化和行为文化等多个维度。从古至今，研究中国传统文化及其宗教祭祀、法律、道德、政治制度，皆以《周礼》《仪礼》《礼记》为基本经典，纳三礼入经学之内，辅助以经文训诂、先秦儒学教义为基本路径。"三礼"是记载古礼之著名典籍和后世制礼之经典范本。

礼还蕴含于其他典籍之中，如六艺类之《诗经》《尚书》《周易》《易传》《春秋》《左传》《公羊传》《谷梁传》《尔雅》，史书类之《逸周书》《国语》《战国策》《穆天子传》《竹书纪年》等，子书类之《论语》《孟子》《荀子》《老子》《庄子》《文子》《列子》《鹖冠子》《慎子》《申子》《商君书》《韩非子》《邓析子》《尹文子》《墨子》《鬼谷子》《吕氏春秋》《鹖子》《管子》《晏子春秋》，兵书类之《司马法》《六韬》《孙子》《齐孙子》《吴子》《尉缭子》，以及其他典籍，如《山海经》《黄帝内经》《楚辞》《考工记》，等等。总体而言，研究先秦儒家礼学思想，须以"三礼"及其经文训诂、先秦儒家教义为主。

《周礼》《仪礼》《礼记》的成书年代是千年争讼学案，至今尚未达成共识。但三者成书于战国时期，则是学界比较共识性的看法。

《周礼》又称《周官》，位居"三礼"之首，是重要的典章制度，基于儒家政治需求增减取舍汇编而成。《周礼》共分六篇，即以"天官""地官""春官""夏官""秋官""冬官"为纲目，详细记载西周的礼乐制度和官吏制度。

---

① 邹昌林:《中国礼文化》，社会科学文献出版社2000年版，第24页。

《仪礼》也称《礼经》《士礼》，主要记录了冠、昏、丧、祭、朝、聘、燕享等礼制形式，偏重于外在行为规范，如宫室、舟车、衣服、饮食等日常生活形式以及宗教信仰、亲族制度、政治组织和外交方式，等等。

《礼记》是儒家学者论礼的著作汇编，偏重对具体礼仪的解释和论述，是记论礼制和礼意、诠释古礼制度、孔子和弟子等的问答、修身作人准则的著作。《礼记》内容繁杂、门类详细、包罗万象，囊括政治、法律、道德、哲学、历史、祭祀、文艺、日常生活等诸多方面，是研究先秦儒家的社会、政治、哲学和伦理思想的重要经典，是研究中国传统礼文化的重要资料。

《周礼》和《仪礼》偏重传述西周的礼乐传统，《礼记》则基本属于儒家的创作，是儒家学者关于礼的诠释、注释和发挥，很多研究者认为《礼记》之《祭义》《冠义》《婚义》《乡饮酒义》《射义》《燕义》《聘义》等篇，则主要关于各种礼义之义的详细解释。[①] 文献记载，战国时期孔门弟子和再传弟子有众多关于礼的著作，20 世纪 90 年代出土的郭店楚简关于礼的解释和论述也相当丰富。

二 律法与礼的渊源

在伦理文化的视域下，律法与礼是兼有静态与动态、一体与多元、特殊与普遍特征的文化现象和文化记忆，律法和礼的形式与内涵几经损益和演变，融入犹太民族和中华民族的文化血液之中，历经几千多年的文化遗传，成为两个民族的文化标识和文化符号。

（一）古犹太律法的渊源

道德文明是人类文明体系架构的重要组成部分，是人类文明的最高追求和最重要标志，也是人类道德追求、道德智慧和道德成果正向发展的价值目标和价值目的。道德文明和伦理文化皆是在继承与创新、聚合

---

① 参阅吴丽娱主编《礼与中国古代社会》先秦卷，中国社会科学出版社 2016 年版，第 268 页。

与延续、吸收与发展中超越过往和当下而不断递进的。律法之伦理与礼之伦理抑或律法之道德性与礼之道德性，如果不解甚至漠视其文化渊源，将难以把握二者的嬗变历程和独有的文化"基因"。

首先，古犹太律法及其伦理深受两河文明的多维塑造和重要影响。犹太律法是与犹太民族历史上持续性迁移、饱受其他民族文化"内置性"影响密不可分，"犹太历史的显著特征就是不断迁移，不断流散，表现为空间上的持续位移，在此过程中，广泛地吸收和整合了其他文化要素"①。"位于地中海东南之滨的西亚北非地区是人类文明最早出现的地方"，"肥沃的新月地区在上古时期孕育出一连串的灿烂文明，其中尤以两河流域文明和埃及文明最为著名"②。犹太文明及其律法深受"两河文明"③的影响，古埃及文明、巴比伦文明、腓尼基文明、苏美尔文明、阿卡德文明、阿摩利文明、亚述文明、波斯文明和赫梯文明，皆是犹太文明及其律法思想和伦理思想的重要源头。因此，"希伯来法是围绕摩西律法为核心编撰而成的一套法律集合。摩西律法是在公元前5世纪正典化之前，从西亚北非地区诸多业已成熟的文明中汲取养分，结合本民族特性建构而成的律法体系。摩西律法中蕴含的浓重的契约观念、人文关怀和源自习惯法的条令，都可以在西亚北非地区的文明中找到源头。其对异质文明的吸收、继承过程，使得希伯来法表现出历久弥新的时代性和普世性"④。

尽管与其他文明形式的接触、碰撞、模仿、借鉴、学习在有意识和无意识、自觉与被动、自为与强制的矛盾纠结中进行，甚至以国破家亡和四处流散为代价，但不能否认的是，两河领域之丰厚契约、律法和伦理传统是犹太文明及其律法和伦理之最重要的文化源泉。审视两河领域民族之自然观、社会观和自我观以及三者之间关系，我们首先发现，"宗教"是理解两河领域民族文化和民族伦理之"思想纲领"，"是支

---

① 王宏选：《犹太教律法研究——以律法文化为视域》，山东大学出版社2015年版，第58页。
② 徐新：《西方文化史》，北京大学出版社2002年版，第2页。
③ 幼发拉底河和底格里斯河的流经区域是人类最早文明发源地之一。
④ 郝忠格：《摩西律法对西亚北非文明的继承性研究》，《鄂州大学学报》2018年第1期。

配、激励一切文化现象和人类行为的力量"。① 因此,"考察当时的社会生活,人们不难发现,宗教犹如一根强有力的纽带将社会的各个方面连接起来。一切社会活动:无论是政治的、军事的、经济的、法律的、文学的、艺术的,还是个人的无一例外地打上了宗教的烙印。可以说两河领域的建筑、绘画、艺术都被宗教热情所激发的,文学和历史描写的是与神有关的活动,就连科学也都渗透着宗教思想,司法及伦理道德更是密切联系着宗教。人们对自然、社会及其自身的理解不仅以宗教为出发点,而且往往以宗教为归属"②。尽管以色列先民的道德与宗教发展到很高的程度,但亦曾经历一个未开化的,甚至野蛮的阶段,比较当时与其他民族的文献可以发现,"许多信仰和习俗是低得多的某个文化层次的早期遗留物,否则就几乎无法对它们作出解释"③。两河文明的多维塑造、相互碰撞和彼此融合,犹太文化的底蕴、体系、架构和内涵得以丰富和完善,成为中东文化、宗教、文学、道德和律法的集大成者,"从犹太教的构成来看,一神论、契约观、割礼、安息日等的观念和制度,相当明显地吸收和借鉴了当时迦南、巴比伦、埃及等周边文化的诸多因素"④。

其次,古犹太律法及其伦理深受美索不达米亚楔形文字法系的影响。犹太先民视上帝为律法之源,并将律法超拔为至高无上的地位,但不能否认的是,犹太律法的发端深受两河领域的法典思想、民俗礼仪、伦理规范和"约"之传统的影响和洗礼,是集两河领域律法思想和伦理思想之大成。公元前5世纪,犹太律法的雏形——摩西律法形成之前,西亚、北非地区之多样性和包容性的文明交流,对犹太律法和伦理的生成和沿革至关重要,基于吸收发展、优化整合、借鉴创新,犹太律法和伦理内生出独有的动力机制和发展机制。美索不达美亚楔形文字法系,特别是《汉谟拉比法典》《亚述法典》《赫梯法典》蕴含的独有表

---

① 郑殿华、李保华:《走进巴比伦文明》,民主与建设出版社1990年版,第108页。
② 傅新:《四方文化中》,北京大学出版社2002年版,第13页。
③ [英]詹姆斯·乔治·弗雷泽:《〈旧约〉中的民间传说》,叶舒宪、户晓辉译,陕西师范大学出版社2012年版,原版前言第1页。
④ 王宏选:《犹太教律法研究——以律法文化为视域》,山东大学出版社2015年版,第59页。

达形式和治理机制,在《希伯来圣经》中随处可见,甚至它们的话语表达范式也有异曲同工之妙和众多相似之处。

如果将研究时间前移,我们可以发现《乌尔纳姆法典》《俾拉拉法典》《李比特·伊丝达法典》的众多内容,在犹太律法皆有重要的"遗存",特别是法典构成范式,更是深刻烙印于古犹太律法之上。《乌尔纳姆法典》是苏美尔城邦时期第一部比较完整的成文法典,"开启了古代西亚两河地区法律传统的先河,成为以后《俾拉拉法典》《李比特·伊丝达法典》和古巴比伦王国时期著名的《汉谟拉比法典》的范本,也是几乎所有的闪米特人——亚述人、迦勒底人,以及波斯人、赫梯人和希伯来人的法律基础"①。

犹太律法作为最古老的法典之一,抑或多或少地吸收和借鉴了美索不达米亚的其他法典,如亚述法典、赫梯法典的因子和元素,但可以肯定的是,古巴比伦的《汉谟拉比法典》对之的影响更大、更强。

《汉谟拉比法典》是美索不达米亚地区第一部较为完备的成文法典,对犹太律法与西亚地区的法律制度和道德规范的形成影响之大,能从希伯来文化的多个维度映现出来。法典的设计体例和契约文书,楔形文字法系众多法条和处罚举措,维系国家治理和社会良性运作之公平观和正义观的立法精神,凸显商业文明之商法雏形的管理文书和经济文书,如诉讼手续、损害赔偿、租佃关系、债权债务、财产继承、对奴隶的处罚与买卖、借贷、契约、合伙、佣金、遗赠、合同之法律条款和法律规定,特别是同态复仇和"诅咒"式样的表达方式,在古犹太律法中随处可见。更为重要的是,《汉谟拉比法典》关于人的权利、人的法律地位、人的各种权利的取得和丧失之人法,以及罚金、肉刑和人格权的尊重之刑法,被犹太律法继承与发展,形成了一神教架构下独特的宗教、契约、律法、道德的信仰体系和制度体系。"古巴比伦时期的立法水平已达到了相当高的水平,立法者已懂得区分故意伤人或杀人与过失伤人或杀人的不同性质,从而有效地保护了正直、善良的人们,使他们不至于因为一时疏忽或过失而遭受过分或不当的处罚,维护了他们的权

---

① 宋瑞芝:《古西亚两河流域文化生成断想札记》,《湖北大学学报》(哲学社会科学版)1994年第6期。

利和尊严的完整，也因此保持了社会的稳定。"①

但与美索不达美亚法系不同的是，《希伯来圣经》之律法书将"启示"作为律法的观念基础，"这样一种从启示到颁布律法再到启示的律法陈述方式，是古代以色列民族所独有的"，"将立法者视为神，从而使民族律法具有神圣起源的观念，在古代近东地区其他民族中却从未看到"。② 古犹太律法并未沿袭《汉谟拉比法典》等近东法典的因果表达样式，而是将上帝视为所有的诫命、法律和伦理规范的来源，作为无条件恪守律法的基本要求。

再次，古犹太律法和伦理具有两河文明之习惯法、道德习俗、民间口头契约的特征。从定居迦南到出走埃及再重回迦南的800多年中，以色列先民通过对多元文化、习俗、信仰、契约和法典的筛选和整合，创立了保证一神教信仰的律法体系和道德规范体系，迦南地区和两河流域的文化及其律法传统不可避免地影响着以色列先民，继而浸淫至律法、契约、政治和伦理，给犹太律法打上习惯法、道德习俗、民间口头契约的烙印。"律法明文禁止的文化习俗，大都直接或间接与迦南宗教有关。这样的禁令不但禁止了习俗本身的邪恶，也避免了以色列落入偶像崇拜及'其他神明'的网罗。"③ 迦南种族文化及其习惯法的传统和氛围，令早期犹太律法凸显出世俗和习俗之特点，而多神信仰的拒斥和异族信仰的否定，于反向激发犹太律法的内在动力及其发生机制，因此，犹太律法的形成与两河文明中"法律条令和神性崇拜"密不可分，多元文明的浸淫和多元交往的冲击，犹太先民在与埃及、巴比伦和"迦南"地区的异质文明交流整合中，基于民族生存与发展的需要，创制出彰显民族特点、凸显一神信仰和比较完整的律法体系，深刻影响着拉比犹太律法、基督教律法，甚至影响着西方的土地法、财产法、婚姻法、国际法、继承法等。"《希伯来圣经》的编撰者可能运用古代两河楔形文字法系中国与国之间缔结条约的思想，通过吸收、转化其中的政

---

① 于殿利：《〈巴比伦法〉的人本观初探——兼与传统的"同态复仇"原始残余说商榷》，《世界历史》1997年第6期。
② 王立新：《古犹太历史文化语境下的希伯来圣经文学研究》，商务印书馆2014年版，第126—127页。
③ [英]莱特：《基督教旧约伦理学》，黄龙光译，中央编译出版社2014年版，第371页。

治契约，建构出独属犹太民族的宗教契约。"① 犹太律法与古美索不达米亚法典有诸多相似相通之处，与古代近东（西亚）地区的律法有众多相同的律法渊源和律法传统，是古美索不达美亚法典传统的继承和再造。因此，我们认为，犹太律法只有在此种历史文化视域下方能被诠释和理解。

最后，古犹太律法和伦理深受两河领域宗法制观念和政治——伦理型文化范式的影响。希伯来民族进入奴隶制社会晚于苏美尔、亚述、赫梯和巴比伦等民族，两河文明在演变发展的很长一个时期内，氏族社会宗法制的遗风和残余依旧清晰可见，深刻影响着两河领域的各个民族的道德制度和法律制度。同样，犹太先民虽然较早地步入奴隶社会，但一夫多妻制、长子继承制和寡妇改嫁小叔制等氏族宗法制"遗存"在《希伯来圣经》中随处可见。宗法制观念语境下的律法制度和道德规范，凸显出早期犹太文明之外在特性和内在品格，即宗法制对犹太先民的影响既表现为多神信仰的反复和一神信仰确立的残酷，又表现为以强大内部凝聚力为旨归，实现宗法制家庭亲缘关系到宗教组织的神缘关系过渡和转变，其中家庭伦理和人人契约演变为神人伦理和神人契约，则是这种过渡和转变的重要标志，而宗法伦理之"男尊女卑"理念，并未因神人伦理的确立而彻底消失；相反，我们依稀能够发现"律法书"众多条款中原始宗法制"遗存"充斥其中。

在宗法制度视域下，规制犹太先民思想和行为的主要道德习俗和法律条文，借助一神信仰，以律法维系专制统治，以伦理维系家族秩序，以法律维系社会的良性运作，是早期犹太律法和犹太伦理的重要特质。这种律法——伦理文化范式的根本目的，是以完备的律法治理体系和道德治理体系维护贵族的专治统治，实现以律法和伦理规制和约束守旧势力、保护穷人有限权益、推进社会有效治理之目的。特别是犹太律法创制时期，以色列先民将两河文明之"约"的形式和内容，诉诸民族性的创造和发展，赋予"约"以神圣性和权威性，融契约于律法之中，遵守契约亦是遵守律法的规范和制度，反之亦然。

正如后文论述的是，两河文明之"约"的形式和内涵，主要是当

---

① 郝忠格：《摩西律法对西亚北非文明的继承性研究》，《鄂州大学学报》2018年第1期。

时宗主国与附庸国之间政治关系的诠释，是宗主国和附庸国之间的"政治契约"。在《希伯来圣经》中，不仅"约"的形式丰富多样，而且没有统一的立约形式和立约模式，"约"的不同形式和模式有着不同的含义，即便在以色列先民再造的律法之中，"约"的形式性尽管依旧可见，但律法主要是耶和华与其子民立约性的文件，绝非政治关系或政治契约的表达。承袭宗主盟约形式的"约"，"在约关系中着重强调以色列（附庸）对耶和华（宗主）承担的责任与义务"[1]，"一神思想的独特类型和契约维度的结合，将来源于传统习俗的各种礼仪、律法观念和道德诫命，转化成为上帝给予其特选子民的诫命"，"并原则上适用所有民族，甚至包括动物在内的一种原则性、法定的、普遍性的诫命"[2]。这些诫命和律法被赋予了宗教和道德内涵，并逐渐被普通民众认知和接受，构成犹太文明的独特文化认同与早期法治和德治的雏形。

（二）先秦儒家之礼的渊源

首先，礼来源于原始习俗系统，是当时生产方式、生活方式、习惯风俗以及经验、信仰和知识的载体和表现形式。如吕大吉所言："早在史前时代，各种文化的幼芽几乎即已包含在史前人类的宗教观念和宗教崇拜活动之中。从那时起，宗教和神灵的权威就渗透到社会文化生活的各个领域，逐渐成了人们包罗万象的纲领，成为人们思想的原理、行为的准则、道德的标准、激情的源泉、人际关系的纽带、社会秩序的保证。"[3] "礼"在原始社会就已存在，原始社会的习俗和宗教仪礼行为、氏族社会之规范化的宗教仪式，是"礼"之原初形式。"礼"凸显出中国传统文化根本特征，是中国传统文化之根。"礼"先于文字而存在，有文字之后，文字以记录礼而展开。"礼"与先民之生活浑然一体，故礼之习俗或礼俗最先产生，是原始文化的载体。

其次，礼源于原始的宗教祭祀。余敦康认为："所谓古礼，指的就

---

[1] 田海华：《希伯来圣经之十诫研究》，人民出版社2012年版，第171页。
[2] [以色列] S. N. 艾森斯塔特：《犹太文明》，胡浩、刘丽娟、张瑞译，中信出版集团股份有限公司2019年版，第21页。
[3] 参阅牟钟鉴、张践《中国宗教通史》（上），社会科学文献出版社2007年版，序第3页。

是五帝之礼与三王之礼。孔子所创立的儒学直接继承三王之礼特别是周礼发展而来。追本溯源，三王之礼源于五帝之礼，五帝之礼源于三皇之礼，因而从三皇、五帝、三王到孔子的儒学构成了一个以礼文化为核心的源远流长的连续性的发展序列，其中古礼是源，儒学是流。"[1] 因生产力水平和认知能力低下，原始初民将自然变化和人世间吉凶祸福归于神明控制，天地鬼神成为信仰的对象。取悦神明与得到护佑，必须沟通神明，宗教祭祀是唯一途径。而宗教祭祀要有仪式、程序和规范，心有所向、行有所礼、仪有所贡，方能获得神明保佑，否则会遭到神明惩罚。这类具有宗教性、规范性和强制性的祭祀规范，便是古礼雏形。宗教祭祀的仪式、程序和规范，首先蜕变为宗教戒律和信仰规范，因强大威慑性和规范性，逐渐覆盖到社会生活所有层面。后因生产力发展、认知水平提升和社会关系分化，宗教祭祀的仪式、程序和规范，经扩容、改造和完善，成为普及性的行为规范。"这种新的社会规范，以'礼'的形式，依托神权的强制，维持着社会秩序。"[2] 必须指出的是，原始之礼俗与自然、鬼魂、生殖、图腾、祖先崇拜关系密切，与原始神话、祭祀、巫术、占卜等一脉相承。原始之礼有原生性、氏族性、地域性和实用性的特征。还应注意的是，因我国原始时代，农业祭祀意义彰显、图腾崇拜融合突出、祖先崇拜居于主导地位，故祭祀天地、祖先和孝敬父母的礼仪活动最多。牟钟鉴和张践所言：

> 中国古代宗法性宗教产生于原始社会之后，私有制和阶级、国家建立的初期，在夏、商、周三代是国家宗教，并且是社会唯一的意识形态。中国古代宗教以天神崇拜和祖先崇拜为核心，以社稷、日月、山川等自然崇拜为羽翼，以其他鬼神崇拜为补充，形成了相对固定的郊社、宗庙及其他祭祀制度，成为维系古代社会秩序和宗法家族体制的根本力量。中国古代社会与欧洲古代社会相比较，一个重要特点就是进入文明社会的同时，仍保留了以男性血统为轴心

---

[1] 参阅邹昌林《中国礼文化》，社会科学文献出版社2000年版，序二第1页。
[2] 曾先义、马小红主编：《礼与法：中国传统法律文化总论》，中国人民大学出版社2012年版，第98页。

的氏族组织形式，使它与政治等级制度和经济私有制度结合起来，形成了宗法等级社会。与此相适应，原始宗教中自然崇拜和祖先崇拜被直接保留了下来，并赋予了宗法等级性，由统治者培养的少数职业巫师把持，为巩固宗法等级制度服务。①

再次，礼是包含在原生文化系统中。在新石器时代，由于农业的出现，带来了可依赖的食物供应，食物分配需要一定方法和手段；由于聚落的出现，带来了群居生活，复杂群居需要一定原始规则；由于舞蹈艺术的出现，可用抽象符号表达具象的实物，原始的礼乐随之而生。由此，原始初民必须解决两个向度的问题：自然的自然和人化自然（即人自己创造的环境和条件），礼被赋予了象征意义和规制意义。考古学证明，仰韶文化和龙山文化有众数礼器，就是明证。许倬云认为："仰韶文化的聚落似乎已有一定程度的政治组织，也有了自群意识。聚葬的公墓现象，反映了自群意识已超越了时间的限制。"② 仰韶文化时期陶器的纹饰中，"有几何图形及流动而不规则的线条，也有相当写实的或写意的图像，如鱼、蛙、猪、羊、人头之类……。整体的说，仰韶文化在社会组织、生产水平及使用抽象符号方面都有相当程度的发展"③。而在龙山文化中还有骨卜和特殊的葬仪式，有些陶器已非日常生活所用，而是为了宗教仪式发展而来的。李学勤认为："礼制是中国古代文明的重要内容，古人已说明三代礼制有因革的关系，所以由周礼上推，一定可以帮助理解夏商的礼制。"④ 其中礼仪性的建筑中心、祭祀崇拜、专用于一定礼仪的器物即礼器，皆有礼的文化意涵，如红山文化、良渚文化、龙山文化、二里头文化之玉器，与《周礼》一书记载的六种礼玉有渊源关系。"这些玉器都不具有兵器、工具一类的实用性（虽然有的像刀，有的像斧，其锋刃都是朝上的），其性能只是在礼仪中使用，并作为所有者身份的标记。"⑤ 礼文化由低级向高级发展的标志之一，

---

① 牟钟鉴、张践：《中国宗教通史》，社会科学文献出版社2007年版，第78页。
② 许倬云：《西周史》，生活·读书·新知三联书店2001年版，第3页。
③ 许倬云：《西周史》，第4页。
④ 李学勤：《中国古代文明十讲》，复旦大学出版社2003年版，第26页。
⑤ 李学勤：《中国古代文明十讲》，复旦大学出版社2003年版，第48页。

是专用祭器的出现，宗教活动之专用祭器表明先民的宗教意识凸显、宗教祭祀精化。以玉为葬，以玉为祭，礼分化出美，礼文化的内涵进一步扩大。

三　律法与礼的内容结构

（一）古犹太律法的内容结构

在犹太伦理—法律的视域下，律法是一个整体存在[1]，律法既有远古时代的宗教戒律、宗教礼仪、民间法规之义，也有世俗伦理、宗教伦理、民族伦理、家庭伦理之义，在一定程度上还有现代伦理和法律之义，因此，犹太律法是以色列先民在一神教架构下融民族、国家、社会、家庭、"邻人"为一体的治理体系和治理手段。律法之全称性、综合性和含混性特征，绝非"有意"为之，亦非特有文化现象，综观人类早期的制度规范（如伦理规范和法律规范），实为普遍的文化现象，若以现代学科分类解读古犹太律法及其他文明早期的制度规范，将无法理解人类早期文明中的许多文化现象及其嬗变规律。

1. 律法的法律文化视域解读。前已述及，犹太律法是古代西亚以及世界范围内产生时间较早、结构完善、体例独特、内容丰富和影响重大的古典律法之一，它深受美索不达美亚法系的影响，从埃及、亚述、赫梯、波斯、巴比伦等法典中汲取大量营养，是以色列先民应对民族危机、实现民族文化再造、抵御外来侵略、化解内部纷争、消解多元信仰、巩固政治统治、实现律法之治和民族复兴的重要治理手段和治理工具。《摩西五经》即"律法书"是以色列先民最早编撰成书的法典，之后对之繁杂多样的注释、评注、问答，凸显出以色列先民的律法体系和律法原则的基本特质，但"总的看来，犹太律法比较零散，形式既有成文法也有不成文法，内容上既有犹太一神教的教规教义、祭祀礼仪和耶和华选民的宗教生活规范，也有针对世俗生活所做的各种具体规定，

---

[1] 参阅［英］詹姆斯·乔治·弗雷泽《〈旧约〉中的民间传说——宗教、神话和律法的比较研究》，叶舒宪、户晓辉译，陕西师范大学出版社2012年版，第379页。

涉及财产、土地、婚姻、家庭、继承权、犯罪、审判等方面"①。

在一神教架构下，律法有别于教会法，兼有宗教法和世俗法、宗教戒律和伦理规范、民间法规和国家法律的含义，还有契约伦理、家庭伦理、社会伦理、礼仪伦理等含义，是"融希伯来人的历史、宗教、文学、风俗为一体，以宗教诫律、法律规定、伦理道德、风俗习惯、政治制度为主要内容，是成文法与口传法、宗教诫律与世俗法、宗教道德与世俗道德、民法与刑商法等的汇集，涉及宗教生活与世俗行为的所有方面"②。

基于多个世纪的文献研究和考证，犹太律法的构成至少有三种或说三套不同的法典。它们时代不同、特点迥异，但又有内在逻辑性和一致性，如《出埃及记》之"约典"、《利未记》之"圣典"和《申命记》之"申典"。犹太文化研究大家盖革将犹太教的嬗变划分为四个阶段，即启示时代、圣经时代、塔木德时代和自由时代。国内学者则将犹太律法演变划分为四个阶段，即摩西时期（公元前13世纪前后）、王国时期（公元前11世纪末到前6世纪除）、祭司秉政时期（公元前6世纪中叶到前4世纪中叶）、希腊罗马统治时期（公元前4世纪到纪元后数百年）。③

首先，律法具有宗教规范、法律规范、道德规范、仪式规范、契约规范、民间规范、盟约规范、社团法令等含义。古犹太律法就其内容而言，是一种包罗万象、含混复杂、多元交织的文化现象。

其次，律法是以色列先民生存方式、交往方式和生活方式，是处理和调节神人、人人关系的法律、伦理规范，是规制希伯来民族与其他民族交往的规范，是以色列先民之国家治理、民族治理社会治理的规范体系。基于法律文化观照，有的学者认为犹太律法可分为：宗教仪式律法、伦理律法和刑事民事律法。④以"十诫"为纲领的犹太律法，"并不属于严格意义的法律法规。但因当时的社会远未发展到必须用完备的

---

① 梁工：《律法书叙事著作解读》，宗教文化出版社2003年版，第122页。
② 谢桂山：《圣经犹太伦理与先秦儒家伦理》，山东大学出版社2009年版，第88页。
③ 参阅梁工《律法书叙事著作解读》，宗教文化出版社2003年版，第123页。
④ 参阅王宏选《犹太律法研究——以法律文化为视域》，山东大学出版社2015年版，第122—123页。

法律程序规范的程度，人们只需要享有一般的正常生活秩序，而'十诫'足以适应当时的社会需要，故仍然成为人们必须遵守的戒条，从而具有了法律效力，并成为日后犹太律法的总则"①。但可以肯定的是，宗教规范和伦理规范是其重要的内涵。

最后，律法是处理神人、人人关系之宗教规范、宗教戒律、宗教诫命、宗教仪式、宗教节日等的制度安排，又是主要处理人人现实关系的伦理规范、民族规范和世俗规范的制度设计。"希伯莱的法律与宗教史不分的。《摩西五经》所记载的，既是上帝的诫命，又是人间的法律。这就是律法"，"法律和宗教共享同一种仪式、传统，且具有同样的权威和普遍性。人类早期的这段历史似乎预示了未来社会中法律与宗教的某种性格"。② 宗教规范、伦理规范和法律规范杂糅交织、界限模糊、你中有我、我中有你、规制一体，是犹太律法一个重要特征。就犹太律法治理的手段和措施而言，坚定的一神信念、严明的舆论监督、独有的民族自觉，几乎与法律的强制手段无关。因此，在一定意义上，我们可以认为律法的宗教性和伦理性更为突出和重要，宗教规范和伦理规范是其重要的构成内容。但应该指出的是，与一般道德规范相比，犹太道德规范本于神性，有外在"他者"的监督，刚性、强制性和神圣性凸显，故有的研究者称之为"伦理法"。

2. 律法的伦理文化视域解读。笔者曾对律法的内涵、特征和构成有过详述，而在本书中，笔者希冀更多地从伦理学视角解读犹太律法，基于文明互鉴需要对其蕴含伦理思想归纳梳理，探究犹太伦理演变的机制、特征及其与律法的内在关联，为与先秦儒家伦理的比较研究奠定文本和学理的基础。

在早期希伯来文化中，犹太伦理和宗教、契约、法律、政治和文学艺术融为一体，犹太先民的道德观深受上帝观、契约观、世界观、人生观、政治观和民族观的影响，犹太民族的道德认识、道德实践和道德价值评价与善恶思想都与民族经历、民族历史、民族心理紧密相关。犹太

---

① 梁工:《律法书叙事著作解读》，宗教文化出版社2003年版，第126页。
② [美]伯尔曼:《法律与宗教》，梁治平代译序，中国政法大学出版社2003年版，第5页。

教统摄犹太伦理，犹太信仰主导犹太思想，以一神信仰观照和透视犹太民族的道德世界，并在此基础上对犹太民族的存在及其行为方式进行道德建构和道德评价，是犹太伦理的重要特征。与一般世俗伦理不同，犹太伦理不是用伦理原则观照一神信仰的问题，更不是以道德原则观照经济、社会、政治、文化、环境（土地）等领域；相反，犹太伦理主要是从律法、契约，特别是从一神信仰中引申出道德原则、道德价值和道德评价标准，道德原则更多是服膺于一神信仰；相较于其他宗教伦理，犹太伦理是上帝—爱—律法的架构体系中构成元素，是 种信仰 制度—责任—信仰的范型。伦理宗教化、伦理契约化、伦理法律化、宗教经济道德伦，是犹太伦理的独有特质。

首先，犹太伦理保留着一些氏族道德习惯。氏族伦理是希伯来民族各支派在长期共同的生活中逐渐形成的，是以色列先民集体意识和民族意识的表现。从世俗和民族层面观之，早期犹太伦理没有道德权利和道德义务之分，其运作和实施主要依靠犹太先民内心信念、宗教信仰、社会舆论、首领威信、风俗习惯。影响早期犹太道德的不是地缘因素，同一氏族（支派）才是最主要的因素。不同的支派有不同的道德，甚至有相异的道德信仰和道德规制。正因如此，早期犹太伦理并不排斥"血亲复仇"和"同态复仇"，甚至认同这种氏族道德的"遗存"，在律法书很多地方充斥着这种氏族伦理。

其次，犹太伦理是一神信仰伦理。犹太律法强调："我是耶和华你的上帝、曾将你从埃及地为奴之家领出来。除了我以外，你不可有别的神。"[①] 亚伯拉罕"对神的绝对信赖和绝对信仰，形成了人神之间倾听与传言的格局"[②]，对任何宗教及其伦理观来说，信仰是一个基本前提。犹太伦理及其至善的追求表现出一种很强的思想程式，即伦理完全止于耶和华，上帝不仅是唯一的、排他的，而且以自己独有的圣善而美善于"受造物"。朱维之认为，摩西时期的希伯来一神教，"借助人们对神灵的敬畏心理"，以耶和华的名义，"颁布了社会体制、法律条文和道德

---

① 《圣经·出埃及记》20：1-3。
② 翁绍军：《神性与人性——上帝观的早期演进》，上海人民出版社1999年版，第25页。

规范,使缺乏纪律性、互相倾轧的希伯来各个支派联合起来"。① 正是这种共同信仰形成了犹太民族独特的民族文化和民族伦理。古希腊哲学家希冀从至善的概念出发,将人类的伦理道德观建立在理性认知的基础上,但以色列先民却笃信,伦理标准由上帝颁布并以其旨意为最底层基础,成圣与美善由信仰开始并展开。

再次,犹太伦理是早期的规范伦理。规范伦理学是传统伦理学的主流,多数宗教伦理都具有规范伦理的特征,属于规范伦理的视域。宗教与伦理有一种天然性的关联,原初宗教和原始伦理混杂不分是一个重要特征。就犹太律法而言,宗教规范多数都是伦理规范;反之亦然。从伦理视角观之,犹太伦理是一种独特的道德文化现象。一般的规范伦理,都是应该而非必需的行为规范,换言之,道德规范都是非权力规范,法律规范都是权力规范。而犹太伦理则不同,犹太道德规范蕴含于犹太律法之中,与宗教规范、法律法规、契约规范和礼仪规范交织在一起,在一定意义上,宗教规范、法律规范、契约规范和礼仪规范就是道德规范;反之亦然。因此,犹太道德规范多数是权力规范,这种权力规范源自一神教规制和政治权力的变相转移,故此,有的研究者将这种伦理称为"伦理法律"或"道德法",表现为听命与信德紧密联系在一起。②

蕴含在律法体系之中的规范伦理,作为一种伦理文化现象,有四层含义:犹太社团的一种社会规范形态、犹太社会一种规范治理体系、犹太民族特有宗教治理方式和以色列先民特有的生活之道。表现为三个主要的领域:规制一神信仰的戒律伦理规范、规范犹太先民日常生活的伦理规范和调节民族关系的伦理规范。因此,我们可以说,伦理是犹太律法的重要构成部分,比犹太法律有更普遍化的调节规制范围和领域,犹太伦理为传统犹太社会秩序提供伦理正当性依据,并因律法的刚性支持,成为一种获得广泛的社会道义性和支配性的道德权力。而这种道德权力经由一神论信仰引申出犹太伦理的道德原则和行为规范,从神学、社会、经济,即从上帝、以色列和土地三个维度,建构出基于一神信仰

---

① 朱维之:《希伯来文化》,浙江人民出版社1988年版,第132页。
② 参阅 [德] 卡尔·白舍客《基督宗教伦理学》第一卷,静也、常宏等译,上海三联书店2002年版,第18页。

的规范伦理,并由此开出制度伦理体系雏形,这是"轴心时代"以色列先民的重大突破。

最后,犹太伦理是一种契约伦理。契约观念是两河文明的重要贡献,是古犹太伦理思想的重要源头。萌芽于古埃及而完善于古希伯来的契约思想,是人类文明早期宗教契约论抑或恩典契约论的雏形。契约架构下的神人、人人"约定"关系,不以血缘关系为依据,不以君父养育为条件,而是以神之恩典为源泉,以笃信一神为约定条件,以履行义务和责任为约定要求,以护佑犹太民族为约定目的。契约丰富多样,主要表现为神人立约、人人立约两大类型,以此为基础衍生出族族立约、人族立约等其他形式。以色列先民的最初契约多是无文字记载的口头协定,以祝福或诅咒为立约形式。氏族时期传留下来的人的口头诅咒,如巫术诅咒一样拥有巨大魔力,是立约双方自觉履行契约的重要原因。契约之以色列先民,一类是上帝的道,即上帝与以色列人亲自订立的盟约;另一类是基于一神信仰而形成宗教典章和宗教礼仪。犹太教文明创制时期,通过上帝之道即神人盟约,以色列先民成为上帝"选民",形成上帝与"选民"之契约关系和伦理关系,契约之下神人之间是"爱"的关系,由此形成了犹太契约伦理。

在神人契约架构下,人人之间、人族之间、族族之间也需契约之约束和调节,这种人人、人族、族族契约是神人契约的横向延伸和表达。可以肯定的是,神人契约本是犹太民族之人人契约的神性化和抽象化,由于理性认知的局限和智力发展的限制,人人契约反倒成了神人契约的补充和延伸。因此,以色列先民的契约思想是宗教契约论或恩典契约论的最初原型。但应指出的是,以色列先民的契约论与古代近东和古希腊的契约论区别明显,"从来没有像对希伯来人那样以其伦理与道德的形式渗入希腊人或其他近东民族,只有犹太人自觉地努力将这些伦理道德规范结合成为一个以神的诫命形式所确立的人类行为规范体系"[1]。因此,契约伦理是犹太伦理的重要内容和基本特征。[2]

---

[1] 黄天海:《希腊化时期的犹太思想》,上海人民出版社1999年版,第86页。
[2] 鉴于犹太律法之丰富,本书将在后面详论此内容。

（二）先秦儒家礼的内容结构

在古代思想文化的世界中，礼是完整的存在。"古礼是一个完整的表意系统"，"从'礼俗'发展了'礼制'，继而从'礼制'发展到了'礼义'，与政治制度、伦理、法律、宗教、哲学思想结合在一起，形成了广义的礼文化……是中国文化的主要特征"。① 古礼之演进，渐与政治制度、伦理规范、法律规范、宗教规范、民俗制度和哲学思想融为一体，礼俗、礼仪、礼制、礼规、礼义成为基本的行为规范，含盖天道与人道关系、宇宙万物变化、人类社会运行、日常生活的方方面面。

> 是故夫礼必本于大一，分而为天地，转而为阴阳，变而为四时，列而为鬼神。其降曰命。其官于天也。②
>
> 夫礼必本于天，动而之地，列而之事，变而从时，协于分艺，其居人也曰养，其行之以货力、辞让、饮食、冠、昏、丧、祭、射、御、朝、聘。③
>
> 道德仁义，非礼不成。教训正俗，非礼不备。分争辩讼，非礼不决。君臣、上下、父子、兄弟，非礼不定。宦学事师，非礼不亲。班朝治军，莅官行法，非礼威严不行；祷祠祭祀，供给鬼神，非礼不诚不庄。④
>
> 故礼仪也者，人之大端也。所以讲信修睦，而固人之肌肤之会，筋骸之束也。所以养生送死，事鬼神之大端也。所以达天道顺人情之大窦也。⑤

在古代思想文化的世界中，礼含盖性之大之广无与伦比。六经之道同归，礼为重为要，礼外无礼，《易》《诗》《书》《春秋》《乐》亦

---

① 邹昌林：《中国礼文化》，社会科学文献出版社2000年版，序二第6页。
② 《礼记·礼运》。
③ 《礼记·礼运》。
④ 《礼记·曲礼上》。
⑤ 《礼记·礼运》。

是礼。因此，礼包罗万象，是关乎自然、社会、国家和个体的文化范畴。从自然维度观之，礼是人与自然关系的行为规范；从社会维度观之，礼是处理社会生活的制度体系，涵盖道德制度、法律制度、祭祀制度和习惯制度；从国家维度观之，礼是政治制度、行政制度、军事制度、文化教育制度；从个体维度观之，礼是内在修养，亦是外在的他律规范。因此，礼是文化的集合体，是一个具有总括性特征的全称文化判断。

中国古代文化一般称之为"史官文化"，历经巫史文化和礼乐文化两个重要发展阶段。巫史文化有健全的宗教性质的仪式和制度，是典型的宗教文化，夏及殷商以巫史文化为特征，周朝之新文化革命，否定和冲破了"殷人尊神，率民以事神"[①] 的拘囿，高举"天命靡常"大旗，开始了宗教文化向世俗文化的转变。《礼记·乐记》曰："故礼以道其志，乐以和其声，政以一其行，刑以防其奸。礼乐刑政，其极一也。"周公制礼，主要是从术数方技和祭祀礼仪为主旨的巫史文化的知识体统中，发展出礼乐文化的知识系统。"在西周，世俗性礼、乐、诗、书已形成完整的体系，并在全社会整个文化知识体系中一枝独大，占据垄断的地位，从而形成了礼乐文化。"[②] "六礼：冠、昏、丧、祭、乡、相见。七教：父子、兄弟、夫妇、君臣、长幼、朋友、宾客。八政：饮食、衣服、事为、异别、度、量、数、制。"[③] 礼既是国家制度、政治制度、社会制度、宗教制度之法定典章制度，还是人们社会生活、行为方式、交往方式的法律规范和伦理规范，其主旨为"经国家、定社稷、序民人、利后嗣"[④]。因此，实现维护西周贵族政治制度和上下有别、尊卑有序的等级制度，体现"礼以体政，政以正民"之价值追求，是西周制礼的根本目的。

1. 礼的法律文化视域解读。首先，礼是习惯法。原初之礼由氏族部落的风俗习惯转化而来的，是氏族部落祭祀活动的载体。"部落氏族的风俗习惯是部落成员在长期的共同生活中自然而然形成的规范。风俗

---

① 《礼记·表记》。
② 马作武：《先秦法律思想史》，中华书局2015年版，第18页。
③ 《礼记·王制》。
④ 《左转·隐公十一年》。

习惯依赖部落氏族成员自幼所受的教育、部落首领的权威和表率、公共的舆论等来维护。部落社会后期，社会发生巨大的变动，贫富分化已经出现。……贫富分化、等级的出现，使部落时代的风俗习惯的物质基础遭到瓦解，风俗习惯已无力全面规范部落成员的言行，社会的发展需要新的规范，产生了祭祀的礼，便顺应时代的要求而成为具有法的性质的新规范。"[1] 礼脱胎于风俗习惯，很多礼仪直接源于风俗习惯，有些礼仪仅为氏族习惯易名而已，萌芽之中的礼仪，因血缘关系、共同信仰和共同部落之共性条件，调整范围仅限于部落内部，礼有礼制或礼法之义，应在国家形成之后。

> 凡治人之道，莫急于礼。礼有五经，莫重于祭。夫祭者，非物自外至者也，自中出生于心也；心怵而奉之以礼。是故，唯贤者能尽祭之义。贤者之祭也，必受其福。非世所谓福也。福者，备也；备者，百顺之名也。无所不顺者，谓之备。言：内尽于己，而外顺于道也。忠臣以事其君，孝子以事其亲，其本一也。上则顺于鬼神，外则顺于君长，内则以孝于亲。如此之谓备。唯贤者能备，能备然后能祭。是故，贤者之祭也：致其诚信与其忠敬，奉之以物，道之以礼，安之以乐，参之以时。明荐之而已矣。不求其为。此孝子之心也。祭者，所以追养继孝也。孝者畜也。顺于道不逆于伦，是之谓畜。是故，孝子之事亲也，有三道焉：生则养，没则丧，丧毕则祭。养则观其顺也，丧则观其哀也，祭则观其敬而时也。[2]

礼源于部落氏族习惯，是祭祀活动的载体。作为习惯法，礼之主体性、强制性、表意性凸显，在承续和创新中，初现由习惯法及风俗习惯到家法和国法转变的特征。与部落氏族习惯不同，礼是贵族假借天地鬼神制定，通过祭祀之形式，超拔其威力，彰显出巨大的权威性、神秘性、规范性和强制性。礼因国家及其政治制度的形成，嬗变为普及化的制度体系，即礼制。"夏代礼制基本上以等级为内容，以法律做保障。

---

[1] 浦坚：《中国法制通史》第一卷，法律出版社1999年版，第118—119页。
[2] 《礼记·祭统》。

阶级社会的礼制与传统的氏族之礼由此分野。具有阶级社会特色的礼制由此而形成。"①

其次，礼是家法和国法。西周根据宗法制度的要求，赋予礼以新内涵，将礼之形式和内涵系统化和规范化，成为法定的典章制度。周公制礼，源于西周宗法制度的建立及其国家治理方式和治理体系的变革。周为小族，实现对多数异族治理，率先接受分封诸侯之制，通过封诸侯，建同性，形成新的政治制度和维系周人统治的治理体系，达到了"家国部分"和"亲贵合一"的目的。通过宗法分封制和嫡长子继承制的确立，及其宗统和君统合一，形成天下一家，将氏族之家法上升为国法。西周建构这种诸侯分封之制及其建同姓，君统、宗统合一，国家合一，亲贵合一，嫡长继承的政治组织制度，形成以礼为基本架构的制度治理体系，宗法是处理家族（宗族）内部关系的家法，宗法制源于家族制度，国法是家法的扩大。因此，礼是家法，也是国法。

再次，礼是最初的行政法。西周制礼，亦是立法行为。"以德配天""敬德保民""明德慎罚"是贯通制礼与立法的基本精神，"亲亲""尊尊"为制礼和立法的基本原则。"是故，人道亲亲也。亲亲故尊祖，尊祖故敬宗，敬宗故收族，收族故宗庙严，宗庙严故重社稷，重社稷故爱百姓，爱百姓故刑罚中，刑罚中故庶民安，庶民安故财用足，财用足故百志成，百志成故礼俗刑，礼俗刑然后乐。"②"亲亲"是立法的宗法原则，与"长长"和"男女有别"要求相结合，在礼乐文化的观照下，形成了宗族法和家庭婚姻法。"尊尊"是立法等级原则，与"礼不下庶人，刑不上大夫"要求相结合，建构出原初的行政法和刑法。

周代的行政治理制度是宗法制与"异族联姻的方式建立一套严密的统治网"③和治理体系，礼制架构下中央与地方的行政治理制度，如机构、职位、职数、官员、职责、义务、管理日趋完善，形成了一套原生性的行政法治国模式。中央行政管理制度，分为天官、地官、春官、夏官、秋官、冬官。六官即六卿，每卿统领六十官职，六卿的职官总数

---

① 浦坚：《中国法制通史》第一卷，法律出版社1999年版，第130页。
② 《礼记·大传》。
③ 浦坚：《中国法制通史》第一卷，第203页。

为三百六十。六官各司其职，天官职责是"乃立天官冢宰，使帅其属而掌邦治，以佐王均邦国"①。地官职责是"乃立地官司徒，使帅其蜀而掌邦教，以佐王安扰邦国"②。春官职责是"乃立春官宗伯，使帅其属而掌邦礼，以佐王和邦国"③。夏官职责是"乃立夏官司马，使师其属而掌邦政，以佐王平邦国"④。秋官职责是"乃立秋官司寇，使帅其属而掌邦禁，以佐王刑邦国"⑤。冬官职责是负责制造业、手工业、军事，等等。而政府机构和官员治理有八条具体的制度："一曰官属，以举邦治。二曰官职，以辨邦治。三曰官联，以会官治。四曰官常，以听官治。五曰官成，以经邦治。六曰官法，以正邦治。七曰官刑，以纠邦治。八曰官计，以弊邦治。"⑥ 行政官员的职责分工具体，如，"大宰之职，掌建邦之六典，以佐王治邦国：一曰治典，以经邦国，以治官府，以纪万民。二曰教典，以安邦国，以教官府，以扰万民。三曰礼典，以和邦国，以统百官，以谐万民。四曰政典，以平邦国，以正百官，以均万民。五曰刑典，以诘邦国，以刑百官，以纠万民。六曰事典，以富邦国，以任百官，以生万民"⑦。同时，周代建立了比较完善的地方行政管理制度，即王室内部的管理制度和封国的管理制度，朝聘、纳贡、勤王是封国的义务，也是管辖地方政权的重要方式，制定了比较完善的户籍制度、人口普查管理制度、军事等行政管理制度，等等。

最后，礼包含丰富的刑法内容。夏代礼制虽源于氏族社会礼制，但因赋予了阶级的内容，充满了等级的内容，礼有了法的性质，夏代之法属于神权法。商代之神权法，登峰造极，法律之定罪量刑皆须诉诸祭祀鬼神。文献记载，商有《汤刑》，且多次修订，作为基本法律，适用整个商代。商初还有单行刑事法律《汤之官刑》和"弃灰之法"的酷刑，出台众多刑事法律规范。周承商，文献记载，礼制和刑法制度，是周代

---

① 《周礼·天官》。
② 《周礼·地官》。
③ 《周礼·春官》。
④ 《周礼·夏官》。
⑤ 《周礼·秋官》。
⑥ 《周礼·天官》。
⑦ 《周礼·天官》。

国家治理基本法律制度。《尚书·周书》之《吕刑》有"五刑""五罚""五过"的刑法制度。《周礼》已有记载：

> 司刑掌五刑之法，以丽万民之罪。墨罪五百，劓罪五百，宫罪五百，刖罪五百，杀罪五百。若司寇断狱弊讼，则以五刑之法诏刑罚，而以辨罪之轻重。司刺，掌三刺、三宥、三赦之法，以赞司寇听狱讼。壹刺曰讯群臣，再刺曰讯群吏，三刺曰讯万民。壹宥曰不识，再宥曰过失，三宥曰遗忘。壹赦曰幼弱，再赦曰老旄，三赦曰蠢愚。以此三法者，求民情，断民中，而施上服下服之罪，然后刑杀。①

> 司刑掌五刑之法，以丽万民之罪。墨罪五百，劓罪五百，宫罪五百，刖罪五百，杀罪五百。若司寇断狱弊讼，则以五刑之法诏刑罚，而以辨罪之轻重。司刺，掌三刺、三宥、三赦之法，以赞司寇听狱讼。壹刺曰讯群臣，再刺曰讯群吏，三刺曰讯万民。壹宥曰不识，再宥曰过失，三宥曰遗忘。壹赦曰幼弱，再赦曰老旄，三赦曰蠢愚。以此三法者，求民情，断民中，而施上服下服之罪，然后刑杀。②

礼经过夏商周的沿革，注入阶级和等级内涵之后，与宗法制融合，已有很多刑法的内容，与此同时，还提出一些刑法适用的基本要求，如罪疑从轻、同罪异罚和"罪人不孥"，等等。我们从礼的内涵和礼制的沿革中，逻辑地分析礼含有刑法的内容，但礼还不是刑法。先秦的"'法'、'律'、'刑'等不过是'治道'的衍生与附着之物，既不包含政治正义论，也不以公民权利保障为起点和归宿。古代中国没有出现一个明确完整的'法律'概念，没有形成完整而独立的法律体系"③。先秦社会是礼法社会，如俞荣根先生所言："古代中国，夏商周三代礼法（刑）一体、礼外无法（刑）、法（刑）在礼中、出礼入刑（罚）；春秋战国，……礼坏乐崩、礼法（刑）交错、礼法（刑）分离。"④ 礼是总括性极高的概念，基于学术研究之需，"礼在逻辑上可视为两部分，

---

① 《周礼·秋官》。
② 《周礼·秋官》。
③ 马作武：《先秦法律思想史》，中华书局2015年版，第37页。
④ 俞荣根：《礼法传统与中华法系》，中国民主法制出版社2016年版，第1页。

其一是规定人们行为规则的礼;其二是制裁违礼行为的方法即刑"①。礼和刑是西周法律的主要形式,"刑依赖礼而存在,囊括在礼的范围之中。所以三代之法,法在礼中,礼外无法,是中华法系礼法体制的原生样式"②。

2. 礼的伦理文化视域解读。先秦儒家伦理可分为殷周儒家伦理发端期和春秋战国儒家伦理形成期。先秦时期,独特民族生存条件令先民们很早就探究生死意义和价值,寻找道德在社会良性运作中的作用。前已述及,中国古礼先于文字而存在,是一个历经礼器、礼俗到礼制、礼义之发展完善的过程。礼文化说到底是一种制度文化和规范文化,从伦理文化视域观之,礼是道德制度和道德规范。

首先,礼是宗教伦理。原始社会末期"绝地天通"的宗教改革,是中国古代宗教产生的标志,总体而言,夏、商、周三代的宗教皆为国家宗教。天神、祖先、社稷、日月、山川、鬼神等构成了比较完整的崇拜谱系,祭祀制度、效社制度、宗庙制度等形成了比较完整的制度体系,成为古代社会秩序和宗法家族制度的根基。古礼源于自然礼仪即氏族部落的风俗习惯,殷周之后,古礼以社会性的礼为主要内容,以政治性的礼为骨干,构成了一个比较完善的礼制体系及其道统和学统,这是先秦儒家承续和发展西周之礼的原因。道德和法律同源,二者皆在礼中。西周的"明堂制度"是古代宗教的鼎盛时期,也是礼制日臻完备时期。西周以礼为核心的宗教制度及道德治理体系,建立在强大的国家权力(王权)和严密的宗法血缘制度基础之上,王权制度和宗法制度是维系庞大的礼制体系和宗教信仰体系的根本保证。

陈来认为:"在周代,虽然鬼神祭祀具有更加完备的系统,但在政治实践中已不具有中心的地位,政治实践领域的中心注意力已开始转向人事的安排和努力。西周的礼乐文化本质上已不是神的他律,而是立足于人的组织结构的礼的他律。六礼都是围绕着人的生命过程而展开的,这使得礼乐文化本事已经具有了一种人文主义基础。"③ 周后期,生产

---

① 曾宪义、马小红:《礼与法:中国传统法律文化总论》,中国人民大学出版社2012年版,第107页。
② 俞荣根:《礼法传统与中华法系》,第5页。
③ 陈来:《古代思想文化的世界》,生活·读书·新知三联书店2002年版,第10页。

力发展、贵族斗争、王权下移和违礼频发，致"礼崩乐坏"，令巫觋地位下降和学在官府下移，古代宗教在春秋战国时期开始转型，宗教性和非宗教性的礼仪形式逐渐演化出具有德性精神的礼义。

尽管如此，在孔子的思想中，仍有宗教伦理的"遗存"，"远鬼神"以"敬"为前提，甚至提出"祭如在"观点。"在当时社会激烈的转型和过渡时期，儒家从社会长远稳定和发展的角度出发，提出应恢复并保存宗法等级制度，因而他们也重视传统宗教中各种祭祀礼仪，作为团结宗族、辨别身份的工具。"[①] 孟子遵循"尽心、知性、知天"之内省理路，强调精神生活的内在超越，化外在宗教伦理仪式为内心生成的自律伦理，走向德性伦理。荀子则强调宗教的道德教化作用，认为"君子以为文，百姓以为神。以为文则吉，以为神则凶"。宗教祭礼的人文道德精神日趋凸显，最终演变成"圣人以神道设教，而天下服矣"[②]。中国宗法性宗教伦理经周公、孔子、孟子和荀子的创新和改造，形成以关注现实生存问题为核心、以农业祭祀为主要形式、以道德伦理为教义主旨的基本理路。

其次，礼是宗法伦理。西周礼治思想发达和礼制体系完备，根源于完善的宗法制度。礼治的重心是维护宗法等级统治。周人灭殷，以血缘关系为纽带，确立嫡长子继承制，建立一个金字塔式样的制度模式，即宗法制度。如瞿同祖所言：这种组织是"同姓从宗合族属"的一种组合，由大小宗分别来统率。大宗一系是由承继别子（始祖之祖）的嫡长子（大宗宗子）所组成，全族的共同组织，全族的男系后裔，都包括在此宗以内，为全族所共宗，可以说是最综合、最永久的。其余嫡子及庶子则分别组成无数小宗……最后则所有小宗统于大宗，成为"大宗能率小宗，小宗能率群弟的情形"。[③] 周王是天下"共主"，天下大宗，拥有最高的族权。宗法制是以男子为中心的父权家长制演变而来的，敬祖敬宗为"宗"，血缘关系亲近的家族一起在宗庙里祭祀祖先，合成"宗族"。为维护宗族内的统治秩序，规定了共同遵守的法规。因

---

① 牟钟鉴、张践：《中国宗教通史》，社会科学文献出版社2007年版，第81页。
② 《易·系辞转》。
③ 瞿同祖：《中国法律与中国社会》，商务印书馆2012年版，第21页。

为它是以宗庙祭祀的形式出现，所以称为"宗法"。① 家庭之西周，笼而统之，是宗族和家族；具体言之，是特指家族。就后者而言，每个分门别居的家庭是一个家族。家族内的人都是直系尊卑亲属，家族有一套完整的礼仪制度及其伦理规范，以此确立家庭中父母的权力和子女的义务。就父母而言，父母掌握家族财产权、子女的婚姻决定权、子女违礼的惩罚权，族内长幼尊卑有严格次序，祭祀继承、地位继承和家族财产继承，皆须按礼而行。西周以"孝"为统摄的宗法伦理，和"修德配命""敬德保民"行政伦理和政治伦理，都是宗法伦理的表现形式。"周人提倡的道德规范，最基本的是父慈、子孝、兄友、弟恭，它们是对宗法关系纵（父子）横（兄弟）两个层次的伦理概括，体现了既亲亲又尊尊的原则，是用以调节宗族内部人伦关系的基本行为准则。所谓西周的道德，实质上就是宗法等级道德。"② 孔子盛赞西周的礼文化，认同周礼，并以"我从周"道德执着，希冀将周礼之宗法等级礼仪规范发扬光大，在"辨君臣上下长幼之位"和"别男女父子兄弟之亲"中，将"仁"之普遍性伦理原则，诉诸礼之中，建构出独特的仁礼统摄一体的社会道德治理模式，源于周代之君君、臣臣、父父、子子宗法伦理获得巨大超越，经荀子礼伦的丰富和创新，宗法伦理分化出制度伦理的雏形。

最后，礼是政治伦理。西周伦理的核心是宗法伦理，政治伦理和制度伦理都是宗法伦理的重要组成部分。"周公的'礼治'思想是以德为核心，以忠、孝为本，以保民为任，以保天命为目的，他通过礼制而得以体现，其宗旨仍在维护宗法制的'亲亲''尊尊'原则。亲亲父为首，人亲其亲则孝，尊尊君为首，人尊其尊则忠君。等级不同，忠孝的内容也不同。"③ 西周时期，凌驾于社会阶层之上的公共权力机构日趋完善，礼制之尊尊关系是自上而下的等级秩序，辅助以"亲亲"内部之等级秩序，血缘组织和政治组织联姻，便形成了西周政治秩序架构及其政治伦理模式。基于礼治之旨，西周的政治伦理基本围绕敬德保民、

---

① 浦坚：《中国法制通史》第一卷，法律出版社1999年版，第201页。
② 朱贻庭：《中国传统伦理思想史》，华东师范大学出版社2015年版，第19页。
③ 浦坚：《中国法制通史》第一卷，第356页。

明德慎罚、崇尚忠孝三个命题展开。

> 先君周公制《周礼》曰："则以观德，德以处事，事以度功，功以食民。"作《誓命》曰："毁则为贼，掩贼为藏，窃贿为盗，盗器为奸。主藏之名，赖奸之用，为大凶德，有常无赦，在《九刑》不忘。"行父还观莒仆，莫可则也。孝敬忠信为吉德，盗贼藏奸为凶德。夫莒仆，则其孝敬，则弑君父矣；则其忠信，则窃宝玉矣。其人，则盗贼也；其器，则奸兆也，保而利之，则主藏也。以训则昏，民无则焉。不度于善，而皆在于凶德，是以去之。①

周克商，变革神权，以天为宗，以德为本，"德"之彰显。德对应天，要享天命，要以德配天、修德配命，夏商"不敬其德，乃早坠厥命"②。敬德、配德，守住天命，方能感化百姓，向善弃恶，遵礼守法。周人重德，登峰造极，帝王之名，文、武、成、康、昭、穆，含有德义。故此，敬德是西周政治伦理的重要道德规范和道德原则，亦是政治伦理之最高道德境界。周王是天子，亦是大宗主，处理大宗和宗内关系，保民是第一要务。保民是政治权力阶层的自我道德要求，是处理政治集团内部关系的道德规范。天、德、民的礼治模式是西周政治伦理的主线。

西周政治道德治理手段礼法兼顾、"明德慎罚"。"文王不敢侮鳏寡，庸庸，祗祗、威威、显民。"③ 治民重在明德、辅在刑罚。"人有小罪，非眚，乃惟终自作不典；式尔，有厥罪小，乃不可不杀。乃有大罪，非终，乃惟眚灾：适尔，既道极厥辜，时乃不可杀。"④ 礼治体系中，"明德"统摄"慎罚"，道德理念贯穿法律之中，"慎罚"是明德在法律上的要求，违背周礼，处罚是必要的手段的保障。

> 九月，晋惠公卒。怀公命无从亡人。期，期而不至，无赦。狐

---

① 《左传·文公十八年》。
② 《尚书·昭告》。
③ 《尚书·康诰》。
④ 《尚书·康诰》。

突之子毛及偃从重耳在秦，弗召。冬，怀公执狐突曰："子来则免。"对曰："子之能仕，父教之忠，古之制也。策名委质，贰乃辟也。今臣之子，名在重耳，有年数矣。若又召之，教之贰也。父教子贰，何以事君？刑之不滥，君之明也，臣之愿也。淫刑以逞，谁则无罪？臣闻命矣。"乃杀之。①

卜偃称疾不出，曰："《周书》有之：乃大明服。已则不明而杀人以逞，不亦难乎？民不见德而唯戮是闻，其何后之有？"②

西周政治体系及其政治伦理的明德与慎罚思想，是德治与法治有机结合原初原型，慎罚，是违礼之两面，即法律与道德，小罪以德，重在道德教化，大罪以法，重在法律惩罚。在西周政治伦理架构下，"慎罚"以忠、德、孝为标尺，罚之旨是惩恶扬善，培民善之心，此乃孔子褒奖西周的主因。不过周人之敬德、修德和明德，主要是公权力阶层的要求，德主要是公权力的行使者和管理者之德，属于政治伦理的重要内容。

孔子承续西周政治伦理传统，提出以德治国的著名思想。孔子曰："为政以德，譬如北辰，居其所而众星共之。"③对德、礼、刑的关系作了新的推展："道之以政，齐之以刑，民免而无耻。道之以德，齐之以礼，有耻且格。"④公权力拥有者——君臣，要处理好德、礼、刑之间的关系。

就"道之以德"而言，一是君臣加强道德品质培育和自我道德教育为首要任务，这与西周一脉相承。二是君臣成为道德模范，方能政德以仁，教化百姓。故孔子一再强调："政者，正也。子帅以正，孰敢不正？"⑤"其身正，不令而行；其身不正，虽令不从。"⑥统治者成为守礼明德之范，必身正如令，百姓从之，国治必易。政治伦理是孔子德治

---

① 《左传·僖公二十三年》。
② 《左传·僖公二十三年》。
③ 《论语·为政》。
④ 《论语·为政》。
⑤ 《论语·颜渊》。
⑥ 《论语·子路》。

伦的重要内容。孔子的政治伦理实质是向君民、君臣两个向度展开，前者是统治阶级与被统治阶级政治伦理关系的调整，后者是统治阶级内部政治伦理关系的调整。

就"齐之以礼"而言，礼是政治权力的宗法等级礼制体系。秩序和社会权力秩序的总纲。因此，对孔子而言，礼是调节政治关系最好的规范，是维系政治差等秩序的根本大法，是以"君君、臣臣、父父、子子"的要求，建构名正、言顺、事成、礼乐兴之政权治理架构的根本依据。

> 子路曰："卫君待子而为政，子将奚先?"子曰："必也正名乎!"子路曰："有是哉，子之迂也! 奚其正?"子曰："野哉由也! 君子于其所不知，盖阙如也。名不正，则言不顺；言不顺，则事不成；事不成，则礼乐不兴；礼乐不兴，则刑罚不中；刑罚不中，则民无所措手足。故君子名之必可言也，言之必可行也。君子于其言，无所苟而已矣。"①

礼是国家政权合法性和合德性的根本标准，是调整政治关系和政治利益及其名分、职责、权利、义务的重要规范。

> 天下有道，则礼乐征伐自天子出；天下无道，则礼乐征伐自诸侯出。自诸侯出，盖十世希不失矣；自大夫出，五世希不失矣；陪臣执国命，三世希不失矣。天下有道，则政不在大夫；天下有道，则庶人不议。②

礼是政治伦理对执政者个人品质的要求。孔子曰："君使臣以礼，臣事君以忠。"③ "笃信好学，守死善道。危邦不入，乱邦不居。天下有道则见，无道则隐。邦有道，贫且贱焉，耻也；邦无道，富且贵焉，耻

---

① 《论语·子路》。
② 《论语·季氏》。
③ 《论语·八佾》。

也。"① 礼、忠、道、贫、耻都是政治家个人品质的要求，亦是基本的礼之规范。

四　律法与礼的基本特征

（一）古犹太律法的基本特征

从社会基础、经济条件、思想渊源、民族心理看，犹太律法是美索不达米亚法系的继承和发展，是维系犹太民族文化、心理、信仰、价值的制度体系。从内容构成、演变机制、组织结构看，犹太律法囊括了宗教戒律、法律、伦理、契约、风俗、礼仪、政治、民间法规、文学艺术等众多领域，是犹太文明的重要载体和表现形式。从社会规制、信仰维系、民族治理看，犹太律融宗教戒律、道德、法律、契约为一体，是维系民族信仰、民族心理、民族意识和民族团结的治理体系和治理手段。

1. 律法是犹太文明和犹太文化的载体。从伦理文化视域观之，犹太伦理的道德原则可以归结为：爱、公义、善、公正、平等、圣洁、自由、异化和幸福等。爱是犹太伦理的道德总原则，是上帝和人之行为如何的追求；幸福是犹太伦理中上帝"善待"子民和犹太民族善待自我的原则；公义、平等、公正、自由、异化等原则犹太律法好坏的价值标准。因此，律法是犹太文明的重要载体和表现形式。如开普兰所言："当我们认识到，对于他们来说，《托拉》实际上是犹太民族文明的一种沉淀时，可以说我们已经最接近能够体验到他们对于《托拉》的感觉了。如作为可见之物，文献的重要性主要在于它们是这种文明的象征，这同圣殿和约柜的重要性在于它们是上帝的实在和存在的象征，是完全一样的。"②

以色列先民认为，律法化的生活方式具有内在的正义和善良，是在一神信仰架构下自觉选择的行为。在《托拉》的观念中还隐含着一种对文明价值具有决定意义的检验，传统的《托拉》必须重新阐释和重

---

① 《论语·泰伯》。
② [美]莫迪凯·开普兰：《犹太教：一种文明》，黄福武、张立改译，山东大学出版社2002年版，第466页。

新构建，以便它能成为对于个体文明化与人性化所必需的全部文明的同义词。① 因此，广义的犹太律法既是一种信仰体系和信念体系，也是一套完整的宗教伦理道德规范体系，还是以色列先民所崇尚的一种生活方式和交往方式，在很大程度上还是国家治理方式和治理制度。基于一神信仰而建构的律法体系，是以独特的自然观、世界观（宇宙观）和时间观为基本前提。如徐新先生所言，"一神思想赋予世界以目的和意义，使得世界从沉迷中醒悟，为人设立了道德规范和行为准则"②，"犹太人的宗教思想在一神论的基础上将历史的终极意义定位在遵从律法的日常生活上，这必然会导致犹太文化上律法和律法思想的重新定位。因为，犹太教并不满足于肯定上帝存在或确认这一信仰所倡导的道德原则，而是进一步要求它的信徒在个人的行为和社会活动中切切实实履行它的道德原则"③。利奥·拜克认为：

> 假如善以上帝诫律的形式展示给人，假如有创造力的人的信仰源自对作为支配者的上帝的浓烈信仰中，那么善就会作为不变的现实出现在人的面前。善自无条件的源泉而来，产生于全部存在的意义之中，并在永恒中找到自身的保障。与善一道进入人们生活的是真是和确定性的东西；善对人表现为无条件的命令，因此也超越一切争论的东西，是要求人们必须作出决定——他必须接受之或拒绝之——的东西。由于伦理学和宗教在内在根基上彼此联系在一起，所以，对善来说，上帝的命令就有了人的伦理约束的意义。在这里，就产生了绝对命令观念，绝对责任观念。德性打上了绝对印迹。善和恶的区别来说是永久、不变和永恒的问题。④

在人类早期文明中，宗教与伦理的高度契合是一个重要特征。犹太

---

① 参阅 [美] 莫迪·凯开普兰《犹太教：一种文明》，黄福武、张立改译，山东大学出版社2002年版，第469页。
② 徐新：《犹太文化史》，北京大学出版社2011年版，第73页。
③ 徐新：《犹太文化史》，第85页。
④ [德] 利奥·拜克：《犹太教的本质》，傅永军、于健译，山东大学出版社2002年版，第113页。

律法是犹太文明的重要组成部分。对以色列先民而言，律法不仅是规制宗教信仰和世俗生活的强制性的规范，还是一种独特的民族意识、民族心理和民族文化传统，且有别于两河领域其他民族的生活之道，是"以色列民族在长期的生活实践与社会实践中逐渐形成的、为本民族大多数成员所认同的、具有相对稳定性的价值观念与思想体系"①。因此，犹太律法是犹太文化和犹太文明的重要载体和表现形式，其蕴含爱、公义、平等、幸福、慈善、诚信等伦理思想和独特善恶观、义利观、价值观，以及希冀通过律法之刚性建构道德治理体系的探索，对后起的德性伦理、责任伦理、契约伦理和制度伦理都有过重要的启蒙作用。

2. 律法是以"摩西十诫"为总纲。犹太律法是维系犹太民族生存与发展的"坚硬藩篱"，以现代学科标准审之，律法之表述逻辑性缺失、前后重复，宗教、法律、伦理、契约混同不分，条款分散，成文与口传并行，诠释与评注多样。但是，如果走进犹太文明内部，我们将能窥探到律法独特的形式和内容。

首先，犹太律法是一套融宗教、法律、伦理和契约为一体和比较完整的民族、国家和社会治理体系。"摩西十诫"是犹太律法的总纲和核心内容，其他律法条款、法律规范、道德规范和契约规范皆源于"摩西十诫"，是"摩西十诫"的具体展开和表现形式，西奈传统之后演变的所有律法细则和道德规范皆为总纲附属，并由此产生了三个具体的法典，即《出埃及记》之"约典"、《利未记》之"圣典"和《申命记》之"申典"。② 与《创世记》的法律和道德多是"自然法则"和氏族道德不同，这三个法典是以色列先民从政治、文化、社会三个维度，即异族统治、"犹太性"和民族关系出发，对民族境遇和命运不断反思的结果。

其次，"摩西十诫"是犹太律法的"母法"，其形式、用词、作用和价值基本围绕神道和人道两个维度开展，是以色列先民处理神人关系和人人关的道德规范和法律规范，前四诫是人单向度服从神的道德规范

---

① 王宏选：《犹太律法研究——以法律文化为视域》，山东大学出版社2015年版，第32页。
② 《出埃及记》21：1－23：19，《利未记》17－19，《申命记》12－18。

和法律规范；后六诫是处理人人关系的世俗伦理和行为规范。20 世纪以来，"摩西十诫"研究成果丰富，田海华在《希伯来圣经之律法研究》一书中，对 20 世纪以来"摩西十诫"的研究成果进行了综述：

> 莫克文承袭形式批判和文学批判传统，将十诫的研究置于古代以色列人崇拜耶和华的礼仪场景中，以《诗篇》为例，证明十诫的形成源自崇拜礼仪。而尼尔森以传统历史研究的方法为主导，去追溯十诫蕴含的摩西传统，认为十诫起源于 9 世纪深受摩西传统影响的北国。菲利普斯则依据十诫的内容与其发挥的历史功能，指出十诫构成了被掳前以色列的刑法，而且，是以色列刑法的核心，代表了被掳前以色列刑法的所有内容。瑞尔森探讨了十诫的形式与内容，建构了新十诫，使之同现代基本人权的观念相结合，强调十诫对现代人的价值和意义。①

"摩西十诫"是犹太律法的总纲，在犹太民族的演进过程中，"对宗教、神学、哲学、伦理与法律等观念，发生着持续不断的影响"，是"一个有秩序而健全的社会所必需的最低限度的道德命令"②，是以色列先民的信仰守则，也是宗教生活和伦理生活最基本的原则。

最后，"摩西十诫"精神实质贯穿在整个犹太律法之中，无论是成文律法抑或口传律法，甚至律法解释和评注皆是一以贯之。"在圣经诸法典中，我们不仅从十诫中得到广泛的原则和明文规范的行为准则（有些是该做的，有些是不该做的），同时也得到一个指导方针，那就是要积极追求正义公理。"③ "摩西十诫"与美索不达米亚法典和盟约有关，是西奈启示和民族立约突出主题，是律法书的核心内容，更是排斥多神信仰、确立一神信仰、形成一神论的重要保障。

总之，"摩西十诫"是犹太民族宗教信仰、伦理生活、法律规制、民族精神的核心内涵，注定要渗透在犹太文化和犹太人的血液之中，成

---

① 田海华：《希伯来圣经之十诫研究》，人民出版社 2012 年版，第 52 页。
② 田海华：《希伯来圣经之十诫研究》，第 54 页。
③ [美] 艾伦·德肖维茨：《法律创世记——从圣经故事寻找法律的起源》，林为正译，法律出版社 2011 年版，第 165 页。

为独特"犹太性"的藩篱,是犹太民族、犹太文化、犹太文明的独特标识和符号。

3. 律法是犹太民族的社会治理制度和治理体系。从文化系统来看,律法是犹太文化独特的标识和符号,是犹太之民族行为、民族心理、民族意识、民族精神的象征,《希伯来圣经》是犹太宗教文化、法律文化、伦理文化、契约文化、文学艺术、风俗习惯的大成典籍,更是犹太律法之集大成。因此,犹太律法是一个总括性和全称性的文化体系,尽管诸科混杂、法德不分、约礼交织,但维系民族文化统一性的主旨是一以贯之。

从文明系统来看,律法是犹太文明系统之核心内涵、制度保障和重要标志。律法与犹太民族的历史息息相关,是犹太民族经历和民族信仰的重要标志。独特民族经历和民族信仰以及在此基础上形成的独特文明形态,令犹太律法更多关注当下社会现实生活问题。质言之,律法是维系民族生存发展、规范一神信仰、规制现实生活的一套治理制度。因此,很多研究者认为律法是"规范伦理行为的教导和诫律",是在一神信仰的架构下,维系犹太民族之独特民族性、消解异族文明同化、实现文明繁荣的文化"防火墙"。

从信仰系统来看,律法是犹太一神信仰的重要内容和制度保障,一神信仰是律法的精神实质和价值追求。信仰和律法是一体两面。离开一神信仰,犹太教不能被称为一神教,犹太律法的制度功能和价值追求就无法彰显。反之,离开犹太律法,一神信仰的制度根基则无法确证。鲁达夫斯基认为:"一个人的犹太性有赖于他对犹太教律法、伦理、教义和戒规的信奉程度;他越是坚定不移地遵行教规,他的犹太性就越稳固。"[1] "犹太人被赋予饮食、割礼、洁净和献祭方面的特殊律法,为的是把他们与其他民族相区别。而且,也只有这些为犹太人所度的,并对保持犹太群体凝聚力和生存所必不可少的礼仪方面,犹太民族才与非犹太民族发生了分歧。"[2] 滥觞于亚伯拉罕的信仰系统,摩西时代趋于完

---

[1] [美]大卫·鲁达夫斯基:《近现代犹太宗教运动——解放与调整的历史》,傅有德、李伟译,山东大学出版社1996年版,第58页。

[2] [美]大卫·鲁达夫斯基:《近现代犹太宗教运动——解放与调整的历史》,傅有德、李伟译,山东大学出版社1996年版,第281页。

善，拉比时期渐成体系，具有统一目标的信仰体系和律法体系成为犹太民族最重要的宗教、民族、国家和社会的治理制度体系。对以色列先民而言，一神信仰与恪守民族律法、持守宗教戒律与遵守伦理规范、履行宗教义务与行使道德权利，都可能有多元化之解释，但维系信仰之统一性和神圣性则是制度治理制度体系的根本任务和重要功能。

4. 律法是犹太民族的道德规范系统和道德价值系统。以"摩西十诫"为总纲律法体系，还是一套比较完整的民族道德规范系统和道德价值系统。作为早期的宗教伦理模式之一，犹太伦理具有一般宗教伦理的基本特征。我国学者肖巍认为：

> 宗教伦理为传统的社会秩序提供伦理正当性依据并由此获得社会道义性的支配法权；现代社的制度性根基由人义取代了神义，宗教伦理严重瓦解；当代世俗道德的生存环境，使得宗教伦理的意义再度重现。
>
> 宗教伦理是在对神圣对象的崇拜中引申出来的道德原则和行为规范，依据信仰对生活中价值选择和行为模式进行道德建构和道德评判；道德和信仰为题是其基本问题，这一问题的实质在于将人的道德生活某种终极关切。
>
> 神圣的超越原则、人和世界欠缺的人伦原则、爱的行为原则、拯救之目的原则、永恒盼望之动力原则构成宗教伦理的神圣关怀，体现出宗教伦理精神理念和核心内容。
>
> 宗教伦理在自然、社会和文化实践三个向度上延伸，构成了宗教伦理的世俗关怀，体现出宗教伦理在现实生活善化过程中所产生的巨大作用。[①]

犹太伦理是一种兼有宗教性与世俗性、民族性与社会性的规范体系，是在一神信仰视域之下，宗教信仰统一性之民族、国家、社会伦理的外在化、规范化和制度化，主要表现为：一个永恒的道德原则、众多不断完善的道德规范、多维道德规范发挥最大效用道德评价规范、附着

---

① 卢风、肖巍：《应用伦理学概论》，中国人民大学出版社2008年版，第523页。

一个善恶评价的极性标准。犹太道德规范主要包括道德信仰规范、道德行为规范、道德礼仪规范、道德契约规范以及具有伦理意义的节日规范，道德评价规范主要表现为爱、公义、公正、平等、怜悯、慈善等，犹太伦理的道德评价主要表现为一般性评价和极性评价，贯穿其中的道德原则是纵向的"爱上帝"和横向的"爱邻人"。

伦理进入以色列先民宗教生活和社会生活主要是沿着两个向度展开的，即时间向度和空间向度。就时间向度而言，《创世记》多处赋予时间以特殊道德意义，如"七天、十天、一年"以及覆盖犹太人生活的所有节日。遵守特殊时间及节日的规定，既是以色列先民的生活方式和交往方式，又是其重要的道德规范和道德生活。就空间向度而言，道德规范既包括个体化的生老病死、婚丧嫁娶、日常起居、学习修身、反思忏悔，也包括群体化的经济纠纷、土地归属、税收赋租、公共仪式，还包括民族化的文化交往、盟约订立、土地裁决、商贸纷争，等等。因此，律法是犹太民族普遍化的道德规范系统，是一个覆盖"天地人"、贯通"你我他"的普及化的制度规范体系。开普兰认为：

> 作为犹太人，他们的生活还应包括：保持某种良好的社会关系，培养自己的文化情趣，参与各种社会活动，从属于一定的组织，适应各色社交礼仪，并牢记那种与犹太人的身份相称的道德和社会准则。所有这一切就构成了"其他"的内容。因而，犹太教作为一种"其他"，是某种远比犹太教本身全面而复杂的东西，它是一系列事物之间的相互联系，包括历史、文学、语言、社会组织、民间道德约束、行为规则、社会和精神理想及其审美价值，所有这一切共同形成了一种文明。[1]

犹太道德规范不能简单地归结为一种启示伦理诫命，而是在契约、宗教、法律之神圣性和刚性作用下形成的一个完整的道德规范系统，以色列先民"自觉努力将这些道德律条和义务与宗教要求联系在一起，

---

[1] ［美］莫迪凯·开普兰：《犹太教：一种文明》，黄福武、张立改译，山东大学出版社2002年版，第205页。

才能最终使祭祀与道德规范合成一个以神的诫命形式所确立的人类规范体系。而且这个体系在发展中，逐渐超越了古代部落和城邦中保护其成员利益的律法的概念范畴，并以其超验的规范力量指引着希伯来民族共同体中的每一个成员的个人责任感和他们对律法的道德意义的追求"①。

律法还是犹太民族的道德价值系统。道德、道德规范和道德价值规范有相通的意义，同一语境下，甚至可以通用。如王海明所言："人们是根据行为事实对于道德目的的效用来制定或认可道德或道德规范的。行为事实对于道德目的的效用……，亦即行为应该如何，亦即道德价值。这样，说到底，道德或道德规范便是根据道德价值来制定或认可的。"② 道德价值规范和道德价值有性质之别。道德规范与道德价值规范是约定和制定的，但道德价值显然不是约定和制定的，因为"道德或道德规范不过是道德价值的表现形式；而道德价值则是道德或道德规范所表现的内容"③。

犹太伦理之道德或道德价值规范是以色列先民根据民族生存发展需要，借鉴两河伦理思想约定和制定出来的，只是以色列先民的认知水平和认知能力刚刚处于由朴素到辩证、由具体到抽象的剧烈转换之中，为了强化道德规范力量，他们将约定或制定的道德规范经过初级的抽象，反向赋予一个外在的"他者"——上帝，借助上帝力量，道德规范凸显出神圣性、崇高性和强制性，这也是有些研究者将这种伦理规范称为伦理法的一个重要原因。

作为在一神信仰架构的伦理文化形态，犹太律法不仅是道德规范系统，而且是道德价值和道德意义系统。律法既是犹太民族在特定时间维度和空间维度的"生活之道"和生活样式，又是犹太民族独特的道德价值追求。独特民族道德实践产生了独特民族道德意识、道德信念和道德意志，建构出独特道德规范体系，从而维系独特民族道德信仰，培植出独特道德价值系统。

首先，以色列先民认为，上帝是道德的化身，赋予人以道德价值，

---

① 宋希仁：《西方伦理思想史》，中国人民大学出版社2010年版，第113页。
② 王海明：《新伦理学原理》，商务印书馆2017年版，第122页。
③ 王海明：《新伦理学原理》，第123页。

忘记、背弃、亵渎上帝之道及其道德要求，则会遭到道德诅咒、道德谴责和民族灾难；反之，则会得到上帝的道德福佑。

其次，"十诫"之道德之约，是纵横统一的道德规范体系，神人道德规范是纵向的，即上帝是绝对法权和道德权威，人要绝对服从上帝之道；人人关系的道德规范，即横向性的世俗道德规范，人人关系道德故此具有交互性和平等性。

再次，神人关系道德规范衍生出人人关系道德规范，神圣道德规范统摄和优于世俗道德规范，从而赋予世俗道德价值以神圣性和正当性。以"摩西十诫"为总纲的律法体系，以神人之约为基本道德前提，上帝是道德至善的化身，神人关系规范是人人关系规范的根基和依据，人人道德价值系统是神人道德价值系统的延伸。

最后，律法之伦理是以色列先民对个体和群体的道德关怀，也是对人之生命的终极关怀。"一方面通过神人交往来体现上帝道德的神圣性、崇高性、纯洁性和不可违逆性；另一方面通过人的敬仰活动来确定、论证世俗道德的存在"，"在以色列人看来，他们的道德责任和规范从宗教那里获得了强有力的支持，上帝的崇高性和至善的观念也使他们内心充满仰慕之意，人们在此中生发出谦卑和感恩之情"。[①] 摩西时代，律法人人关系之道德诫命凸显，发展至先知时代，尊奉伦理道德则是宗教信仰的真谛，基于一神信仰要求，以色列先民形成一套实现道德完善、道德教化、道德价值和美德伦理，如公义、圣洁、慈善、公正、平等的价值系统。这是犹太民族道德价值系统和道德精神系统的重大转型的标志，正是这一重大转型，令固定僵化的道德戒律转化为具有意义和价值的伦理宗教。

（二）礼的基本特征

先秦儒家的礼乐传统是中国传统文化的圆融自洽的思想体系。礼是中华文明智慧的结晶，古礼之学，非儒家独有，而是所有学术流派共识性的对象。周礼文化是儒家政治、法律、伦理、制度的学术资源和文化土壤。如陈来先生所言："儒家思想及其人文精神是中华文明时代初期

---

① 王海明：《新伦理学原理》，商务印书馆2017年版，第117页。

以来文化自身连续发展的产物，体现了三代传衍的传统及其养育的精神气质，儒家思想与中国古代文化发展的进程具有一种内在的关系。儒家的价值观也成为中华文化价值体系的主流。"① "三礼"是中华文化的原始经典和中华文明的重要载体，礼是一个全称性、总括性的文化概念，是融宗教、哲学、政治、法律、伦理、教育、经济、管理等为一体的制度、观念、行为系统，是诸科合一、混沌不分原生文化系统。

1. 礼是中国古代文化和中华古文明的载体。古礼源于氏族部落的习俗系统，"生产、生活、习惯、信仰、经验、知识的积累"②，皆记录在礼的文化之中，礼是一个全称性文化系统，先秦儒学仅是礼文化模式的一个重要传承阶段，是中国传统礼文化的重要代表者之一。在先秦时期，礼是一个辐射面广泛、涵盖面丰富、贯通性极强的文化系统。举凡国家、社会和家庭的基本制度，如政治、法律、伦理、信仰、管理等，皆在礼中；家庭、婚姻、继承、祭祀、诉讼、交往、责任、地位、权利、义务等，皆从礼出；生产方式、生活方式、行为方式和交往方式，等等，皆以礼为体；哲学、文学、艺术、经济、军事，等等，皆与礼联姻。

先秦时期，礼的演进历程亦是中国古代文化的发展过程。礼从礼俗到礼制再到礼义，是第一个演进阶段；从礼制、礼义回归到礼俗，是第二个演进阶段。文明是自身文化的产物，文化形态的决定性因素在于学术和思想。中国早期的文化形态是"巫史文化和礼乐文化"，一般统称"史官文化"。巫史文化源于夏前，成熟于商代，"商朝表现出典型的政教合一体制，政治与宗教不分，或者宗教性祭祀活动是政治的内容"③。

与其他诸子学说相同，构成孔子学说之知识和思想背景的，主要应该是巫史文化和礼乐文化。商代前是巫史文化主导，周代则是礼乐文化主导。礼与文化的演进几乎同步。礼的演进产生中国古代文化的主流价值，"敬德、保民、重孝、慎罚、协和万邦，体现了中华文明历经夏、商、周一千多年甚至更久远发展所积累的政治智慧、道德观念、审美精

---

① 陈来：《中华文明的核心价值——国学流变与传统价值观》，生活·读书·新知三联书店2015年版，第41页。
② 邹昌林：《中国礼文化》，社会科学文献出版社2000年版，第19页。
③ 马作武：《先秦法律思想史》，中华书局2015年版，第15页。

神,成为此后中国文化发展的最主要的历史渊源"①。因此,李学勤先生说:"中国古代文明,经过相当漫长的酝酿和形成过程,到夏商而勃兴,至西周进一步发扬光大","周公制礼作乐,成为传统上艳称的盛世","西周的制度文化,奠定了中国传统文化的基础"。②

2. 礼是社会治理制度体系。经礼三百,曲礼三千,礼无所不包。礼是一个完整社会治理制度架构,囊括了国家、社会、宗族、家庭、个体等多个维度和多个层面,是以宗法制度为基础构建的国家治理制度和社会治理制度。西周制礼,质言之,主要是制定一个全面社会规范体系,实现制度之治的目的。礼治与礼制,相辅相成,互为基础和条件。在社会治理制度层面,宗法制、分封制、井田制以政治关系和血缘关系为主轴,在礼治思想的观照下,形成一个庞大的金字塔形的社会组织结构和精密的社会治理体系,实现了公共权力合法性和统治秩序合理性的制度化建构。分封制之等级制度,宗法制之社会制度,井田制之经济和社会制度,形成了一个完整的社会治理体制体系。"宗法制实质上是将族权与政权结为一体的等级制,为维护这一等级秩序而制定的法典制度及规定的仪式规范便称之为礼。"③ 作为国家治理制度,则是以宗法等级制度治理国家。在社会治理制度层面,周公制礼,"则以观德,德义处事,事以度功,功以食民"④。礼治是建立有德社会的保障。社会治理制度目标的实现,一定是国法、家法、宗法、祭法为一体,辅之忠、孝、德、敬和教、刑、罚等具体制度的共同作用。礼涉及政治、经济、文化、习惯、法律、伦理、宗教多个维度,作为社会的治理制度体系,"既是国家制度,又是社会行为规范的总称,还是一切制度和法规范的内在精神与价值"⑤,是以敬德为主旨,以礼制为规范,以教刑为手段,融国法、家法、族法和祭法为一体,实现国家、社会、宗族和百姓的多维治理制度体系。

---

① 陈来:《中华文明的核心价值——国学流变与传统价值观》,生活·读书·新知三联书店2015年版,第41页。
② 参阅《先秦史研究动态》1992年第2期。
③ 浦坚:《中国法制通史》第一卷,法律出版社1999年版,第372页。
④ 《左传·文公十八年》。
⑤ 俞荣根:《儒家法思想通论》,商务印书馆2018年版,第139页。

礼是多维规范体系，几乎包括了社会学上的所说的道德、民风民俗、政令制度、法律等各个层面，既包括了社会控制的制度层面，也包括非制度层面；既包括硬性的控制，也包括软性的控制。社会规范之礼，从三个向度凸显：

其一，礼是政治关系规范体系。西周中期以前，宗法制度稳固，礼仪与礼义融为一体，仪式规范更为重视，宗法制基础上的具象和具体的仪式规范在政治关系视域，主要表现为政治权力规范、政治制度规范、政治义务规范、政治责任规范。礼仪规范是平衡权力与利益关系，维护政治统治秩序的重要手段。周末，生产力发展和政治利益关系的变化，礼义成为关注重点，形式性的规范逐渐让位于统治阶级内部利益价值选择，并在君臣政治利益关系的基础上，凸显出父子、兄弟、夫妻的家庭规范体系。至春秋，礼之政治意义和行政意义凸显，礼政成为礼治的重要内容，礼成为政治规范。

其二，礼是道德规范体系。礼源于风俗习惯，是原初道德观念。西周的道德规范体系可从两个向度获得解释：建立在宗法制基础上以"孝"为中心的宗族、家族、家庭的道德规范，如父慈、子孝、兄友、弟恭，等等；体现在礼制之中，与政治、宗教、法律融为一体的道德规范。因此，礼是一体多面，礼制中最为彰显的是道德规范体系和法律规范体系，从规范体系形式、结构、属性到价值、目的和作用，道德规范体系是礼之重要构成。

其三，礼是法律规范体系。礼文化彰显始于西周，礼法时代亦始于西周。《左传》曰："礼，经国家、定社稷、序民人、利后嗣者也。"[1]其是"国之干也"[2]，天经、地义、民行，皆归于礼，礼是治国安邦和社会治理总纲和"母法"。西周"礼外无法，法在礼中"，礼具有法律规范的特征。孔子认为礼为治国之本，是法律规范体系的根本原则，故倡导"为国以礼"。荀子是儒学礼学的集大成者，他高举"隆礼重法"之大旗，以礼正国。荀子曰："国无礼则不正。礼之所以正国也，譬之犹衡之于轻重也，犹绳墨之于曲直也，犹规矩之于方圆也，既错之而人

---

[1] 《左传·隐公十一年》。
[2] 《左传·僖公十一年》。

莫之能诬也。"以礼正国，实质是礼法治国，将国家的治理纳入法律规范体系中去。另外，礼还是家族规范体系、生产规范体系、经济规范体系、交往规范体系、思想规范体系和学术规范体系。简言之，礼是多维规范体系，是国家、社会、家族和个人行为规范体系的总称，其中，道德规范体系和法律规范体系尤为重要。

五 律法与礼的文化意象

元典时期，犹太之律法与儒家之礼的比较研究，涉及多个维度和多个层面。以法律文化和伦理文化为比较视域，根据文明互鉴的平等性、交互性要求，探究二者内在伦理精神、伦理价值与外在规范形式的相似相通，有助于道德重建和价值重塑。

（一）标识性的文化符号

律法和礼是犹太文明和中华文明最重要的标识和符号。不了解律法，就无法了解犹太人、犹太历史和犹太文明，不研究礼，则无法把握中国人、中国历史和中华文明的内在气质。

律法滥觞于族长时代亚伯拉罕与上帝立约，"摩西十诫"及"律法书"主要采取上帝与以色列民族的立约方式，"摩西律法部分是祭仪或宗教习俗，部分是民法，部分是道德律法"[1]，律法条文则嵌于叙事中，表现在盟约的故事中，研究犹太律法必须追溯至摩西时代。律法是以色列先民回应民族危机、避免文明同化、实现文化整合、统一民族思想和民族意志的重要选择，是犹太民族的生存方式、生活方式和交往方式的规范化要求，"《托拉》的正典化可以说是犹太民族痛定思痛的结果，是对民族危机的一种文化反应，是对当时存在的异族文化冲击和影响的一种防卫行动。为了用律法重新整顿社会生活，规范犹太人的举止，维护犹太民族的纯洁性，以著名祭司以斯拉为首的犹太学者完成了《托

---

[1] [美]保罗·格莱姆雷·昆茨：《历史中的十诫》，甘霖译，贵州大学出版社2011年版，第7页。

拉》文本的编撰工作"①。《托拉》正典后,一直是以色列先民的根本大法和日常生活准则。因《托拉》是成文法,是"上帝话语"和上帝之道,故文本内容固定、律法一以贯之,永不改变。《托拉》的母法特性,即原则性、笼统性和简洁性,因时间推移和现实需要,释法就成为重要任务,口传律法《塔木德》就是释法最重要的成果。② 以色列先民孜孜不倦地释法,探索出多维的释法方法,形成了独特的释法传统,打通了成文律法与口传律法内部的关联,建构出一个满足时代需要的文本体系、信仰体系和精神体系。正如科恩所言:

> 犹太人必须要有一种宗教,它不仅始终要使犹太人不同于异族人,它还要恒常地提醒犹太人,他们乃是犹太民族和犹太信仰的组成部分。犹太人不单单要靠一种信条,而且还要靠一种生活方式使之与其邻人界限分明。他们的崇拜方式要与众不同,他们的家也要与众不同,即使是在日常的活动中也要有与众不同的特色以及经常不断地让他们牢记自己的犹太属性。他们生活的一枝一叶都要规范于《托拉》——摩西法典的成文律例以及这些律例在这一民族共同生活之中的进一步发展。③

律法的体系化和系统化对维系民族信仰、整合民族文化、消解多元崇拜、守护"犹太性",至关重要。犹太民族不仅需要一神信仰,而且需要一种有别于其他民族的生活方式和文化样式,而规范和引领其生活方式和文化样式只能是律法书《托拉》。中世纪犹太哲学家萨阿底认为,犹太民族是一个仅凭《托拉》而存在的民族。确立一神信仰、自觉研习《托拉》和忠于律法是犹太民族的本质规定,全部律法是保证犹太民族有别于"世界万民"重要的制度和工具。犹太民族创造了律

---

① 徐新:《犹太文化史》,北京大学出版社2011年版,第99页。
② 《塔木德》是犹太教的第一经典。犹太人中间长期流传"双托拉"之说:上帝在西东山交给摩西的《托拉》是两部,一是可以阅读、有固定文本的《托拉》——成文法;二是没有记录下来,指示口传的《托拉》——口传律法。后人对此莫衷一是。
③ 亚伯拉罕·科恩:《大众塔木德》,盖逊译,傅有德较译,山东大学出版社1998年版,第4页。

法，尊法释法重塑了犹太民族，律法之目的是"避免被同化，以抵御异族观念和习俗影响，保持自身的独立特性，乃至整个民族的文化传统"①。因此，一神教架构下的律法文化，具有强烈的封闭性和排他性，是维护犹太血统纯洁性，保持犹太文化的民族特色，拒斥异族文化反复吞噬的重要工具。"犹太人不是忠于某个世俗统治者，而是忠于一个理想、一种生活方式、一部圣书。"②《托拉》律法是铭刻犹太民族生活、宗教实践和思想观念之"纪念碑"。出埃及时期，"摩西十诫"将信仰崇拜多元、民族意识缺失、集体精神迷茫的12支派铸造成一个民族共同体；王国时期，大卫、所罗门以兴建圣殿彰显实物建筑威严，强化上帝的唯一合法性，以仪式律法调整协调南北支派之统一性的问题；波斯统治时期，饱受巴比伦异族统治之苦的希伯来人以重建圣殿作为第一要务，以恢复圣殿礼仪和编选律法作为民族复兴的首要选择，至波斯统治后期以斯拉颁布律法书，犹太民族有了自己的根本大法——摩西五经；希腊化时期，与先知书和圣书卷合并，形成《希伯来圣经》，至此律法之形式和内容更加完善。流散时期，为实现以律法和信仰统一民族意志和民族意识的目的，成为拉比和先知释法、评法的根本动力，由于《塔木德》的完成，犹太民族有了细化具体、系统全面的律法细则。成文法和口传法的一体化，令犹太民族成为一个律法民族，律法成为犹太文化的符号和犹太文明的标识。

礼是中国古代文化标识性的符号，是中华文明的核心价值之一。中国有礼仪之邦的美誉，先秦时期形成第一个高峰，其中先秦儒家功不可没。孔子曰："周监于二代，郁郁乎文哉，我从周。"③ 余敦康认为："在这种历史的追溯中，儒家学者建构了一个连续性的古史系统，形成了一个以古礼为价值取向的历史意象，整个古史系统和历史意象也就是中国史学之本，凝结成为整个民族的文化意识。"④ 前已述及，中国古文化之夏、商、周的基本逻辑理路是：巫觋文化经祭祀文化至礼乐文

---

① 梁工、赵复兴：《凤凰的再生——希腊化时期的犹太文学研究》，商务印书馆2000年版，第122页。
② 阿巴埃班：《犹太史》，闫瑞松译，中国社会科学出版社1980年版，第220页。
③ 《论语·八佾》。
④ 参阅邹昌林《中国礼文化》序二，中国社会科学文献出版社2000年版，第3页。

化。礼是三代文化的载体和表现方式，经由承续和创新，礼之内容价值和实践功能，历经古文化的沿革与淘汰，周公制礼作乐，以致成礼乐文明之统。笼而统之，中国古文化亦称礼文化。礼文化涵盖物质层面、精神层面、制度层面等多个维度，其中制度层面的文化及其价值理念，更为根本和重要。"周代制礼的核心是确立血缘与等级之间的同一秩序，由这种同一的秩序来建立社会的秩序。"① 亲亲和尊尊确立的秩序，不仅包含丰富的德治和法治思想，而且包含信仰与价值的追求。孔子直面"礼崩乐坏"之势，探究周礼的文化资源价值，开出儒家之礼学思想。

与其他文化流派一样，先秦儒家也必须思考三个问题，即礼仪本身合理性依据、礼与人的自然情感的关系、礼的价值本原追溯。孔子自称通夏、商、周之礼，熟知古礼的仪式规范，了解古礼的秩序价值和象征意义，但"到了孔子及其弟子时代，仪式背后的观念性内容的变化是很明显的，其中，最主要的是以下三点：第一，从仪礼的规则到人间的秩序，他们更注重'礼'的意义；第二，从象征的意味中，他们发展出来'名'的思想；第三，探寻仪礼的价值本原，进而寻找'仁'，即遵守秩序、尊重规则的心理与情感的基础"②。至此，礼乐由外在的形式规制化为人内心的道德准则，仁成为礼之本和人之为人的基本规定，礼的文化层面和价值层面的意义凸显出来。陈来认为："春秋后期，'礼'与'仪'的分辨越来越重要。礼与仪的分别，用传统的语言来说，就是'礼义'与'礼仪'的分别。礼仪是礼制的章节度数车旗仪典，而礼义则是指上下之纪、伦常之则，是君臣上下、夫妇内外、父子兄弟、甥舅姻亲之道所构成的伦理关系原则。"③ 先期儒家在继承夏商周三代礼学，总结春秋以降礼论的基础上，创制出具有儒家特点的礼学思想，强调礼价值的普遍性和伦理性，探求礼之内在精神和价值标准，成为礼乐文明的倡导者与实践者。礼是历代法治和伦理的价值标准，"具有全体大用和文化生命整体的特征"④，数千年中国文化的传承和延续，礼是文明的载体和标识，是文化连续性和稳定性的内在机制和外在符号。

---

① 葛兆光：《中国思想史》第一卷，复旦大学出版社2013年版，第35页。
② 葛兆光：《中国思想史》第一卷，第97页。
③ 陈来：《古代思想文化的世界》，北京大学出版社2017年版，第249页。
④ 俞荣根：《儒家法思想通论》，商务印书馆2018年版，第139页。

(二) 多维性的治理体系

律法和礼是多维性凸显的治理体系。犹太律法是维系犹太民族的一神信仰、保持犹太文化的民族特色、维系犹太社会的良性运作的宗教、法律、道德、契约、政治、文化、节日、家庭的庞杂的治理体系。律法之治亦是制度之治，根据律法的内容、演变、发展及其注释、评注等，基于治理原则、目的、手段、过程和路径分析，可梳理出两大统摄性治理体系和多种配套关联的治理体系。两大治理体系是：神人关系的治理体系和人人关系的治理体系。神人关系的治理体系是一个义务性的治理体系，是上帝对人要求的一个单向度、纵向性、不可逆的治理体系，人人关系的治理体系是权利与义务具有统一性、交互性和多向度的治理体系。附丽于两大治理体系的是多个不同领域的治理体系，其中最重要的有法律治理体系、伦理治理体系、契约治理体系、礼仪治理体系、节日治理体系、民族交往治理体系、政治治理体系、文化治理体系、经济治理体系、生态治理体系，除此之外，还有众多无法列举涉及犹太生活方方面面的微观治理体系。从"十诫"诞生至《托拉》正典，再到《塔木德》完成，以及各种释法、评注对律法的丰富完善，律法构成了比较完整系统和民族性彰显的治理体系，成为现代公共治理一个重要思想源头。以色列先民是较早发现和使用综合治理、系统治理、多层次治理的民族，是信仰之治、规范之治转化制度之治的古典代表。

礼是一个严密的制度治理体系。夏商时代，礼之德化、教化和刑罚合一，初建起多层次社会治理体系。在西周，礼制之治更加完善，礼成多维治理体系。西周之分封制、宗法制和井田制是多维治理体系，也是一个庞大的礼制体系。分封制形成了政治权力等级架构，以礼为统领，建构一个政治治理体系和行政治理体系，这是针对公权力的规范体系。宗法制形成尊尊和亲亲制度体系，主要体现宗族和家庭内的权力等级架构，以礼为核心，建构一个宗族治理体系和家族治理体系。井田制形成土地权力等级架构，以礼为统摄，建构一个农业和经济治理体系。祭祀制形成宗教权力等级架构，以礼为重点，建构一个宗教信仰治理体系。四大治理体系是礼制的中心，以此辐射和投射物质生活和精神生活的所有层面，贯通天、地、人的所有视域。政治、行政、宗教、法律、伦理、经济、军事、宗族、家庭、外交都有严格治理体系。"经历三百，曲礼三千"，大中小、左中右、全细密，制度治理体系环环相扣、节节相连、无所不包。从古至今，礼论传统，类型多样，莫衷一是。如，职务、权力、职责、考核制度等体系。

大宰之职，掌建邦之六典，以佐王治邦国：一曰治典，以经邦国，以治官府，以纪万民。二曰教典，以安邦国，以教官府，以扰万民。三曰礼典，以和邦国，以统百官，以谐万民。四曰政典，以平邦国，以正百官，以均万民。五曰刑典，以诘邦国，以刑百官，以纠万民。六曰事典，以富邦国，以任百官，以生万民。①

小宰之职，掌建邦之官刑，以治王宫之政令。凡宫之纠禁，掌邦之六典、八法、八则之贰，以逆邦国、都鄙、官府之治。执邦之九贡、九赋、九式之贰，以均财节邦用。②

乡大夫之职，各掌其乡之政教禁令。正月之吉，受教法于司徒，退而颁之于其乡吏，使各以教其所治，以考其德行，察其道艺。以岁时登其夫家之众寡，辨其可任者。国中自七尺以及六十，野自六尺以及六十有五，皆征之。其舍者，国中贵者、贤者、能者、服公事者、老者、疾者皆舍，以岁时入其书。三年则大比，考其德行、道艺，而兴贤能者，乡老及乡大夫帅其吏兴其众寡，以礼礼宾之。厥明，乡老及乡大夫、群吏献贤能之书于王，王再拜受之，登于天府，内史贰之。退而以乡射之礼五物询众庶：一曰和，二曰容，三曰主皮，四曰和容，五曰兴舞，此谓使民兴贤，出使长之；使民兴能，入使治之。岁终，则令六乡之吏，皆会政致事。正岁，令群吏考法于司徒以退，各宪之于其所治国，大询于众庶，则各帅其乡之众寡而致于朝。国有大故，则令民各守其闾，以致政令。以旌节辅令，则达之。③

---

① 《周礼·天官》。
② 《周礼·天官》。
③ 《周礼·地官》。

因此，礼是一个多维性制度治理体系。涵盖了国家、社会、宗族、家庭到政治、权力、法律、道德、教育、祭祀、军事、外交，等等，礼是一张庞大严密、无所不包的网，统摄天地人、贯通你我他、由近及远、无所不及。礼囊括了社会生活的方方面面，是一个承续创新、兼容并蓄的多维制度治理体系。

（三）全称性的文化范式

律法和礼都是全称性的文化判断。律法是一套关于犹太民族精神和行为的规范体系。但律法规范还不是现代意义的宗教戒律、法律规范、道德规范、契约规范、民间规范、经济规范和家庭规范，等等，律法与现代学科意义上的法律、伦理等也相去甚远。诸科混沌、一体多元、多规并行、规意交叉，是古犹太律法和犹太文化的基本特征。律法形式多样、内容丰富，既有成文律法和口传律法，又有信仰规范、宗教戒律、民族禁忌、民间习俗、社团规定、礼仪规范、节日规范、婚姻规范、饮食规范，还有政治关系、历史叙述、文艺诗歌、环境生态的规范，更有复杂众多的具体规定：一类是土地、经济、商贸、金融的法律规范，二类是家庭、婚姻、男人、妇女、孩子、教育、邻人的道德规范，三类是个人与社会、劳动、雇主与雇工、和睦与正义等规范，四类是仿效上帝、博爱、谦卑、慈善、诚实、宽恕、节制等规范，五类是身体保养、健康、饮食、疾病防治的规范，六类是关于魔鬼、占卜、邪恶、巫术、梦、迷信等规范，七类是诉讼程序、法庭、法官、证人、审判、惩罚方式、侵权行为、财物委托、时效权利、租赁、销售、送货、拾遗、继承等规范。因此，从古犹太文化视域观之，律法是融犹太文化、历史、法律、伦理、宗教、政治、文学、诗歌为一体、多维度、全称性的文化范式，在一定意义上，我们可以认为律法就是犹太文化的全貌。

礼是一套完整的社会生活规范体系。需要指出的是，礼不是现代意义上的宗教规范、政治规范、法律规范、道德规范、军事规范、经济规范和家族规范，多维一体、一体多面、内容交叉，是礼之规范体系的特征。对一个人而言，礼之规范之细之多，目不暇接。举凡国家、社会、宗族和个人都有规范，且规范都有特定的文化意义，礼是全称的文化判断，是物质文化与精神文化的总称，是中华文明和中国古文化独有的文化范式。

(四) 原初性的价值系统

律法和礼都是一个原初性庞大的价值系统。在伦理文化视域下，犹太律法既是犹太民族独特的道德规范体系、道德治理体系，还是犹太民族之身份认同所建构的道德价值系统和道德意义系统，其主旨是通过强制性、神圣性、形式性的规范体系，维系犹太民族的生活方式和文化样式，这个价值系统主要由信念价值、责任价值、义务价值和权利价值构成。犹太律法作为价值系统主要可分两类：一类是"存在的最终状态"；另一类是"存在的现实状态"。前者是犹太民族的生活目标，是犹太民族的终极目的价值系统；后者是行为模式，是犹太民族工具性的价值系统。终极目的价值系统通过律法观念和律法取向，创造出以色列国家、犹太民族的身份认同和文化认同。工具性的价值系统通过具体道德规范及其独特民族舆论、风俗习惯和内心信念构成的道德评价，形成一种具体化的道德认同和道德精神。

礼是中国古文化原初性的价值系统。在伦理文化视域下，礼是中国先民独特道德制度体系、道德规范体系、道德价值评价体系，还是民族文化认同、伦理认同、身份认同、精神认同所构建的道德价值系统和道德意义系统。在此意义上，礼与律法别无二致。作为原初的价值系统，礼在国家、社会、人、文化、教育、艺术、宗教等层面的内在价值意义，至关重要。礼在伦理视域，个人的道德价值与国家、社会的道德价值能否达成同向一致，教育、艺术、宗教的价值能否符合人的价值需求，也是先秦儒家所关注的重点问题。

总之，在伦理文化视域中，犹太律法与先秦儒家之礼有众多的一致和相通，两个民族的先哲很早就洞察到了律法和礼对国家和社会治理的重要作用。将伦理与信仰、法律、礼仪、契约（诚信）融为一体，伦理法律化和法律伦理化是律法和礼的重要特质。但由于两种伦理文化产生发展的社会基础、民族经历、历史渊源和文化渊源不同，律法与礼的演变、形式、内容和价值目标又有很多相异相左的地方，这正是我们比较的方向和互鉴的目的。

六 律法与礼的差异

(一) 律法和礼的性质向度不同

犹太律法文化深受两河文明的多维塑造和影响。律法文化产生和演进的过程，实质是一个和异质文化碰撞、交锋和再造的过程。两河领域之丰厚宗教、律法和伦理传统，是犹太文明及其宗教、律法和伦理的丰厚文化源泉。古埃及文明、巴比伦文明、腓尼基文明、苏美尔文明、阿卡德文明、阿摩利文明、亚述文明、波斯文明和赫梯文明，是犹太文明和律法文化的源头活水。律法之契约观念、人文关怀和习惯法的内容，大多源于西亚、北非地区的民族文化。原初性宗教是两河文明之自然观、社会观和自我观的"思想纲领"。因此，犹太律法自诞生之时，就已被打上至深的宗教烙印。

犹太律法文化深受美索不达米亚楔形文字法系的影响，以色列先民将其中的法典思想、民俗礼仪、伦理规范和"约"之传统诉诸民族性的改造和重塑，创制维系犹太民族生存与发展的律法文化，律法成为伦理一神教的核心内容。前已述及，传统犹太教认为，无论是成文律法还是口传律法都源于上帝的诫命和启示。因此，从起源来看，犹太律法实质上是以神为中心的规范体系，宗教规范是犹太律法的基础。

与律法文化一样，中国古代礼文化源于原始习俗系统，是生产方式、生活方式、习惯风俗的载体，原始宗教祭祀是礼最早的形式。古礼俗与自然、鬼魂、生殖、图腾、祖先崇拜关系密切，与原始神话、祭祀、巫术、占卜等一脉相承。原始之礼有原生性、氏族性、地域性和实用性的特征，农业祭祀意义彰显、图腾崇拜融合突出、祖先崇拜居于主导地位，祭祀天地、祖先和孝敬父母的礼仪活动最繁、最多和最细。因此，从起源上看，古礼也有宗教性。

从起源上看，律法和礼均有宗教性。犹太律法是上帝的诫命和启示，是以色列先民的信仰准则和祭祀礼仪的规范，上帝耶和华是律法的唯一本原，拒斥多元信仰和多元崇拜是律法的应有之义。礼尽管源于宗教祭祀，但古礼的起源是多元性的，多元信仰、崇拜和祭祀是礼之来源。唯一本原，决定了律法是宗教法；而多元性来源，决定了礼有向世俗规范演变的可能性。

从演变过程来看，律法书建构了宗教性、叙述性的故事系统，犹太律法历经摩西、王国、祭祀和希腊、罗马统治的一个很长时期，在漫长的民族发展中，律法始终以一神信仰为基础，律法的权威性源自上帝耶和华的权威性，律法规范的神圣性亦是上帝耶和华神圣性的表征，律法的演变过程是上帝意志普及化的过程。礼的演变从文化层面看，夏、商、周的基本逻辑理路是：巫觋文化—祭祀文化—礼乐文化。这是一个逐渐"祛魅"过程，也是一个人文主义彰显的过程。因此，从演变过程看，礼经过一个宗教性消解而世俗性上升过程，也是礼仪的宗教性和祭祀性不断瓦解的过程，特别是经孔孟荀的改造，礼演变成主要是关乎人与人关系的世俗性规范体系。

(二) 律法与礼的内容向度不同

律法是方正自洽的文化载体和制度安排。律法是宗教性制度，是宗教戒律、礼仪、法规的总和；律法是法律性制度，是宗教性法律规范和世俗性法律规范的混合，即便是立法制度、执法制度、司法制度和民间法规制度，都具有二重性；律法是宗教性道德制度，宗教性贯通民族、国家、家庭伦理之中，世俗性伦理服膺于宗教性伦理。律法促成了民族、国家、社会、家庭、"邻人"一体化的民族治理体系。在整个律法制度的内容设计和体系构造中，宗教法及其宗教性法律、道德、政治、信仰和节日居于核心地位。因此，律法是宗教法，是宗教性法律和宗教性伦理的统一，世俗性法律和世俗性伦理附属于宗教律法。

礼是圆融自洽的思想体系和制度安排。夏商周的礼文化是儒家政治、法律、伦理、制度思想的学术资源和文化土壤。礼是一个全称性、总括性的文化判断，是融宗教、哲学、政治、法律、伦理、教育、经济、管理等为一体的制度体系，就此而言，礼与律法在形式有众多相似性，内容有众多的重叠性，结构上有众多相通性。尽管古礼有宗教性的成分，甚至有氏族风俗和宗教祭祀的渊源，但西周以降，礼之宗教性下降，政治性和世俗性上升，因此，礼作为制度性安排，与律法有很多不同。礼具有强烈的政治性，是政治利益和政治权力的规范体系，礼是分封制、宗法制和井田制在国家治理制度上的反映。礼是一体多面的制度体系，礼在道德制度安排中，宗法伦理是其核心，政治伦理、宗族伦理、家庭伦理和经济伦理是宗法伦理的展开形式。礼在法律制度安排中，宗法性法律是核心，政治法、宗族法和民间习惯是表现形式。因此，在礼的内容中，宗法性伦理制度和政治性法律占有重要地位，宗法性和政治性决定了先秦儒家之礼更关注现实性和世俗性。

（三）律法与礼的制度向度不同

律法是宗教、法律、伦理和契约等构成的一体化制度治理体系。这一制度治理体系是"一轴多面"网络体系，即以"摩西十诫"为主轴，以宗教、法律、伦理、契约、政治、文化、节日、家庭等规范为不同面向，构成一个凸显宗教性、民族性、社会性的制度治理架构。基于民族性、宗教性、社会性三个向度，多个面向的制度体系可归纳为纵向与横向两大制度体系，即神人关系和人人关系的制度治理体系。前者是一个义务性治理体系，是一个单向度、纵向性、不可逆的治理体系；后者是一个凸显权利与义务之统一性、交互性和多向性的治理体系。附丽于两大治理体系之上的是多维度、多向度的中观和微观治理体系。

礼是一个政治、法律、道德、教育、祭祀、军事、外交等多维性制度治理体系，是一张庞大严密、包罗万象的治理网络，涵盖天地人，涉及你我他，由近及远、无所不及，囊括社会生活的方方面面，是承续创新、兼容并蓄的多维度治理体系。多维度治理体系主要以分封制、宗法制和井田制为基础，以政治关系和血缘关系为纽带，以实现国家有效治理为主旨，以保证社会的良性运作为目的。礼制还是一个金字塔形的社会组织结构和精密社会治理体系，是公共权力合法性和宗法等级秩序合理性的制度治理体系。与犹太律法民族性和宗教性相比，礼之政治制度体系和宗法制度体系更为主要和根本。因此，礼是政治性和宗法性凸显的治理体系。

（四）律法与礼的价值向度不同

律法是民族性和宗教性的道德规范和法律规范体系，是实现犹太民族身份认同所建构的道德价值系统和道德意义系统。神圣性、强制性和制度性的规范体系是其外在形式，信念价值、责任价值、义务价值和权利价值的价值系统是其内在本质精神。律法是伦理一神教的制度化象征,维系民族一神信仰和民族文化统一,抵御外来信仰和文化的侵蚀,则是其主要价值追求。古犹太民族是一个游牧性、流散性和迁徙性的民族,必须有民族宗教和民族律法,尚能维系犹太民族的共同心理、共同文化、共同价值和共同精神。古犹太民族还是一个土地忧患意识凸显和商业文明浸淫最早的民族,平等、公义和公正的律法制度是调节民族内部利益关系和对外商贸利益关系的根本保证,律法既是"精神之墙"和"文化隔都",也是契约意义的制度规范。因此,就价值向度而言,维系犹太民族的身份认同、民族认同和文化认同,恪守平等、公义、公正的法律、道德和契约之精神,是犹太律法的价值所在。

礼是政治性和宗法性彰显的道德规范和法律规范体系。礼具有神圣性、强制性和制度性特征,是文化、心理、身份、精神认同的价值系统和意义系统。因此,礼与律法有相通性。先秦时期,中国是以农业立国,周代以降,农业成为中原诸侯各国经济生产活动的中心内容。农耕文化以国家、土地、家庭(宗族)为建构基础,礼围绕宗法关系,即政治关系和血缘关系设计,在国家认同和宗族认同基础上,形成的家国一体的文化认同,则是其主要价值目标追求。礼制体系是一个等级森严的金字塔形的治理体系,礼制和礼治具有强烈的等级性和阶级性,故有"礼不下庶人、刑不上大夫"的价值标准。

综上所述,律法和礼均为外在的规范系统和内在的价值系统相统一的文化治理系统和制度治理系统。律法以游牧、流散和迁移为基础,礼以稳定的农耕文化为基础;律法是次生性的文化系统和治理体系,礼是原生性的文化系统和治理体系;律法是民族性和宗教性凸显的规范体系,礼是政治性和宗法性凸显的规范体系;律法是消解等级,追求公平、公义和公正的治理体系,礼则是维系政治权和宗法权的等级治理体系;律法以神人关系为主轴,律法之治是神治,礼以家国关系为主轴,礼治主要是人治。

第四章
契约与伦理

契约论是犹太伦理的核心观念和重要特征，这种源于古埃及、盛行于两河地区、为以色列先民重塑而成的契约论，是宗教契约论抑或恩典契约论的典型代表。中国是契约发端和盛行最早的国家之一，契约之文化、思想、伦理、法治的氤氲变化具有独特内涵和特征。犹太契约论强调上帝与人、人与人之间法定"约"的关系，先秦儒家契约思想凸显的是人与人、群体与群体之间各种约定关系。犹太民族以契约而非血缘为根据构建民族共同体，以神的恩典为根本护佑民族的生存发展；中华民族祖先以血缘而非契约构建民族共同体，以君父养育为源泉保障家国的生存发展。从两种契约观及其伦理的产生条件、历史背景和演变过程出发，研究二者的基本特征和基本内涵，有助于把握两种伦理流变的内在品质和互鉴价值，获得建构现代契约伦理的重要道德资源。

一　律法之契约思想

希伯来语之"berit"代表"约"一词，其词源厘定，莫衷一是。现在通用英语"Covenant"一词表示上帝与以色列先民订立"圣约"或"契约"，一般认为"约"是对缔约双方或多方有约束力的制度安排。详而言之，对以色列先民而言，"约"是一种普及化制度安排和行为规范模式；就立约的主体而言，有人人立约、神人立约、民族立约、国家立约、王民立约和父子立约，甚至有人与动物立约，"约"贯通神人关系和人人关系不同维度，是以色列先民宗教生活和社会生活的重要样式和文化载体，神人立约是以色列先民契约观及其伦理的"主轴"，其他多维之"约"皆是"圣约"的具体延展和表现形式。契约观念是贯穿犹太伦理一神教的核心观念之一，契约伦理化和伦理契约化是犹太伦理的重要特征。

(一) 犹太契约的来源和形式

首先，犹太契约观念深受美索不达美亚的契约传统的影响。上古时期，近东地区的"约"观念比比皆是，族与族、人与人为了土地、贸易和商品交换的安全与便利，很早就以"约"的形式进行规制，该地区的苏美尔人、乌加里特人、赫梯人、马里人、亚述人、巴比伦人，等等，均有立约的习俗，"契约最初是没有文字记载的社会中人们所作的口头协定，约的双方往往通过某种祝福或诅咒，或某种仪式，在见证人面前就履行协定的内容与义务达成一致。人们普遍相信，借助契约，违约者将受到报应，因为人的话语，他们所作的口头诅咒，正像巫术中的诅咒一样，具有现实化的力量，何况如果立约的一方是神祇的话，神的言语（word）更是人类所不可抗拒的。因此，契约将立约的双方约束在一起，这双方既可以是社会意义上的人与人，也可以是宗教意义上的神与人"[①]。借助"神的言语"和诅咒的恐惧实现立约的目的，是近东地区"约"的重要特征，也是神人立约的原型。

其次，"约"是义务和权利关系的最初形式，是人类契约伦理关系的源头。以色列先民基于民族需要对美索不达美亚的契约思想及其伦理诉诸民族性的重塑，建构出独特的神人立约形式，形成了犹太民族独特契约观和契约伦理观。以"摩西十诫"为核心的犹太律法，是以神人立约形式，实现宗教、契约和律法内外一致，圣约是宗教律法的外在承载形式，律法是宗教圣约的内在价值和基本内容。

再次，古代近东地区"约"关系还有一个重要向度，即人人立约，主要包括部落、民族、国家和家庭的立约。民间性的契约，如部落和家

---

① 黄天海等：《摩西法律的契约形式和以律法为核心的希伯来宗教》，《世界宗教研究》2002年第3期。

庭，往往用具体的"动物"为祭牲，或者以某种奇石和古树为见证物；民族和国家契约更多类似中国先秦时期的"盟约"和"誓约"，具有军事性和政治性特征。最具代表性的是宗主国和附属国之间的契约，如赫梯人与附属国之间的"约"即属于盟约之"约"。一个"约"主要包括序言、历史追溯、条款、立约见证者、诅咒和祝福规定、约书收藏的地方。因此，在古代近东地区，"约"关系向度有多种类型和多种形式。

"约"之诅咒和祝福形式、约柜、立约见证者，等等，在《希伯来圣经》中多处可见，以色列先民"约"的思想，深受古代近东"约"的习俗和观念的影响。但与古代近东地区"约"的思想不同的是，以色列先民用"约"来定义上帝与人之间的特殊关系，"约"的观念形态在传统犹太教中"主要指上帝与人之间订立的协议"[①]，"一种对缔约双方都是有约束力的安排"[②]。

最后，在古犹太教体系中，上帝与犹太人立约最重要标志是"割礼"，最重要的仪式是"献祭"。

> 亚伯兰年九十岁的时候，耶和华向他显现，对他说"我是全能的上帝，你当在我面前作完全人，我就与你立约，使你的后裔极其繁多。"亚伯兰俯伏在地；上帝又对他说："我与你立约，你要作多国的父。从此以后，你的名不再叫亚伯兰，要叫亚伯拉罕，因为我已立你作多国的父，我必使你的后裔极其繁多，国度从你而立，君王从你而出。我要与你并你世世代代的后裔坚立我的约，作为永远的约，是要作你和你后裔的神。我要将你现在寄居的地，就是迦南全地，赐给你和你的后裔永远为业，我也必作他们的上帝。"
>
> 上帝又对亚伯拉罕说："你和你的后裔必世世代代遵守我们的约。你们所有的男子都要受割礼。这就是我与你并你的后裔所立的约，是你们所应当遵守的。你们都要受割礼，这是我与你们立约的

---

① 宋立宏、孟振华：《犹太教基本概念》，江苏人民出版社2013年版，第54页。
② 徐新：《犹太文化史》，北京大学出版社2006年版，第79页。

证据。你们世世代代的男子，无论是家里生的，是你后裔之外用银子从外人买的，生下来第八日，都要受割礼。你家里生的和你用银子买的，都必须受割礼。这样，我的约就立在你们肉体上，作为永远的约。但不受割礼的男子，必从民中剪除，因他背了我的约。"①

这是上帝耶和华与亚伯拉罕之约，割礼是立约的标记，上帝的责任和义务是：后裔极其繁多、成为大国、赐土地、万族得福，等等。亚伯拉罕及后裔的责任和义务是：尊上帝为唯一神、世代遵守契约、男子受割礼、不受割礼要遭驱逐，等等。如刘洪一所言："为了证明上帝对希伯来民族的特殊眷顾和上帝与希伯来人相互订约的密切关系，割礼便被希伯来人赋予了非同寻常的神圣意义，即作为上帝与之订约的标志，而这个标志又恰恰是希伯来人的生命与生殖的关键所在，足见其意义的重要。"②

割礼是上帝与以色列先民建构契约关系的象征和标志，是犹太民族区别于其他民族的永久标识。就文化意义来看，它作为文化习俗已植根于以色列先民的血液之中，将以色列之"约"与古代近东其他民族之"约"做了鲜明区分。作为神人立约标志，割礼最根本的意义和价值在于，犹太民族以整体性的承诺方式完成世代履约的律法约束，凸显出民族文化和民族伦理之凝聚力和向心力，并将割礼之文化标识固化入宗教文化结构之中，成为犹太民族绵延发展的"种族密码"和"文化基因"，割礼实现了由肉体卫生到心灵精神的深度塑造、肉体圣洁到信仰忠诚的文化转变、信仰形式和信仰内容的律法整合。因此，割礼是神人立约和人获得种族身份的标志和象征，神具有唯一性，而人具有整体性，是唯一性的神和整体性的民族形成的一种独有的民族文化标识。

除"割礼"标识之外，以色列先民的立约还借鉴了古代近东的立约仪式，并进行了民族性和宗教性的改造。献祭是立约最主要的仪式，起誓、祝福、诅咒、见证人，甚至饭菜、洒血，等等，都是立约的形式和表达方式。献祭有燔祭、素祭、平安祭、赎罪祭、赎愆祭。

---

① 《圣经·创世记》17：2－14。
② 刘洪一：《犹太文化要义》，商务印书馆 2004 年版，第 52 页。

《希伯来圣经》中还有众多立约的记载和描写,如伊甸园立约、亚当立约、挪亚立约、摩西立约,等等,其中最重要的是上帝与摩西立约。

上帝晓谕摩西说:"我是耶和华。我从前向亚伯拉罕、以撒、雅格显现为全能的上帝;至于我名耶和华,他们未曾知道。我与他们坚定所立的约,要把他们寄居的迦南地赐给他们。我也听见以色列人被埃及人苦待的哀声,我也纪念我的约。所以你要对以色列人说:'我是耶和华;我要用伸出来的臂膀重重地刑罚埃及人,救赎你们脱离他们的重担,不做他们的苦工。我要以你们为我的百姓,我也做你们的上帝,你们要知道我是耶和华——你们的上帝,是救你们脱离埃及人之重担的。我起誓应许给亚伯拉罕、以撒、雅格的那地,我要把你们领进去,将那地赐给你们为业,我是耶和华。'"[①]

我是耶和华——你的上帝,曾将你从埃及地为奴之家领出来。除了我以外,你不可有别的神。

不可为自己雕刻偶像,也不可做什么形象,仿佛上天、下地和地底下、水中百物,不可跪拜那些像,也不可事奉它,因为我是耶和华——你的上帝是忌邪的神。……爱我、守我的诫命的,我必向他们发慈爱,直到千代。

不可妄称耶和华——你上帝的名;因为妄称耶和华名的,耶和华必不以他为无罪。

当纪念安息日,守为圣日。

当孝敬父母,使你的日子,在耶和华——你上帝赐你的地上,得以长久。

不可杀人。

不可奸淫。

不可偷盗。

不可作假证陷害人。

---

① 《圣经·出埃及记》6:2—8。

不可贪恋人的房屋,也不可贪恋人的妻子、仆婢、牛驴,并他一切所有的。①

上帝与摩西立约是以色列先民众多"约"的总纲和核心,安息日是立约标识并成为犹太人最为重要的宗教文化习俗。上帝与摩西立约的同时,也赐给以色列先民之圣律与从违的赏罚制度。以色列先民遵守显神公义旨意的诫命和管理社会生活的律法和道德,构成一个完整的诫命和律法系统,凸显出神人契约和人人契约的伦理关系。

(二) 犹太契约伦理

首先,《希伯来圣经》中"约"之伦理是恩典式的契约伦理。"约"首先表现为上帝之道,是上帝耶和华现身后亲自与以色列人订立的"约"。上帝拣选以色列人为子民,首先与之立约,并承诺恩赐、祝福以色列人,由此构成一种特殊互动关系。立约是上帝主动或单方面的选择,具有唯一性和无条件性。但实现"约"之目的则需要神人双方同心协力。因为上帝拣选以色列人,归根结底是因为上帝爱以色列人,显然这是一种恩典式的契约伦理关系。作为立约的以色列人,必须承担"约"赋予的道德责任,拣选是降大任于斯人斯族,守约则能获得圣洁和荣耀,而非一种特殊的权利。反之,违背"约"之约定,则会招致上帝的惩罚,蒙受更多苦难。

神人立约而形成的契约伦理关系打破了宿命伦理传统的桎梏,形成一种崭新双向互动的伦理关系,以及一种违约与遵约的道德评价关系和善恶评价关系。神人契约伦理的架构中,上帝具有特选的道德自由,以色列人亦有道德选择的自由,遵约绝非消极被动的选择。因此,神人契约伦理就实质而言是在恩典关系之下,双方相互需要而进行的道德选择。上帝是按照圣洁国度、特选子民和普世性恩典进行道德选择,而以色列先民是基于蒙恩救赎、获得护佑、追求圣洁进行道德选择。如徐新先生所言,神人关系"不再是无可奈何的关系,而是一种互利互助、

---

① 《圣经·出埃及记》20:1-17。

互有义务的双向选择关系"①。"约"是形式化、外在化和强制性之神人关系的规制,但"约"还蕴含着一种道德理念,即道德选择的交互性和选择结果的责任性。这种早期的神人契约伦理是人类制度伦理、信念伦理的雏形。

其次,《希伯来圣经》中"约"之伦理是一种独特的民族伦理。"约"是整个犹太民族与上帝耶和华建构的宗教伦理关系,神启示的人和特选的人,都是整个犹太民族,而非每个独立的个体。契约和律法的践行必须是民族性的,否则上帝依约而诺的圣洁国度、特选子民和普世性恩典就难以实现,而以色列人蒙恩救赎、追求圣洁的道德选择就失去了普及化的意义和价值。亚伯拉罕与上帝立约形成了神人之间特殊的关系,西奈山立约是摩西代表整个民族与上帝立约,而不仅仅是摩西本人。因此,"约"是集体性和民族性的道德选择和道德责任,正是这种民族性令犹太民族成为一个富有道德凝聚力的宗教团体。契约观念不是以色列先民独创,契约伦理亦非犹太民族独有,真正使犹太民族成为契约民族,犹太伦理凸显契约特性的,是以色列先民与上帝耶和华集体立约,并令契约关系伦理化和法律化,是摩西等将"这种流行于游牧民族之间的立约方式套用延伸到人神之间",以此从行为约定的层面上确保整个群体对耶和华一神的信仰和崇拜。②

再次,《希伯来圣经》中"约"是现实社会生活的伦理、法律关系反映。"约"的形式和类型深受古代近东地区影响,在神人立约的宗教架构下,普及化的是人与人立约、个体与群体立约、民族与民族立约,等等。"约"的形式繁多、类型复杂、仪式各异、献祭多样,立约有上帝耶和华主导型的,有个体、家族、国家、民族主导型的。应特别指出的是,《希伯来圣经》中众多复杂的人与人立约的描述和记载,涉及约的形式和类型,这类立约主旨是维系社会秩序的良性运作和各类商业交往的有序进行,是以色列先民以契约、律法和伦理等手段和方式,调节和规制在社会和经济交往中各种利益关系的重要探索。此类立约在《希伯来圣经》中比比皆是。

---

① 徐新:《犹太文化史》,北京大学出版社2011年版,第80页。
② 黄天海:《希腊化时期的犹太思想》,第78—79页。

亚伯拉罕与亚比米勒立约。亚比米勒因自己仆人霸占他人水井,遭到亚伯拉罕指责,最后和解立约,形成了"我怎样厚待了你,你也照样厚待我"①的起誓。这实际是土地抑或所有物的契约。

雅格与拉班立约。作为父亲拉班以神的名义与女婿立约,"愿耶和华在你我中间鉴察,你若苦待我女儿,又在我的女儿以外另娶妻,虽没人知道,却有神在中间作见证"②。这实际是最早的婚约,是规制和调节婚姻关系的。

亚伯兰与亚摩利人为结盟而立约,此类立约主要是族与族的立约,是处理民族内外各种利益关系的。这类约有起誓、盟誓的特征,具有民族伦理的特点。③

约书亚与基遍人讲和立约。④ 基遍人设计骗获约书亚信任并立约,被识破后,约书亚以神耶和华为主导,与基遍人立约讲和,这是早期的区域民族契约。

由此可见,"约"在横向关系上,主要体现为人人立约,涉及族族、民民以及国家和家庭关系,"指个人、民族、国家之间建立特殊关系、彼此承担义务的盟约"⑤。契约主要是明晰立约双方的责权利,是一种类似私人关系的象征,契约明确制定了双方之承诺和义务,因神具有至高权威并成为双方的中保,故此,人人契约就被赋予了一种不可违背的神圣性。

总之,以色列先民赋予契约以特殊伦理关系,神人之约及其特殊"选民"民族性互动伦理关系,凸显出犹太契约伦理及其道德评价的特殊性。基于神人立约架构,人人之间、人族之间、族族之间也是特殊伦理关系,人人、人族、族族之间的契约伦理是神人契约伦理的延伸和独特表达形式。神人契约伦理本是人人契约伦理宗教化的反映和表现,却因认知能力局限和宗教信仰驱使,人人契约伦理观念被异化为神人契约伦理观念。由此可见,犹太伦理是典型的恩典契约伦理。

---

① 《圣经·创世记》21,22,31。
② 《圣经·创世记》31:43-55。
③ 《圣经·创世记》14:13。
④ 《圣经·约书亚记》9:15。
⑤ 周燮藩:《犹太教小辞典》,上海辞书出版社2004年版,第233页。

最后，契约伦理律法化特征彰显。犹太民族有契约和律法民族的美誉。犹太教强调"约"的重要性，人之所以存在，是与上帝签订契约之故，犹太民族因约而成，因约而强，因约而明，约被图腾化和神圣化。《希伯来圣经》中在众多违约受罚的记载，令神人伦理和人人伦理律法化了。以色列先民之所以将契约作为立族之道，是因近东地区商贸交往中存在的众多物质性利益的冲突，既需要契约方面的约束，也需要道德方面的规范，更需要宗教律法的规制。一个弱小民族要立足近东，契约是第一选择，将上帝作为契约的主导方，有助于凝聚民族力量对抗异族的侵略。契约伦理律法化是源于学习借鉴两河流域律法观念和自觉从事律法设计和建设的需要。契约伦理因形式和内容上具有高超的信仰暗示和实际规范之效，强烈影响和左右着犹太人的宗教社会生活。犹太契约伦理追求的是形式上的完备性和内容上的公正性，正好同人类道德规范形式性的要求相吻合，内容公正性与人类伦理追求的主旨相一致。

二 礼之契约思想

中国是契约文化、思想、伦理、法治产生最早的国家之一。先秦儒家以血缘而非契约构建民族共同体，以君父养育为源泉保障家国的生存发展。

（一）先秦时期契约的形式与特征

先秦时期以农耕文化为主，黄河和长江两大流域是农耕民族绵延发展的双轴，土地是最重要的生存条件，久居土地、繁衍生息，必须处理各种利益关系，如生产、交换、借贷、商贸关系和政治、民族、宗族关系，产生了众多社会、民间和民族关系的约定，这是契约发展的原初形式。先秦时期，是儒家契约的初创阶段，众多契约思想、观念和制度，与其他规约混同杂糅，有的属于礼文化的一部分，有的属于民族盟约的一部分，有的属于民间规约的一部分，而且散见于不同的文献之中。

西周时期，契约称之为"傅别""书契""质剂""约剂""盟约"，等等。最常见的契约有交换契约、买卖契约、租赁契约、租借契约、借贷契约、国家盟约和民族盟约。这些契约在西周时期，都被纳入"礼"制范畴。《周礼》记载：

> 司约掌邦国及万民之约剂。治神之约为上，治民之约次之，治地之约次之，治功之约次之，治器之约次之，治挚之约次之。凡大约剂书于宗彝，小约剂书于丹图。若有讼者，则珥而辟藏，其不信者服墨刑。若大乱，则六官辟藏，其不信者杀。司盟掌盟载之法。凡邦国有疑，会同，则掌其盟约之载，及其礼仪。北面诏明神，既盟，则贰之。盟万民之犯命者，诅其不信者，亦如之。凡民之有约剂者，其贰在司盟。有狱讼者，则使之盟诅。凡盟诅，各以其地域之众庶，共其牲而致焉。既盟，则为司盟共祈酒脯。①

《周礼》有治神、治民、治地、治功、治器、治挚等契约，可分为两类：一类是邦国之大约，是邦国、民族间的盟约，政治性、民族性、礼仪性凸显；另一类是民间之小约，亦即民间私约和万民之约，涉及社会经济关系多个维度，主要包括交换契约、买卖契约、租赁契约、租借契约、借贷契约，等等。

邦国之大约主要表现为盟誓形式，是邦国之间为军事和政治利益形成的契约关系，盟誓之礼仪制度至春秋中后期，生发出以"信"德为特征的契约伦理。

首先，盟约源自盟誓制度。盟誓制度何时发端，学界分歧较大。或认为夏商已有盟誓制度，或认为西周盟誓制度比较完善，或认为春秋时期出现盟誓行为。我们认为，盟誓制度产生发展与礼文化一样，也经历一个长期嬗变的过程。春秋之前，"盟""誓"分而用之。"盟"最早是指氏族部落以"盟"为"合"，以"盟"为仪式，为部落共同利益暂时或长期联合，尽管有时有盟主，但参盟的部落基本是平等的。甲骨文和金文之"盟"，有事奉神明和祭祀神明之义。因此，"盟"就是以"神"中保，歃血为证，构建的军事和政治共同体。西周时期，"盟"从属于礼，属祭祀仪式，结盟是一种制度性礼仪行为，周天子赐专人主

---

① 《周礼·秋官》。

持盟约，以发誓取信神祇，以神明彰显盟约的强大约束力，保证盟约方必须主动履约。"誓"多见于西周晚期铜器铭文，与法律诉讼有关，有发誓、立誓、誓言之义。春秋时期，作为祭祀礼仪的"盟"及其誓言，非但没有削弱，反而得到强化。

其次，盟约是政治契约伦理规范。西周后期，王权旁落，诸侯蜂起，卿大夫执命，以"礼"为基的"盟"与"誓"的制度，由祭祀仪式演变为特有政治关系规范，祭祀礼仪活动演变为政治结盟活动。与此同时，祭祀伦理演变为政治契约伦理。春秋初期，盟约双方或多方政治关系和契约伦理是平等的，盟是非固定的军事同盟，没有明确政治诉求，没有长期共同目的。而春秋中叶以后，经济和军事力量强大盟主主"盟"成为常态，盟主与加盟国的政治关系不再是平等关系，在一定程度上是弱国依附盟主的政治关系。

再次，盟约是特殊的政治现象。春秋中晚期，政在家门，卿大夫专权，诸侯之间、卿大夫之间盟约盛行，盟约由凸显政治性转而凸显一体化的政治性、社会性和家族性，大宗私家与宗族盟约成为维系社会运作的制度体系，盟由政治契约伦理拓展至社会的不同层面，"侯马盟书"和"温县盟书"是大宗私家与宗族盟约的典型代表。

最后，盟约萌生出信用伦理。春秋时期，是经济、社会、文化大动荡和大交流的时期，盟约的祭祀的形式价值逐渐让位于重人事的实际价值。盟誓制度萌发出信用思想，政治伦理演变出契约伦理和信用伦理，经先秦儒家的改造，成为重要政治、经济、社会道德范畴和伦理精神。"中国古代'信'观念始于政治盟约。有所约定而要采取盟誓方式，反映人们对约定的可信性即'信用'有着迫切要求。人有信用，这种品德称为'信'。春秋之时，'信'倍受推崇和重视。这是大异于西周而与盟誓的普及相一致的。"① 春秋时期，礼崩乐坏，众多权利与义务只能依靠约定和信义，而再不能纯粹诉诸礼法，盟誓之信由军事同盟规范演变成一种社会行为规范，由政治契约伦理演变成社会契约伦理，礼的某些功用让位于信的品德与规范，成为维系社会正常运作的权利、义务和责任的伦理观照。

---

① 浦坚：《中国法制通史》第 1 卷，法律出版社 1999 年版，第 433 页。

第四章 契约与伦理

礼仪之民间小约,主要以土地和商贸为主要对象,涉及交换契约、买卖契约、租赁契约、租借契约、借贷契约,等等。《周礼》曰:

> 以官府之八成经邦治:一曰听政役以比居,二曰听师田以简稽,三曰听闾里以版图,四曰听称责以傅别,五曰听禄位以礼命,六曰听取予以书契,七曰听卖买以质剂,八曰听出入以要会。以听官府之六计弊群吏之治:一曰廉善,二曰廉能,三曰廉敬,四曰廉正,五曰廉法,六曰廉辨。①

> 质人掌成市之货贿、人民、牛马、兵器、车辇、珍异。凡卖儥者质剂焉,大市以质,小市以剂。掌稽市之书契,同其度量,壹其淳制,巡而考之。犯禁者,举而罚之。凡治质剂者,国中一旬,郊二旬,野三旬,都三月,邦国期。期内听,期外不听。②

西周时期,关于所有权的转让有多种形式,如买卖、交换、赠与、陪嫁,等等,设专职官员(司市和质人)等,负责商品交换和买卖行为形成的所有权转让事宜,特别是负责大宗商品交换、买卖、赠与等契约签订和监督,并对所有权抛弃、所有权消灭、所有权主体消灭、所有权转移、所有权保护等民事权利进行契约保护。《周礼》中"傅别""书契""质剂""约剂"等,都有契约之义。

交换契约是先秦时期最为常见的民间小约,是早期商品交换的主要形式。主要以物物交换为主,一个契约行为完成主要是双方当事人为满足自身需要,基于公平要求,以自己有价值的物品换取对方有价值的物品的过程。这类契约可能是口头性的,如小宗商品的一次性交易;也可能是书面性的,如大宗商品的较长时间交易。交换契约的法律后果是移交和交换财产的所有权,其伦理后果是实现交换的公平和公正。等价性、承诺性和有偿性是交换契约的特征,这种交换性的契约既是法律性关系,也是伦理性关系,质言之,是一种契约性伦理关系。《五祀卫

---

① 《周礼·天官》。
② 《周礼·地官》。

鼎》《九年卫鼎》记载的就是此类交换契约。西周时期交换契约普遍流行，"这是一种以物易物的交易活动，交换的标的有土地、奴隶、车马及贵重物品，公田交换要报官方，以保证国家对契约的干预。私田及非重要动产的交换，自行其是。要物交换要成书面契约。交换契约是双务性的，立约双方均可成为债权人，亦对对方负有债务。交换契约以标的物的交换而成立，交换之后，所有权人的所有权亦发生变革。交换契约也可以是混合契约或主从式契约"①。

买卖契约西周中后期并不少见。"凡卖儥者质剂焉，大市以质，小市以剂。掌稽市之书契，同其度量，壹其淳制，巡而考之。犯禁者，举而罚之。"②足见当时买卖契约的概况。西周中后期，买卖契约主要有口头契约和书面契约。无论是口头契约还是书面契约，都要有中保人。根据买卖双方意愿，以双方协商为基础，以中保人担保或者鉴定为要件，以标的物和买卖的协议价格为契约主要内容，以签字画押为主要形式，有时还要进行发誓。契约文书买卖双方各持一份，特殊情况中保人也要保留一份。契约发生纠纷，案小由中保人调节，案大由质人判定。西周时期的契约具有法律效力，买卖双方必须遵守契约约定，违约将受到法律制裁，无外在抗力破坏，法律会严格保障契约行为的完成。

除了交换契约和买卖契约之外，西周时期的租赁契约、租借契约、借贷契约和委托保管契约也较为盛行。之所以契约在西周时期发展到很高水平，重要的原因是分封制和宗法制导致的生产力发展，生产力和经济发展令交换关系、买卖关系、借贷租赁关系异常活跃，要维系社会经济有效运作，调节生产关系中矛盾，契约是一种很好的办法。契约不仅具有法律效力，还有道德规范功能。因为违约既要受到法律制裁，还要受到道德谴责。因此，西周中后期的契约关系既是一种法律关系，也是一种伦理关系，因受农耕文化及其宗法制度的影响，其伦理规范的价值远大于法律效力。

---

① 浦坚：《中国法制通史》第1卷，法律出版社1999年版，第264页。
② 《周礼·地官》。

(二) 先期儒家契约伦理

西周时期契约伦理基本沿着两个向度展开,一是基于军事和政治盟誓制度产生的政治契约伦理;二是基于生产力发展产生的民间契约伦理,亦即经济契约伦理。由于周代的契约伦理基础是宗法等级制度,因此礼制架构下契约制度,是契约礼仪化和契约伦理化。西周契约伦理是奴隶主贵族宗法伦理的直接反映,是为巩固宗法制度而设立的,是在宗法等级制度基础上,形成的维系宗法等级统治的契约伦理和契约道德规范。

首先,先秦儒家契约伦理是礼制的重要部分和礼治的重要手段。礼是先秦时期普及化的社会治理体系和国家规制体系,契约是调节邦国之间各种军事、政治关系的重要制度安排,是礼制的基本要求。这种调整邦国之间军事政治关系的契约,既是政治化的盟约,也是政治化的契约,蕴含其中的精神是法律精神和伦理精神。这种政治化的盟约或契约,实质而言,则是政治契约伦理。契约还是调节民间关系的制度安排,也是宗法礼制的重要内容。这种调节民间经济关系的契约,主要体现为经济利益层面,实则是一种经济契约伦理。无论是政治契约伦理还是经济契约伦理,都是礼制治理体系的重要部分,是实现礼治的重要手段。

其次,先秦儒家契约伦理是政治伦理和宗法伦理的重要表现形式。西周以来,伦理思想和道德规范在社会关系中地位凸显,周代的道德规范,如父慈、子孝、兄友、弟恭,是对宗法关系之纵横两个向度的伦理概括,是亲亲、尊尊原则的伦理反映。尊尊关系基本为纵向展开,是政治契约伦理的反映,而亲亲基本为横向展开,多是宗法契约伦理(家庭宗族伦理)的反映。在此基础上,形成了基于宗法等级制度的各种经济关系的制度安排,即处理经济关系的契约伦理。

最后,先秦儒家契约伦理主要体现为仁、礼、和、诚、信等道德规范。孔子既"贵仁"[①],又力主恢复周礼,其伦理思想以"仁—礼"为基本架构。仁作为春秋以来新的伦理思想,经孔子创新发展,被赋予了

---

① 《吕氏春秋·不二》。

新的伦理内涵和伦理价值，凸显出孔子伦理思想的根本特性和核心内涵。周代以来，礼制下契约关系演变成仁者爱人关系，契约伦理演变成"爱亲"到"爱人"推至"泛爱众"的普及化的信念和制度伦理。孔子曰："道之以政，齐之以刑，民免而无耻；道之以德，齐之以礼，有耻且格。"① 孟子曰："徒善，不足以为政；徒法，不能以自行。"② 孔、孟在政与刑、礼与法、道与德的关系维度，思考社会有效运作中的各种关系，契约关系更多地从属于当时政治关系和宗法关系，契约伦理从属于政治伦理和宗法伦理。孔、孟、荀伦理思想之诚、信、和的思想，则将周代以来的契约伦理儒家化。孔子曰："礼之用，和为贵。"③ 荀子曰：

> 以类行杂，以一行万。始则终，终则始，若环之无端也，舍是而天下以衰矣。天地者，生之始也；礼义者，治之始也；君子者，礼义之始也；为之，贯之，积重之，致好之者，君子之始也。故天地生君子，君子理天地；君子者，天地之参也，万物之总也，民之父母也。无君子，则天地不理，礼义无统，上无君师，下无父子，夫是之谓至乱。君臣、父子、兄弟、夫妇，始则终，终则始，与天地同理，与万世同久，夫是之谓大本。故丧祭、朝聘、师旅一也；贵贱、杀生、与夺一也；君君、臣臣、父父、子子、兄兄、弟弟一也；农农、士士、工工、商商一也。④

荀子认为，礼是普遍化制度规范，贯通天地人，涉及你我他，包括君君、臣臣、父父、子子、兄兄、弟弟、农农、士士、工工、商商等所有层面。调节政治关系和社会关系必须遵循礼之道。"故公平者，听之衡也；中和者，听之绳也。其有法者以法行，无法者以类举，听之尽也。"⑤

---

① 《论语·为政》。
② 《孟子·离娄上》。
③ 《论语·学而》。
④ 《荀子·王制》
⑤ 《荀子·王制》。

第四章 契约与伦理

故人生不能无群，群而无分则争，争则乱，乱则离，离则弱，弱则不能胜物；故宫室不可得而居也，不可少顷舍礼义之谓也。能以事亲谓之孝，能以事兄谓之弟，能以事上谓之顺，能以使下谓之君。①

水火有气而无生，草木有生而无知，禽兽有知而无义，人有气、有生、有知，亦且有义，故最为天下贵也。力不若牛，走不若马，而牛马为用，何也？曰：人能群，彼不能群也。人何以能群？曰：分。分何以能行？曰：义。故义以分则和，和则一，一则多力，多力则强，强则胜物。②

因此，先秦儒家将"中和"作为构建契约关系的基本条件，将"中和"作为契约伦理的重要内容和基本规范。"中和"是契约双方订立契约内在精神，失去"中和"，契约将不复存在。同时，要履行和遵守契约，立约双方应以礼为纲，以诚和信为基本品德。《礼记》曰：

在下位不获乎上，民不可得而治矣。获乎上有道，不信乎朋友，不获乎上矣；信乎朋友有道，不顺乎亲，不信乎朋友矣；顺乎亲有道，反诸身不诚，不顺乎亲矣；诚身有道，不明乎善，不诚乎身矣。诚者，天之道也；诚之者，人之道也。诚者不勉而中，不思而得，从容中道，圣人也。诚之者，择善而固执之者也。③

自诚明谓之性。自明诚谓之教。诚则明矣，明则诚矣。唯天下至诚，为能尽其性；能尽其性，则能尽人之性；能尽人之性，则能尽物之性；能尽物之性，则可以赞天地之化育，可以赞天地之化育，则可以与天地参矣。其次致曲。曲能有诚，诚则形，形则著，著则明，明则动，动则变，变则化。唯天下至诚为能化。至诚之道，可以前知。国家将兴，必有祯祥；国家将亡，必有妖孽。见乎

---

① 《荀子·王制》。
② 《荀子·王制》。
③ 《礼记·中庸》。

著龟，动乎四体。祸福将至，善必先知之；不善必先知之。故至诚如神。诚者自成也，而道自道也。诚者物之终始，不诚无物。是故君子诚之为贵。诚者非自成己而已也，所以成物也。成己仁也；成物知也。性之德也，合外内之道也，故时措之宜也。①

诚是天道亦是人道。遵守天道，化天道为人道，即将对天道的效法和认知，内化为人内心道德原则。诚不仅是自然规律和最高的道德范畴，而且是做人的根本原则。遵守、效仿和追求天道，是遵守自然之法则；遵守人道，亦即遵守社会的道德原则。天道至人道贯通先秦契约伦理，是政治契约和经济契约的内在精神，是契约外在监督和内在自律的有机统一。同时，立约各方遵守契约还必须具有"信"德和信行，履约必须言必信、行必果。《论语》曰："故君子名之必可言也，言之必可行也。"②"文，行，忠，信。"③孔子曰："人而无信，不知其可也。"④"浩生不害问曰：乐正子，何人也？孟子曰：善人也，信人也。何谓善？何谓信？曰：可欲之谓善。有诸己之谓信。"⑤

在先秦儒家伦理中，诚信是完美人格的伦理前提，是个人立身处世之本，是人人必须遵守的行为规范，是古代维系契约关系最重要的伦理精神。无论是政治契约伦理还是经济契约伦理，诚信之美德都是其核心的伦理精神和道德评价标准，正因如此，荀子将言而无信之人称之为"小人"。

三　契约伦理比较

契约伦理是维系社会秩序和调节社会关系的重要手段。从犹太契约观念萌发到契约思想形成，都以一神教为基础，犹太契约伦理是典型的恩典契约伦理。先秦儒家契约伦理源于原始宗教仪式，但经周人改造和

---

① 《礼记·中庸》。
② 《论语·子路》。
③ 《论语·述而》。
④ 《论语·为政》。
⑤ 《孟子·尽心下》。

创新，礼之契约规制的中心是人事，而关乎宗教的盟誓之约是政治化的契约。

（一）契约伦理特征：宗教性和政治性

对以色列先民而言，"约"体现为上帝之道，上帝拣选以色列人并与之立约，在神人契约关系中，上帝以恩典的方式承诺、福佑、恩泽以色列人，立约是上帝主动性、主导性的选择，以色列人则被动性地选择。因此，神人之约是恩典性契约，神人伦理是恩典性契约伦理；契约是宗教化契约，契约伦理是宗教化契约伦理。

对先秦儒家而言，契约属于礼文化内容。春秋时期，礼崩乐坏。"盟"与"誓"的制度演变为调整政治关系的制度规范，祭祀礼仪活动嬗变为政治结盟活动。基于这种文化背景，先秦儒家契约伦理表现为政治契约化和政治伦理化的特征。契约伦理是调整大宗私家与宗族关系的道德规范，凸显政治性、社会性和家族性一体化特征。军事盟约和大宗私家与宗族盟约消解了宗教性拘囿，凸显出契约政治化和契约宗法化的人文主义精神。因此，对先秦儒家而言，契约伦理主要是政治契约伦理和宗法契约伦理，而非宗教契约伦理。

犹太契约伦理是一种恩典性宗教契约伦理，先秦儒家契约伦理是一种凸显人文精神的政治契约伦理和经济契约伦理。作为宗教契约伦理的特殊形式，犹太契约伦理消解一般宗教契约伦理的宿命论拘囿，神人契约关系"是一种互利互助、互有义务的关系。这种关系不是人对神单方面的、无限的尽忠尽职，而是强调神、人之间的交感互通，从而激发双方的主体能动性"[①]。质言之，神人契约伦理关系的确定，是一个以色列人选择上帝和上帝选择以色列人的双向互动性过程，神人契约关系是一种道德自由选择关系，道德义务和道德责任具有交互性。

先秦儒家契约伦理凸显政治性和经济性，但因宗法等级制度的制约，周中后期的盟誓制度是非平等的契约关系，盟主国和加盟国是强弱关系，大宗与家族契约关系亦凸显非平等性。"契约的平等精神，不等于契约关系上的平等，中国封建社会，是一种阶级对立的社会，社会成

---

① 朱维之：《希伯来文化》，浙江人民出版社1988年版，第91页。

员有着贫富、贵贱的差别，经济上的不平等决定着在社会身份上的不平等，也决定着契约关系上的不平等，这种不平等，不仅反映在契券的内容上，有时也反映在契券的文字表达和形态上。在认识契约的平等精神时，应将其余契约关系上的种种平等实态作出区分。"①

（二）契约伦理范围：普遍性和有限性

契约伦理是犹太伦理最重要的内容。追求从神与人关系到人与人关系、人与物关系的和谐，是犹太契约伦理的终极目标。神人立约是犹太民族的标识，犹太民族是一个契约民族，时时有契约、事事有契约、处处有契约，契约贯通以色列先民的宗教、民族、国家和社会生活的方方面面，契约关系是普遍化的宗教、民族、国家、社会、家庭关系，契约伦理是普及化的宗教、民族、国家、社会和家庭伦理。因此，犹太契约伦理是普及化的宗教契约伦理。

从天人关系到人与人关系、人与内心关系的和谐是先秦儒家伦理的终极目标。中国古代契约思想丰富，契约观念源于祭祀仪式，而先秦礼乐文明之勃兴，使中国古代契约很早消解了宗教祭祀的缠绕，军事盟誓关系和经济关系是契约关注的两个向度，契约并未普及之社会生活所有维度，对先秦儒家而言，契约寓于礼仪之中，先秦儒家契约伦理主要邦国政治契约伦理和社会经济契约伦理。在先秦儒家伦理体系中，契约伦理隶属于儒家的"仁—礼"伦理模式，契约伦理寓于仁、礼、诚、信、和等道德规范和道德范畴之中。

犹太契约伦理历经神人契约伦理到人人契约伦理普遍化的过程，"伦理—神教"和"选民"思想，令契约观念和契约伦理内化于犹太文化血液中，犹太民族有契约民族之美誉。先秦儒家凸显政治契约伦理和经济契约伦理追求，建构出一套具有人文精神、重视人事关系道德范畴，影响至深至远，无与伦比。两种契约伦理模式相互学习借鉴，有助于形成符合市场经济和现代社会治理要求的契约文明与契约伦理文化。

就本质而言，契约是在平等关系条件下形成双方互利的交换关系，经协议和契书规定双方的权利、义务和责任以及违约的后果。"契约既

---

① 乜小红：《中国古代契约发展简史》，中华书局2017年版，第8页。

是彼此对诚信的承诺，也是订约双方履约的一种凭据。以双方认同的行为规约为基础，是维护社会经济秩序的一种手段。"① 犹太人的契约观及其契约伦理是在信仰架构下处理责任与义务的规范，是调整社会关系的手段。神人契约架构之下人人契约是以平等、公正和诚信等道德规范和法律规范为保证条件。先秦儒家将契约纳入礼制体系之下，以仁为核心，以和为目标，以诚和信为条件，形成了先秦儒家独特的契约观念和契约伦理思想。如果消解犹太契约神性的缠绕，借鉴先秦儒家的契约伦理超越宗教而关注人事的理路，契约伦理将成为现代市场经济条件最有效的治理规范体系。如果先秦儒家契约伦理借鉴犹太契约伦理之神圣性和崇高性，契约伦理及其规范体系将成为调节社会经济关系最有刚性的手段和举措。

(三) 契约伦理规范：律法性和礼制性

契约、宗教、法律、道德、习俗等诸科合一，契约与律法是一而二和二而一的关系，契约律法化和律法契约化是犹太文明的重要特征。契约既是一神信仰的实践方式和治理体系，又是以色列人普遍化的交往方式和行为方式，契约还是以色列人的生活之道。神人立约是保障犹太人信仰的前提和根本，事神、敬神和爱神是契约规制的责任和义务。契约还具有现世性，宗教契约与世俗契约是兼容和兼顾的关系，而非对立的关系。从犹太经典、契约追求、契约形式和治理方式观之，契约意味着与律法融为一体、彰显整体性的犹太契约文化和律法文化。在传统犹太教中，律法是神人立约之核心内容，契约伦理显示上帝耶和华是契约伦理的本原，是律法的制定者。契约伦理是律法文化体系中关于责任与义务的制度伦理和信用伦理，律法之契约、法律、伦理和信仰是社会秩序统一性和生活方式一体性的塑造

先秦时代，契约制度是礼制的组成部分，契约文化从属于礼乐文化。家国同构、宗法等级，令契约成为维护礼制的重要手段。基于邦国关系和宗族关系的契约政治利益的调整，是礼的政治伦理功能的契约化；基于宗法关系的契约经济利益调整，是礼的经济伦理功能的契约

---

① 乜小红：《中国古代契约发展简史》，中华书局2017年版，第1页。

化。宗法制度以父权为核心，以大宗主为宗族统治者和治理者，族规和家规是礼制性的"政治契约伦理"，国家以君为最高"家长"和治理者。国家统治序列的关系，如同家族管理序列的关系。基于国家统治序列和宗族管理序列构建的邦国契约和经济契约，实质是契约的礼制化，即契约的政治化和契约的经济化。

前已述及，律法和礼都是涵盖性极高的全称文化判断，在圣经犹太教时期和先秦时期，律法和礼有众多相通相似的内涵。契约律法化和礼制化说明人类文明早期具有诸科不分、多种治理制度混同的特点，但亦提醒我们，现代社会治理体系应是多元化的治理体系，治理手段应是多元化的治理手段。德治、法治、自治在社会治理体系中更为基础和根本，基于市场经济现代性的要求，完善契约之治的治理体系、实现契约法治化也是一个不错的进路。

第五章
生态伦理

犹太经典和儒家经典蕴含丰富的生态伦理思想。轴心时代的犹太先知与先秦儒家在体察和认知神人关系和天人关系中,很早就将人类道德关怀诉诸宇宙万物,在处理神与人、神与万物和天与人、天与万物关系中,初步创制出彰显民族特色的生态智慧、生态法治和生态伦理。探究两大伦理体系所包含的生态伦理思想,比较其异同,在互鉴中获得建构现代生态伦理的古代智慧,有重要的现实价值。

一 生态危机与生态伦理

生态环境问题和生态环境危机已经演变成人类必须直面的全球性问题。生态环境破坏、生态平衡失序、自然灾害频现、人与自然关系紧张以及维系人类生存发展的自然资源和能源短缺说明,前工业文明的自然观和哲学观及其发展模式、生产方式、生活方式和消费方式,是导致人与自然、人与社会关系紧张与对立的主因。全球性生态环境危机的背后是人类文明方式危机、文化范式危机、伦理模式危机和宗教信仰危机。前工业文明的工具理性造成的人与自然关系的内在矛盾性与全球性生态环境危机,既须从变革人类文明方式、拓展和扩容人类文明的内涵,建构人类生态文明理念和制度去获得答案,又须"返本开新",溯及文明源头之生态智慧和生态伦理,追寻文化先哲关于生态环境问题的认知方式和解决理路。犹太先知和先秦儒家的生态自然观、生态智慧观、生态伦理观及其生态伦理模式，是化解当下生态环境危机裨益非凡的古代智慧，发掘、探究、体察和互鉴这两种生态伦理资源和生态伦理模式，获得相互借鉴学习的优质资源意义重大。

20世纪中叶以来，全球范围内的环保运动及生态伦理思潮风起云涌。生态伦理突破了传统伦理视域局限，将重点关注人际关系的道德关系转向重点关注人与自然之间的道德关系。从生态的伦理属性和生态环境保护的伦理价值两个向度，展开对人与自然之间伦理关系的体察和思考，将人与自然的道德关系作为研究对象，把对人类的道德关怀诉诸自然界，突破传统规范伦理内涵和视域。

人类是自然生态系统的子系统，与自然生态系统的物质、能量和信息交换，是人与社会获得发展能量和动力的基本前提，自然生态环境是人类及其社会组织存在和发展的载体。关于生态自然环境的观念形态和行为规范的伦理方面成果，是生态伦理的基本要素和基本要义。

生态伦理的核心是保护生态自然环境，维护生态平衡，保护自然资源，实现人与自然的同步发展和共同演进。关注自然权利和环境正义及其道德价值，反思人类行为对自然权利的影响，承认人与自然权利的平等性，以人类特有的伦理自觉调整人与自然环境的关系，注重自然权利和自然价值，尊重自然界生命多样性，厚德载物，民胞物与，节约自然资源，维护生态平衡，才能实现人、社会、自然的和谐持续发展。生态伦理拓展了人类伦理思考维度，突破以人为中心塑造伦理价值的拘囿，是人类道德认识和道德理念的飞跃，人与自然关系的平等性和公正性以及道德关怀的未来性、代际性成为道德关注的最重要的问题。

二 "创造"之生态伦理

立足于中华民族永续发展和和谐发展的要求，检视中国生态自然环境面临的问题，探究犹太民族生态伦理理论的内在价值，弘扬中华民族独具魅力的生态智慧，在比较中发现两个民族自古及今解决人与自然关系的优长，为全人类所共同面临的人与自然冲突所造成生态危机提供解决方案有重要的文化资源价值和现实意义。

(一) 犹太生态观与生态伦理

1. 自然的统一性和秩序性。自然万物具有统一性、交互性，互为存在的基础和条件。自然竞争法则是自然界演变的基本法则，自然权利是自然界演变的规律，尊重自然权利、承认自然界的统一性和平等性，是人类文明早期的文明智慧。犹太生态伦理以上帝创造为根本和基础，神与自然、神与人、人与自然三个维度是生态自然观和生态伦理关注的基本内容。自然界是上帝的创造物，上帝存在具有本原性、主宰性和根本性。《圣经》载，上帝创造天地、白天、黑夜、空气、青草、蔬菜、树木、时间、牲畜、昆虫、野兽等活物[①]，因此，"天和天上的天，地和地上所有的，都属于耶和华——你的上帝"[②]。宇宙间的天地万物源于上帝的创造，是上帝的智慧和意志产物，万物各有其位，万物各有其功，彼此按上帝多次宣告的"甚好"状态生活，而且万物相互作用和相互依存。

宇宙万物之"甚好"状态表现为秩序性、规律性的运行，其"甚好"的标准不以人的存在而存在，不以人的意志为转移，人受造之前，宇宙万物已存在且以自己美好的状态运行。这种"甚好"的状态源于美善的上帝耶和华，因为宇宙万物是其杰作。宇宙万物的统一性和平等性，是上帝耶和华肯定和赞赏的美与善的价值。显然，以色列先民将宇宙万物的产生及其进化的规律性和秩序性归之于上帝的意志，将人类赋予自然的美与善的价值异化为上帝意志的赋予，但在这种宗教自然观的深层，我们依旧能够发现，以色列先民很早就希冀探究宇宙万物产生发展规律，并在具体实践中已经体察到了自然万物的统一性和平等性，在一定程度上甚至对自然的权利和自然的尊严有所体悟和认知，这些原始的自然生态观是人类早期的生态智慧，是当下生态伦理研究重要的文化资源。

2. 人与自然的统一性和平等性。以色列先民从三个维度洞见到人与自然的统一性和平等性。

首先，人与宇宙万物相同，是上帝意志的创造。《圣经》记载，上

---

① 《圣经·创世记》1：1-24。
② 《圣经·申命记》10：14。

帝是按照自己的形象造人，并赋予人管理自然万物的权力。一方面，从人与自然万物皆为上帝意志的创造物观之，人与自然万物具有统一性和平等性。另一方面，因为人和自然万物源自一个"good"的上帝，所以人与自然万物皆有内在价值。人的创造有别于其他自然万物，不论上帝形象的复制，还是上帝用尘土造人，甚至人之气息是上帝吹进鼻孔中，神人关系的亲密性并不代表人与自然万物生命的本体论差异；相反，因为人与自然万物生命都是上帝的赋予，故此，人与自然具有统一性和平等性，具有相同的道德权利和道德尊严，赋予其相同的道德关怀。

其次，人与自然都是得蒙赐福、各从其类。《创世记》强调，人与其他自然生命的统一性大于二者之间的差异性。自然生命得蒙赐福、滋生繁多、各从其类，人类也得蒙赐福、生养众多，遍满地面。因此，人类与自然的发展演进都是一个能量、信息相互交换的过程。

最后，以色列先民之"约"观念内置着人与自然万物的统一性和平等性。如彩虹之约，"我与你们和你们的后裔立约，并与你们这里的一切活物——就是飞鸟、牲畜、走兽，凡从方舟里出来的活物立约"，"我与你们并你们这里的各样活物立约是有记号的"[①]。人和自然界的活物都是上帝所造，与上帝都是立约关系，人按上帝之命，履行管理之职，尊重和敬畏上帝的创造物——自然万物及其生命，就是敬畏上帝、热爱上帝的表现。

因此，上帝意志之下，人与自然具有统一性和平等性，《圣经》众多地方都以上帝之语，赞美自然多样性、丰富性和统一性，并将赋予自然以独特道德价值，作为自己创造荣耀。因此，敬畏自然、尊重自然，就是爱上帝的表现。应该指出的是，《圣经》所说的自然环境抑或生态环境，有区域性和普世性环境之别，皆是人类视域内的"人化"自然，而非"自然"自然。

3. 人的治理行为与道德责任。作为受造物，人被赋予的特殊管理之职，人要"管理海中的鱼、空中的鸟，和地上各样行动的活物"[②]。

---

① 《圣经·创世记》9：8-10。
② 《圣经·创世记》1：28。

以色列先民很早就发现了人类与自然界产生发展既有统一性，又有差异性，这种差异性主要表现为人是有思想、目的、意志和创造性的高级动物。分享上帝的形象并赋予管理之职的人类，既要把上帝的蒙恩之心——"爱"推之自然万物，彰显上帝创造之荣耀，又要将自己的行为置于上帝的受造之下，按照上帝的标准和要求，行使人类的管理或治理之职，令自己的行为与上帝要求相一致。人类管理权力和管理职责，成为后起的生态伦理"人类中心主义"口实或根据。

人类中心主义是以人类为宇宙中心的理论，其含义伴随着人类自身在宇宙中的地位的思考而产生不断变化，人是宇宙中心和人是宇宙中一切事物的目的是这一理论的核心。正是以色列先民的创世神话，赋予受造物——人特殊的管理权力，令世俗世界中人类征服、改造、管理自然界权力获得合法性的解释，并从人类的利益和价值出发，以人为根本尺度，按照人类的价值观评价外部世界。

但应该指出的是，人被赋予治理权力，分享上帝形象，并不能推出所谓"人类中心主义"思想，上帝赋予人类管理大地及其他生命的权力，人类必须有爱的情怀，如仆人事奉主人一样，才能履行管理之职，因此，"管理"和"治理"更多的是服务和顺从行为，而不是所谓的征服行为，"治理上帝其他受造物，就是受召与他们和平相处，如同好牧人和谦卑的仆人。我们不能以自己按着上帝的行为为借口，虐待轻忽甚至贬低其他物种"[1]。人类与自然万物（地上的一切生物）与创造者是普世之"约"的关系。自然万物应以"约"规运行，人亦是以"约"而行，人与万物皆须谨遵上帝之约，以之约束自己的行为，因为受造物是一个完整统一的整体。可见，以色列先民朴素的自然观很早就洞察到自然界是一个统一的整体，人是自然界的一部分，是自然界的管理者，而非自然界的"主人"。因此，上承神造之命，履行管理之职，维系人类与自然万物的伙伴关系，保持自然生态的平衡，是人类的道德责任和道德使命。

4. 人与自然万物通过"安息"共蕴共生、共同发展。《圣经》之

---

[1] 参阅［英］莱特《基督教旧约伦理学》，黄龙光译，中央编译出版社2014年版，第128页。

安息日和安息年的传统规定，有以下几层含义。一是安息与创造密切联系。受造物在安息日实现休养生息，人不再劳作，不再以劳作干涉自然万物，受造物在安息日能获得实现自我调整、自我修复，换言之，实现自然界的生态平衡。二是人与自然万物的安息状态，实质人与自然共生共蕴、共同发展的过程。对人类而言，切莫总是以不当的手段征服、改造自然，片面地从自然中获得物质利益而满足自己的需要。以色列先民较早体察到了人类欲望和人的利益诉求需要规制和限定的问题，也洞察到自然资源的有限性和人欲望无限性的矛盾。自然万物是我们生存发展的外部环境，自然生命和人的生命是共蕴共生、互为前提，保护自然、顺从自然、敬畏自然，实质就是将道德关怀诉诸自然万物，这恰恰是"安息"所追求的和平自由状态。三是安息所追求的和平自由状态包含着人与人、灵与肉以及人与社会、家庭等维度。人被赋予管理自然万物的特殊使命，人类要敬畏自然万物的所有生命，因为任何一个受造物都有其存在的价值，绝非人类生命的工具和手段。同时，人类要真正处理好与其他受造物的关系，还必须处理人与人、灵与肉、人与社会等各种关系。故此，人类社会的公平正义与自然界的和谐发展密不可分，自然生态与经济利益健全发展，是人类公正、公义、慈爱、诚实等道德品质的必然结果。

（二）先秦儒家的生态观和生态伦理

以先秦儒家为代表的文化传统皆以天人关系作为构建自己学说的基础。天人关系的理念体系和话语系统确乎蕴藏着丰富的人与自然和谐相处、共生共荣的生态文明及其伦理思想的资源和智慧。基于现代生态文明和生态伦理建设的需要，将先秦儒家视域下的天人关系的自然观、哲学观、伦理观和宗教观系统阐释和现代转化，体察儒家天人关系的生态价值和生态伦理智慧，探究儒家先哲关于人与自然关系的解决理路，对建构现代生态伦理理论与实践，肯定是有重要价值的事情。

1. "生生"之生态自然观。犹太先知以创造论凸显生态本体观，先秦儒家则将"生"或"生生"视为生命创造及其过程的重要范畴，以"生生"为其生态哲学的基点，由此引发天人关系及其诸多的生态问题思考。体察和认知先秦儒家生态观必须与其哲学思想紧密联系。儒家哲学观既关注"天道",又关注"人道",伦理道德是先秦儒家思虑的中心或重心,其伦理观、认识论与宇宙观融为一体,其生态本体论凸显出儒家天人合一的独特意蕴,先秦儒家的"宇宙伦理模式",蕴含着丰富的生态智慧和生态伦理资源。一是儒家将"生生"视为万物存在的根本方式,如《易传》所言,"天地之大德曰生","生生之谓易","生生"是天地万物最根本的大德,亦是天地万物变化发展的内在根据,"生生"是天地万物之生命产生与生命存在发展的具有内在联系的重要表征。先秦儒家之天论虽各有侧重,但本质而言基本相同,都是基于天之"生生"的生命创造和生命存在构建整个哲学体系和伦理体系的。以天之生生为内在机制,自然、宗教、哲学和道德之天实现完美过度和有机衔接,一体多义之天具有统一性、和谐性和整体性。二是先秦儒家所关注的"生生",是指人与自然具有共生共蕴的内在机制。天为父、地为母,人为天地所生,自然生态系统对人类生命系统存在与进化具有根本性的决定意义,生生之大德是自然生态系统与人类生命系统在能量、信息交换中实现的,生生与易揭示人与自然界的发生机理和变化规律,揭示宇宙在天人共生共蕴、互相一体中自然万物之共生之理。因此,"生生"之先秦儒家是人与自然氤氲化育的关系纽带和内在机制的重要概念,体现了先秦儒家对自然生命持续性和无限性的体察与认知。

2. 敬畏自然、尊重生命的道德情怀。先秦儒家思想中包含着丰富睿智的生态智慧,是现代生态伦理建构的重要历史文化资源。首先,先秦儒家强调天人合一的生态协调智慧,"夫大人者,与天地合其德,与日月和其明,与四时合其序,与鬼神合其吉凶。先天而天弗为,后天而奉天时"[1]。人之行为与天地、日月、四时和顺统一,尚能奉天时,赞天地之化育。人要敬畏尊重自然,"唯天为大",尚能厚德载物,故此,君子要"畏天命"。敬畏天,是基于"知天命"的认知和思考,凸显出以天为大的敬天的宗教道德情怀。敬畏天地自然,源于天地万物与人相同,都是生命的存在。敬畏自然、尊重生命是生态伦理的核心要义。

3. 仁爱万物的生命意识。先秦儒家强调仁爱万物的生态智慧。人不仅要敬畏自然、尊重自然万物发展规律,而且要以仁爱之心爱护自

---

[1] 《周易·乾文言》。

然。孟子曰:"君子之于物也,爱之而弗仁。于民也,仁之而弗亲。亲亲而仁民,仁民而爱物。"① 爱由亲人推至百姓和自然万物。孔子之"仁者爱人"强调以互亲的原则处理人际关系,最终实现"泛爱众"普遍化之目的。孔子还强调:"子钓而不纲,弋不射宿。"要求人们不用大网捕鱼,不射杀归宿的鸟类,爱的范围由众人扩展到动物。先秦儒家这种仁爱万物的生态智慧思想,是以高尚的道德情怀和博大的生命意识,将人类的道德关怀由人类自身扩展到自然万物,后儒韩愈之"博爱之谓仁"、张载之"民胞物与",将仁爱万物推至新的阶段,即人与自然万物是同伴朋友,人与自然万物构成自然界的生命共同体。人不仅要敬畏自然、尊重自然、顺从自然,还要仁爱自然万物。仁爱自然万物和民胞物与的生态智慧,是儒家生态伦理的核心。

4. 万物共生互蕴的生态智慧。先秦儒家强调万物并育发展的生态智慧。自然万物是一个多样性和丰富性的生命共同体,万物在同一地球上共同发育、发展和生存,遵循"万物并育而不相害,道并行而不相悖"的基本规律,多样性和丰富性的自然万物互为自己存在的前提,是共同化育、发展和生存,万物是互利关系,而非互害关系,共生并育的生态智慧是先秦儒家生态伦理的重要特征。

5. 顺应自然的生态自觉。先秦儒家强调顺应自然的生态智慧。保护生态,合理利用自然资源,需要"天、地、人"的协调配合,需要人自觉地顺应自然,按季节和农时从事活动,不违季节、不误农时、顺其自然,是先秦儒家重要的生态智慧。不仅如此,还将保护生态、顺应自然发展规律的要求礼制化和制度化。《礼记·月令》规定,孟春、仲春、季春、孟夏、季夏等节气,保护动植物各有重点,要顺应自然生态氤氲变化的节气、动植物发生成长的规律,制定具体的保护生态的办法和制度。《周礼》记载,周代开始设立专门自然资源管理机构,"地官"有"山、林、川、泽"之属,行使自然资源保护和利用的监管之职。山虞之官、林衡之官、川衡之官、泽虞之官分工明确、各司其职,其共同职责和目的,是保护山川林泽的恒常使用,不得随意自由取舍,要按照山川林泽的动植物均有繁殖周期,时取时禁,保护自然资源固有的周

---

① 《孟子·尽心上》。

期性，实现自然资源使用和生成的平衡。

总之，自西周以来，天人关系问题的思考和探究，在经历一个世俗化、人文化和伦理化的过程后，人与自然关系的和谐问题率先凸显出来，从而开启了人类追寻人与自然和谐发展的伦理尝试。在先秦儒家伦理思想中蕴含着丰富的生态智慧和生态伦理思想，为我们化解当代愈发凸显的生态环境危机提供丰富的伦理思想资源，对我们矫正片面强调征服自然的人类中心主义伦理观，勘正前工业化文明造成生态危机的弊端有重要意义，对我们正确处理人与自然、人与社会、人与人之间的关系，建构符合现代生态文明之要旨的生态伦理，具有独特的现实价值。

三 "创造"与"生生"伦理之相通性

元典时期，亦是两种生态自然观和生态伦理思想的创制时期。犹太先知与儒家先哲在对神人关系和天人关系问题探究与体察中，分别将宗教道德关怀和人文道德关怀诉诸自然万物，将宗教道德与人文道德拓展至自然生命领域，较早地认识到人与自然的共生共荣和相互化育以及人与自然统一性和一致性，从宗教、法律、伦理等不同层面警告人类，要敬畏自然、敬畏生命，要保护自然、爱护自然和顺从自然，正确地处理人与自然的关系。这些古老睿智的生态思想、生态智慧和生态思维方式，是当下我们发展生态文明、建构现代生态伦理体系的重要文化资源和思想资源。

（一）和谐统一的生态自然观

两个民族的思想家很早就洞察到人与自然是相互依存、共生共荣关系。犹太生态伦理以上帝创造为基础，将神与自然、神与人、人与自然之间的关系问题作为其宗教自然观和宗教生态观的基本内容。先秦儒家伦理以"生生"演化为基础，将天人合一、天人合德、人与自然关系问题作为宗教自然观和人文生态观的基本内容。在两种宗教自然观的深层，凸显的是犹太先知和儒家先哲希冀探究自然界发展规律，并实际上已体察和洞悉到人与自然万物的统一性和平等性，体悟和认知到自然的权利和自然的尊严，这些创制时期的自然生态观是两个民族重要睿智的生态智慧，是建构现代生态伦理重要的思想资源。

20世纪中叶以后，人类对工具理性高度膜拜和工业文明超度发展，人与自然关系的严重冲突造成了普遍性的生态危机，人与自然关系的扭曲与异化，人与自然共生共蕴的割裂和抑制，表现为人自关系的合法性危机，意味着现代人类自身存在与发展方式本身的目的性价值出现严重异化。人与自然关系的合法性危机、生态环境危机、人的存在与发展方式危机，说到底是人类的文化危机、宗教危机和伦理危机。危机之根源在于现代普遍性的宇宙生存和生命意识缺失。以色列先民之创造论与先秦儒家之"生生"思想，能使现代人将宗教敬畏和道德关怀推至自然万物，形成人与自然和合一致的自然观和生态伦理观。

（二）敬畏自然、尊重生命的生态价值观

以色列先民和先秦儒家都将人与自然万物的统一性、秩序性和规律性作为重要理论基础。在以色列先民看来，人与自然万物皆为上帝受造物，"受造性"使人与万物者具有统一性。不仅如此，人与自然万物生命及其价值都是创造者的赠予。因此，人与自然万物的存在与生命具有平等的地位，与人相同，自然万物亦有道德权利和道德尊严。在先秦儒家看来，人与自然万物同质同源，人与自然万物，如动物、植物同根同类，共同组成了自然界。因此，"唯天为大"，敬畏自然、尊重自然、尊重生命，才能知天命、厚德载物。敬畏自然、尊重自然、尊重生命是两种伦理之生态价值观的重要表征。作为轴心时期的生态智慧和生态价值观，两种生态伦理的统一性思维方式和平等性的价值诉求，成为两大文化传统的重要特征，二者以整体性思维方式体察和认知人与自然生态关系，以敬畏尊重的宗教情感和道德情感对待自然生态，这是建构现代生态伦理重要的思想资源。

20世纪中叶以来，生态危机和环境问题已成为全球性问题，成为威胁人类生存发展的现代性问题。生态危机就本质而言是人与自然关系的紧张和冲突。自然界演变有着自身独有规律，人类对自然界的态度应是维护自然发展和保护自然生态平衡。自然界发展规律是生物物种遵循自然选择和自然竞争法则形成的，这种自然界规律可称为自然权利。自然界物种族群通过自然选择和自然竞争，获得族群适应环境的特殊存在

与发展方式,即"生态位"。自然界物种都有"生态位",并由"生态位"自证其存在的合理性。自然界物种的"生态位"及其存在的合理性,不是由人的族群尺度决定的,而是由物种自己"生态位"决定的。自然界是一个"权利世界",各种物种以自己"权利"为运行法则,人不应干涉和违背自然万物的运行法则,更不能以自己的权利追求抑制和消解自然万物的"权利"存在,违背自然法则亦即侵犯自然权利。迄今为止,我们尚未认识到自然界有权利意识,但不能由此否定自然界权利的存在,更不能因为我们认知的局限否定自然界权利的存在。赋予抑或承认自然万物之自然权利,并非扩大自然界满足人类需求的义务,而是在平等权利的基础上,反向扩大或增加人类的义务和责任,认同和强化敬畏自然、尊重自然和尊重生命的理念和行为,从而实现生态平衡和环境保护的主旨。从尊重自然权利的角度处理好人与自然之间的关系,维系生态系统的平衡发展,与敬畏自然、尊重自然、尊重生命具有内在的一致性和统一性。承认自然权利、追加人类义务、让渡人类权利,是人类基本的生态精神和法治理念。自然权利"既反映了人对自然的权利和义务,也体现了自然对人类的价值和作用,它既是对人的尊重,也是对其他生命的尊重,其价值取向不仅包括有生命的人,也包括有生命的其他物种,从而实现人与自然共存共生的目的"[1]。因此,犹太先知与先秦儒家敬畏自然、尊重自然、尊重生命的生态伦理观,依旧是现代人应该学习和借鉴的。

(三) 仁爱自然的生态责任观

爱上帝和爱邻人是犹太伦理的基本原则。人爱上帝,包括爱上帝和上帝创造的一切,犹太伦理之爱,是普及化之宇宙万物之爱,是爱上帝与爱邻人再到爱自然万物的爱。

先秦生态伦理以"天人合一"的本体论为其哲学基础,将人类与万物同根同源、生命相通、物我一体为生态与生命伦理的逻辑起点。物我一体、天人和谐、人自共生共荣是生态伦理目标层面的设定,仁爱自然、顺从自然、遵循"中和"根本之道则是生态伦理原则层面的规制。

---

[1] 陈泉生:《环境法原理》,法律出版社1998年版,第108页。

从天人合一本体论到致中和的方法论再到仁爱万物的生态观，先秦儒家生态伦理实现本体论、方法论和生态自然观的有机统一。仁爱万物是先秦儒家生态伦理的核心，孔子之仁由"爱人"普及之"乐水"和"乐山"，将自然万物作为爱与乐的对象和实现仁的条件，孟子则将此仁爱范围和对象普遍化，由"亲亲仁民"至"仁民爱物"，道德关怀实现由血缘到非血缘再到自然万物的普遍化，人伦伦理与生态伦理实现内在统一。先秦儒家生态伦理是以敬畏自然、尊重自然、尊重生命为基本前提，以仁爱人类和自然万物为基本原则，以追求人与自然共生共荣、和谐一致为基本价值，这些轴心时代的生态智慧和生态道德思想，正是现代生态伦理以人与自然和谐为核心价值追求的重要伦理资源。

犹太先知和先秦儒家都将人类的道德关怀诉诸自然万物，将"爱"或"仁爱"的人类情怀拓展至自然界，"爱"和"仁"是两大伦理体系的核心范畴，亦是两个民族元典生态思想和生态伦理思想的核心。当下世界范围内的生态文明建设的核心之一是建构人与自然的命运共同体。随着技术巨大进步、经济快速发展和人类需求高质化，人与自然关系紧张造成的生态危机严重危及人和社会的全面发展。走出困境的一个重要理路，是挖掘古老文明中蕴藏的生态智慧和生态伦理资源，深刻反思工业文明以来"人类中心主义"价值观的失误，彻底摒弃人是自然的主宰者、征服者的思想行为，以仁爱之道德情怀，承认所有存在物内在价值、存在合理性、平等存在权，以平等、共存、和谐的理念敬畏自然、尊重自然、尊重生命，以共生、共蕴、共立、共荣的永续和可持续发展理念，构建物我一体、仁爱万物的生态图景，以普及、统一、整体、协和的价值追求，将人文道德价值赋予自然万物，将人类道德关怀赋予自然万物。简言之，基于现代生态伦理和生态文明发展要求，将犹太之"爱"的神圣性和儒家之"仁"崇高性进行现代性改造和提升，将神圣之爱和崇高之仁的宗教和道德关怀普及至自然万物，在人与自然之间形成神圣崇高的道德情感和"大爱"化育的生态图景。

（四）顺从自然的生态智慧观

人类不仅要仁爱自然、尊重自然、敬畏自然，还应保护自然、保护生态，顺应自然及其发展规律。《圣经》隐喻：神人关系破坏源自人人、人自关系的扭曲和破坏,人类贪欲和自我中心意识的驱使,令人类违背上帝之戒和自然法则,贪吃"智慧树之果",破坏了人与自然和谐关系,导致人与自然关系的危机。原始的生态平衡被打破,食物短缺、资源危机、"荆棘"和"蒺藜"遍地、洪水暴发表明,人与自然关系的紧张与危机,必然引发人与人关系紧张和危机,以致人们(如亚当)将破坏生态责任归咎于他人(夏娃),或者归咎于创造者上帝。因此,神人关系的破裂导致人自关系和人人关系被破坏,自然生态之"甚好"秩序和社会运行之"甚好"状态与创造之旨严重背离。走出困境的出路是遵守上帝诫命,遵守安息日和安息年的律法要求,顺应人和自然成长发展规律,按照人成长的不同阶段和万物发展的不同时节,反思和修改人类利益追求无限性和自然资源供给有限性的解决途径和手段,即通过建构人与自然之间的"和平"关系,实现人与自然的双重"休养生息"。犹太教关于人与自然皆要安息的律法规定,一方面已经朴素地发现了人与自然、人与社会、人与自我构建和谐、和平、平安关系的重要性;另一方面已窥见到自然生态的休养生息是实现生态平衡、维护生态系统完整性和反哺人类社会,从而实现人与自然关系和谐共荣的重要性。《圣经》载,人爱自然,必须顺应自然。五谷丰登、山岚绿色、草木茂盛、牛羊满地,是风调雨顺之缘故。[1] 安息休养是以色列先民发展农业和畜牧业的经验总结,与现代农业的轮耕制度不谋而合。犹太律法规定,"你若路上遇见鸟窝,或者树上或在地上,里头有雏或有蛋,母鸟伏在雏上或在蛋上,你不可连母带雏一并取去","不可穿羊毛"衣服。[2] 杀鸡取卵、竭泽而渔,违背动植物繁衍周期和生长规律,与上帝之爱相悖,因为动植物代表着上帝创造的荣耀,爱上帝,同时必须以仁爱之心对待上帝受造物。《圣经》还警告人们,"不可举斧子砍坏树木;因为你吃那树上果子,不可砍伐"[3]。包括树木在内的生态环境是人类存在与发展的载体和凭借,不违背自然生态的生长规律,顺应自然万物生长周期,从事捕猎、采摘等生产活动,是犹太律法的基本规定。

---

[1]《圣经·诗篇》65-66。
[2]《圣经·申命记》22:6-7。
[3]《圣经·申命记》20:19。

以色列先民之创造平等论和安息修养论，实质是要求人类尊重自然、顺应自然，按自然规则和自然资源的承载能力从事生产活动，建构人与自然和谐共荣的关系，这为我们治理日益严重的生态危机，提供了一个可以借鉴的解决之道。

保护自然环境、维护生态平衡，顺从自然及其规律，亦是先秦儒家朴素生态伦理的重要内容。先秦儒家之"中和"标准和方法，既是贯通人类社会生活不同领域和不同层面的道德标准和方法论原则，亦是基于天人合一之基，将人文伦理领域推至生态伦理领域，换言之，顺从自然发展规律是以"中和"抑或"中庸"方法处理人与自然的关系，将人类之道德关怀诉诸自然万物，实现人与自然"中和""适度"和"不偏不倚"的和谐状态——生态平衡。儒家先哲从人与天并立中，承认和肯定自然的价值，将顺应自然视为建立人与自然和谐关系的前提，故《中庸》强调要"上律天时，下袭水土"，顺应自然规律，将实现"万物并育"和"道并行"的天人和谐的状态。孔子之"子钓而不纲，弋不射宿"警语，代表中华民族古代文明自觉保护生物的道德觉醒。"丘闻之也，刳胎杀夭，则麒麟不至郊；竭泽涸渔，则蛟龙不合阴阳；覆巢毁卵。则凤皇翔。何则？君子讳伤类也。夫鸟兽之于不义也，尚知辟之，而况乎丘哉。"[①] 违反生物成长规律，用剖腹取胎、竭泽而渔、覆巢毁卵等灭绝物种手段，满足人类暂时需要，必然阴阳失调、祥瑞不再、生态灾难频发。故此，孟子指出"不违农时，谷不可不胜也"[②]，是王道之始。荀子曰："草木荣华滋硕之时，则斧斤不入山林，不夭其生，不绝其长也。鼋鼍鱼鳖鳅鳝孕别之时，罔罟毒药不入泽，不夭其生，不绝其长也。春耕、夏耘、秋收、冬藏，四者不失时，故五谷不绝，而百姓有余食也。污池渊沼川泽，谨其时禁，故鱼鳖优多，而百姓有余用也。斩伐养长不失其时，故山林不童，而百姓有余材也。"[③]《礼记·月令》依据春夏秋冬四时变化、日月星辰运行、动植物生长周期，安排百姓生产活动、国家政治活动和社会治理秩序，构建了人、家庭、

---

① （汉）司马迁：《孔子世家》，《史记》卷四十七。
② 《孟子·梁惠王上》。
③ 《荀子·王制》。

社会、国家与动物、植物、生物等和谐共处理想生态平衡模式,即顺应自然、尊重自然万物发展规律,而构成的一个彰显天人和谐特征的生态平衡图景。人与天地万物的一体化思想是先秦儒家构建生态和谐价值观的基础,这是先秦儒家伦理没有走向人类中心主义的重要原因。

(五) 保护自然的生态伦理制度

犹太先知和先秦儒家思想不仅包含着丰富的仁爱自然、敬畏自然、尊重自然、顺应自然的生态理念、生态道德和生态智慧,而且包含着丰富的生态伦理制度思想。两个民族先哲致力于保护自然生态制度化和法律化的思想成果,依旧是当下建构生态保护伦理制度和法律制度的重要思想资源。

犹太生态伦理制度多以诫命的形式出现。"摩西十诫"规定,要铭记安息日并守住圣日。安息之日,不仅主人、奴婢要休息,而且牛马驴等牲畜、飞禽走兽也要休息,一切皆为神的看护中。"第七日要安息,使牛、驴可以歇息,并使你婢女的儿子和寄居的都可以舒畅。"[1] 安息年要使土地恢复肥力,获得歇息,六年连续耕种田地、收藏土产后,到第七个年头,需要让土歇息休养,不再耕种。主人要给穷人留足口粮,莫将田野、山上、葡萄园和橄榄园的果实全部收光,要留给动物一些糊口。[2] 律法还规定,爱护动物是人的责任。如,要爱护动物的幼崽,使之健康成长;既是安息日也可拯救受困动物;人若无能力给予动物良好喂养,则不要蓄养家畜、野兽和禽鸟;更不能因欣赏玩乐的目的迫害动物。除此之外,律法还列举了许多关于宰杀和食动物的禁忌。

自上古以降,中国思想家和管理者普遍存有生态意识和生态伦理思想,保护自然环境、自然资源和自然生态的生态伦理制度和生态行政管理制度应运而生。黄帝之"节用水火材物",炎帝之"不伤不害",成汤之"德及禽兽",西周思想家之"取之有节"和"自养有度",孟子之"不违农时",荀子之王制思想,等等,均体现了古人节约资源、顺应自然的生态理念,初步形成了以自然资源节约为基本要求,以道德关

---

[1] 《圣经·出埃及记》23:12。
[2] 《圣经·出埃及记》23:10。

怀普及至自然万物为主线、以取之有节和使用有度为制度规制的古代社会生态伦理的基本框架。

西周时期，已有自然资源方面的行政设置，《周礼》之"地官"之所属，专责"山、林、川、泽"，监管自然资源的保护和利用。山川林泽为国家和百姓提供生产和生活资料，是共有之产，而非私有之产，要恒常使用，必须全面保护。山川林泽是"国家之宝"，故设行政管理机构并制定禁令，禁止自由私取。同时，动植物具有繁殖生产周期，以制度、禁令规制以时取和以时禁，保护动植物资源繁衍生长的周期性，实现"平其守"之目的，令自然资源利用和生成保持平衡状态。我国古代的"禹之禁""四时之禁""天子之禁""先王之制"等，兼有生态法律制度和生态伦理制度蕴意。孟子曰："不违农时，谷不可胜食也；数罟不入洿池，鱼鳖不可胜食也；斧斤以时入山林，材木不可胜用也。"[1] 荀子认为圣王之制是保护生态环境最好的制度。先秦儒家关于自然资源的管理制度，是农业社会管理和农业文明发展中人类依赖于自然的反映，人依赖自然方能获得生命延续，因此，保护自然，将"以时取"和"以时禁"化为自律行为，必须纳入国家和政府的行政事务和行政管制度之中。

构建完整系统的生态伦理规范制度体系、道德评价体系和善恶评价体系，与生态文明法律制度密切配合，将各类开发、利用、保护自然资源的行为纳入制度体系之中，以制度维护生态平衡，调整人与自然关系，是我国生态文明建设的基本要求。统筹设计和推进生态环境领域和其他领域生态伦理制度建设，必须以生态价值观为指导，因为生态伦理制度的设计和制定都是特定时代的核心价值观的要求，每个文明时代都有自己独特的核心价值和核心价值观，又需要匹配独特生态伦理制度及其实施机制。生态伦理制度体系要体现公平、正义，兼顾当下与长远、局部与整体、当代与后代利益满足以及协调发展、永续发展和可持续发展的主旨要求。

自然具有经济价值、生态价值和社会价值。"敬畏自然、尊重自然、顺应自然"的生态伦理思想，要求人类必须消解以自然经济价值为中心的理路，更加重视自然生态价值和社会价值。尊重自然、顺应自

---

[1] 《孟子·梁惠王上》。

然，必须做到开发、利用自然与保护、回馈自然统一，不能超越自然承载力盲目地开发、利用自然，更不能以经济增长之名破坏自然。建构人与自然和谐关系，需要从生态伦理思想到生态伦理制度同步推进、共同发力，借鉴犹太律法制度和先秦儒家礼法制度的智慧资源，构建符合现代生态文明建设需要的现代生态伦理治理体系，其意义至关重要。

四 "创造"与"生生"伦理之相异性

以色列先民与先秦儒家生态伦理在生态自然观、生态价值观、生态责任观、生态智慧观和生态伦理制度等多个维度，表现出众多相似性和相通性，说明两个民族的先哲对人与自然关系的解读和思考，很早就超越了原始生态自然观，开始较全面地探究自然的经济价值、生态价值及其社会价值，并将人类的道德关怀扩充和推至自然万物。同时也证明，人与自然关系的思考与回答，是宗教、伦理、法律和哲学必须优先解决的问题。

但因两个古老民族及其文明发展的路径不同，两种生态伦理模式的基础和性质各异，对人与自然关系考问和追究表现出众多相异相左，对后世的人际伦理和生态伦理影响各有侧重和不同，把握两种生态伦理思想资源的独特性和相异性，有助于从不同向度学习借鉴两个民族古代生态伦理思想，获得建构现代生态文明和生态伦理的重要思想资源。

（一）生态伦理的基础：神本主义与人本主义

以色列先民视上帝创造为生态伦理的根本和基础，神、人、天、自然万物构成犹太生态伦理的四个基本要素，亦是生态自然观和生态道德观关注的基本内容。天、人和自然（万物）都是上帝的创造物，上帝具有本原性、主宰性和根本性。天地、白天、黑夜、空气和自然万物，即天和天上的天、地和地上所有都是上帝按照自己意志的精心创造，人和人间秩序与价值亦是上帝的受造物。人敬畏自然、尊重自然、爱自然万物，不过是实现上帝之爱，彰显上帝荣耀的一种方式，人对自然万物之爱，说到底是对上帝之爱的一种表达方式。在犹太生态伦理体系中，天之外还有一个终极的创造者——上帝，这个上帝是天以及人和自然万物的第一源泉，人对自然万物的道德关怀，是秉承上帝之命，普化上帝之爱的结果。因此，犹太"创造"之生态伦理是以神为中心的伦理，抑或神本主义的生态伦理。

"生"抑或"生生"范畴是先秦儒家生态伦理的逻辑基点。先秦儒家生态伦理将认识论、宇宙观融为一体——生态本体论，其独有的"宇宙伦理模式"包含着中华民族丰富的生态伦理智慧。先秦儒家视"生生"为自然万物之大德和氤氲化育之根据，以天之"生生"为内在机制，自然、宗教、哲学、宗教和道德之天实现完美过渡和有机衔接，一体多义之天具有统一性、和谐性和整体性，"生生"是人与自然的发生机理和变化规律，是天人共生共蕴、互为一体嬗变之理。因此，从先秦儒家生态伦理的发生来看，"生生"之基础具有一定的宗教性，因"生生"是天之本性，故此天是先秦儒家生态伦理的基础。与犹太之天（自然之天）不同，先秦儒家之天除有自然之义外，还有主宰之义和道德之义。先秦儒家生态伦理之敬畏自然、尊重自然、顺从自然，更多的是与人相对的自然。基于历史文化重任要求，孔子"截断中流"，创制"仁学"，将亲亲之爱化为普遍之爱，将人之道德关怀诉诸自然万物，人与自然和谐关系的建构成为先秦儒家生态伦理的核心。因此，先秦儒家的生态伦理是人本主义彰显的伦理模式。

（二）生态伦理的性质：人类中心主义与人文主义

人类中心主义价值观是现代生态危机的根本原因。现代技术理性和工业文明是人类中心主义价值观盛行的重要推力，而人类利益贪欲和权力膨胀则是人类中心主义价值观的内在动力。莫尔特曼认为，"不彻底改变我们人类的发展方向"，"不能成功地找到另外一种生活方式和另外一种对待生物及自然的方法"，生态危机"将会以全面大灾难而告终"。[1] 造成生态危机的深层原因是人类不断谋求征服和改造自然的权力，以满足自己无限的欲望和需要。

传统犹太教认为，人被上帝赋予管理自然万物的权力，"生态中心主义者"将这种特殊权力归为"人类中心主义"原罪的宗教根源和文

---

[1] ［德］莫尔特曼：《创造中的上帝——生态的创造论》，隗仁莲等译，生活·读书·新知三联书店 2002 年版，第 31 页。

第五章 生态伦理

化根源。《圣经》载，上帝创造人，赋予人特殊治理权力和管理责任，"管理海中的鱼、空中的鸟，和地上各样行动的活物"，看守伊甸园。人是上帝形象的复制，管理和看守是将上帝荣耀普及给自然万物，将上帝之爱播撒给自然万物。显然，由此我们并不能推演出人类中心主义的价值诉求。但人是万物之灵，遵守上帝之命并不彻底，甚至过度行使上帝赋予管理职权，以满足自己欲望。偷吃"智慧树之果"，则将私欲膨胀至极点。为遏制人的贪欲和权力欲，上帝频繁地与以色列先民立约，以律法约束人的行为。"你要谨记，免得忘记耶和华——你的上帝，不守他的诫命、典章、律例，就是我今日所吩咐你的；恐怕你吃得饱足，建造美好的房子居住，你的牛羊加多，你的金银增添，并你所有的全部加赠，你会心高气傲，忘记了耶和华——你的上帝。"[①] 以色列先民已发现了人类希冀以权力实现自我中心化的企图，并已洞见到以律法规制人无限膨胀欲望的重要性。因此，无限膨胀的利益追求与权力欲望是人类中心主义价值观产生的主因。可以预见的是，人类征服、改造、管理自然界权力获得合法性的解释，必然从人类的利益和价值出发，以人为根本尺度，按照人类的价值观评价外部世界。如是，有些思想家认为，发源于西方世界现代生态危机是技术危机、道德危机，也是宗教危机。因此，我们可以肯定的是，古犹太文化是人类中心主义价值观产生重要宗教文化源头之一，犹太—基督的价值观经由工业革命、宗教改革的影响，到20世纪初期达到高潮——人类中心主义价值观甚嚣尘上。因此，以色列先民赋予人特殊的管理权力，是人类中心主义价值观产生的重要原因，如果其剥离宗教外衣，我们可以发现，犹太之生态观确乎是以人为中心的生态观。

先秦儒家认为自然界是一个有机的生命及其生生不息、大化流行的存在，不论是天人宇宙的自然生成，还是社会秩序生成，都是阴阳交感、天地感通的结果。在天人一体的宇宙生命的存在模式，人类不是宇宙的中心和生命的主宰，宇宙是一个氤氲化育的生命有机体，天地人三材是其核心要素，各自按自己的规律运行，彼此和谐、共生共荣，实现天人的恒久延续、生生不息。荀子曰："水火有气而无生，草木有生而

---

① 《圣经·申命记》8：11。

无知,禽兽有知而无义,人有气、有生、有知,且有义,故最为天下贵也。"① 敬天贵人是先秦儒家生态伦理的人文特质。与犹太生态伦理可能走向人类中心主义不同,先秦儒家生态伦理思想凸显敬天、顺天、安命之敬畏自然、尊重自然、顺应自然的思想理念,但"人最为天下贵"价值认同一以贯之,彰显出浓厚的人本主义和人文主义基调和色彩。因此,在先秦儒家生态伦理思想中,生态环境客观性的认同与超人类中心主义(人文主义)的高扬并行不悖。先秦儒家之自然生态既包括自然之自然,也包括人化之自然;前者是自然生态环境,后者是人文生态环境。质言之,敬天是天地之道和天地之本源的理解和认同,贵人则凸显人本和人文的理解和认同。先秦儒家以大生态观的伦理定位,以系统性和整体性思维方式,以超越狭隘人类中心主义的价值诉求,思考和体察人与自然的内在关系及其运行机制,将人类与自然生态观融为一体,将人类的道德关怀推至自然万物,仁爱万物的追求彰显出超越狭隘人类中心主义独特气派,是建构现代生态伦理最重要的思想资源。

---

① 《荀子·王制》。

第六章
社会伦理

从社会学和伦理学交叉的视角，探究和考察古犹太选民伦理和先秦儒家角色伦理，比较二者在伦理依据、功能、实现路径等层面的异同，通过对选民与角色的权责定位分析，厘清选民伦理与角色伦理在道德责任、道德规范、道德评价和道德行为模式的特点，分析二者在道德治理方面的优势和不足，具有重要的学术价值和现实意义。

一 犹太选民伦理

(一) 选民观念演变和特征

选民思想或选民观念，是古犹太文化的核心观念之一。要全面把握和审视犹太伦理的核心要义，洞悉"上帝、托拉、以色列"三大主题深层的内在关联，选民观念是认知犹太文化和犹太伦理，探究犹太民族认同、民族信仰和民族精神及其犹太文明内在机制和嬗变规律的重要进路。

犹太选民观念主要经过三个重要发展阶段。[①] 圣经犹太教时期是选民观念和选民思想的初创阶段，选民观念的形成对选民思想和选民伦理至关重要。特选了民观念源于《摩西五经》神人立约的记载，选民观

---

① 学界一般认为犹太选民观念有三个重要阶段：圣经犹太教阶段、拉比犹太教阶段、近现代犹太教阶段。

念是神人关系构成的基础和前提。如前述及，上帝创世造人是犹太教及其伦理的基础。历史上之所以犹太教教义将犹太民族视为上帝从万民之中拣选的一个特殊的民族，犹太人也自称为上帝的"特选子民"，是因为选民观念与犹太教的创造论和契约论密切相关。

传统犹太教的创造论认为，人是上帝独特的创造，是上帝形象的分享与复制，因此，上帝与人之间有一种特殊的亲缘关系。与其他民族不同，犹太民族秉承上帝之大任，彰显创造之荣耀，肩负着特殊的责任、义务和使命。这种创造和受造的特殊关系是传统犹太教选民观念产生的前提。应该指出的是，真正令这种特选子民理念化为犹太民族的心理基础和精神支柱的是神人契约观念和神人思想的出现。[1] "托拉"中关于上帝耶和华与犹太人立约，俯拾皆是。拣选与立约密切结合、融为一体，是选民观念的一个重要特点。

亚伯拉罕拣选之约是犹太民族选民观念形成的初始阶段。亚伯拉罕之约的内容主要包括：赐名亚伯拉罕、后代极其繁多、做多国的父、国度从你而立、国王从你而出、赐予迦南全地，标志是割礼。[2] 显然，上帝与亚伯拉罕立约，其中赐予名字和规定割礼，是以色列人成为神圣民族标志，而权力、人口、土地是弱小民族赖以生存和发展的基础和保障，也是亚伯拉罕希冀与上帝立约想获得的。在神人立约的架构中，上帝是立约及其内容的主导者、规定者，而亚伯拉罕是立约被动的接受者，是"觅人的上帝"耶和华主动拣选以色列人并与之立约，非现代契约关系采取立约双方共同商定、责任义务对等的样式，此时的立约更像两河流域的"盟约"，正是在此种语境和意义下，以色列先民才自称为上帝的"特选子民"。应指出的是，上帝与始祖亚伯拉罕的拣选契约，仅仅是选民观念形成第一步，亚伯拉罕之后，经以撒和雅各两位始祖先，及至摩西时代，以色列人逐渐演化为一个完整意义上的民族，具有被选的基础和条件。

摩西时代，选民观念基本确立。"摩西十诫"从多个维度规定了以色列人作为"选民"的宗教、律法、伦理的责任和义务，对"选民"

---

[1] 本书第五章对犹太契约及其伦理特征做了详述，在此不再论及。
[2] 参阅《圣经·创世记》17：1–14。

观念的进一步确立，至关重要。

在信仰层面，上帝之外，别无他神，多神崇拜和偶像崇拜与选民的宗教义务和责任相背离，唯一信仰是选民的第一要务；在行为层面，选民要爱上帝、遵守上帝诫命、不可妄称上帝之名，必须遵守安息日；在现实层面，必须履行好选民的角色，在家庭中按照十诫要求，履行子女的角色，孝敬父母、尊老爱幼；在社会层面，履行遵守律法和伦理的角色，不可杀人、不可奸淫、不可偷盗、不可做假证、不可贪恋他人的财物。

"摩西十诫"从整体确认了以色列与上帝之间的特殊关系，是以色列先民的集体承诺服从拣选的结果。由此可见，在摩西时代，犹太选民观的基本条件基本成熟：完整意义上的民族、拣选的契约、规制拣选的律法，以及土地、人口和权力等基础要素均已完备，犹太选民观及其伦理观基本形成。

拣选和立约合二为一，是选民观念的重要特点，是犹太民族区别于其他民族的重要标志。"我是耶和华——你们的上帝，使你们与万民有分别的。所以，你们要把洁净和不洁净的禽兽分别出来；不可因我给你们分为不洁净的禽兽，或是滋生在地上的活物，使自己成为可憎恶的。你们要归我为圣，因为我——耶和华是圣的，并叫你们与万民有分别，使你们做我的民。"①

选民观念形成有多个维度的意义：部分信仰演化为整体信仰、个体之约普遍化为集体之约、一般民族转变为特殊民族、多神信仰转变为一神信仰、世俗民族嬗变为神圣民族。这种整体性、集体性、特殊性、神圣性正是以色列先民希冀凸显民族独特性的内在要求。"如今你们若实在听我的话，遵守我的约，就要在万民之中做我的子民，因为全地都是我的。你们要归我做祭司的国度，为圣洁的国民。"② 作为上帝的"特选子民"，上帝耶和华降大任于斯族斯人，赐领土立族立国，树祭司和圣洁为国家国民的价值目标。

对以色列先民而言，这是上帝赋予自己特殊的责任、义务和使命，是与上帝关系更加亲缘和亲密的表征，是得到更多神爱和神助的表达形

---

① 《圣经·利未记》20：24-26。
② 《圣经·出埃及记》19：5-6。

式，是上帝之创造和荣耀实现的具体路径。作为上帝选民，上帝赋予更多重要和宝贵的东西，得到了更多的爱和荣耀，受到了上帝特别的眷顾和垂青。因此，"特选子民"对以色列先民形成一种强烈心理暗示，即以色列先民从心理、情感和精神层面，自认为是天之骄子，是一个肩负大任的圣洁和优秀之民族。

那么，拣选的对象为何是以色列而非其他民族呢？为何将神圣民族赋予以色列人而非其他民族呢？原因在于以色列先民遵守律法、恪守契约、严守诚信。《申命记》载："因为你归耶和华——你上帝为圣洁的民；耶和华——你上帝从地上的万民拣选了你，特作为自己的子民。"但是，"耶和华专爱你们，拣选你们，并非是你们人数多于别民，原来你们的人数在万民是最少的。只因耶和华专爱你们，又因为要守他向你们列祖所起的誓"①。上帝具有信实的品格，向爱他、守他诫命的人守约，施慈爱。上帝选择以色列人，正是因为以色列人与上帝一样具有信诺守约、严守诚信的品格，而这些品格正是上帝钟爱和垂青的优秀品质，是拣选始祖亚伯拉罕立约所拥有的东西。《圣经》没有记载上帝偏爱、专爱以色列人的根据②，但这种特殊性、唯一化的拣选，却内化为以色列先民心理和精神之中，成为以色列先民自认为是优秀民族的重要原因。

选民观念在大卫时期得以延续和发展。上帝与大卫立约的内容是：蒙召大卫、立为国君、护佑大卫、剪除仇敌、赐名立王、赐地安居、赋权治理、民族昌盛、建家立室、人口极多、王权世袭。拣选，关乎国家统治和社会治理，关乎以色列王国命运和犹太民族昌盛。如张倩红教授所言："大卫王是以色列历史上一位出类拔萃的政治家，他抓住了中东大国埃及和亚述走向衰落的历史机遇，充分发挥自己的才能，把以色列各部落真正统一起来，建立了一套行政体制，并组织一支强悍的部队，此外还大力扶植犹太教来凝聚人心，因此大卫作为国家的真正缔造者和出色的军事统帅而载入史册。"③为了统一各部落，实现民族统一，大卫时期，以色列先民以"君权神授"方式，将大卫做国王视为神拣选

---

① 《圣经·申命记》7：6—9。
② 拉比犹太教时期犹太选民观念获得完善发展，拉比犹太文献将选民观念与以色列先民的德性和德行关联起来，将德性和德行作为以色列人成为特选子民的重要因素。
③ 张倩红、张少华：《犹太人千年史》，北京大学出版社2016年版，第27页。

的结果，从而令大卫及其统治具有合教和合法性，得到神的护佑、民族认同和国民支持。而大卫王则通过扶植犹太教、强化拣选的合法性，以此凝聚民族力量、统一民族意志，实现社会治理和王国统一的目的。

选民思想在正典先知时期得到丰富发展。先知是犹太历史上的一个重要独特的社会和知识群体。传统犹太教认为，先知是受上帝蒙召替上帝代言、传达上帝旨意的群体。实质上，犹太先知是以实现国家统一、民族兴旺、民众安居乐业为大任，他们以笔舌为武器，鞭挞腐朽、痛击分裂、憎恨腐败，他们以盟选的身份传道解惑、教诲民众、启迪民智、团结百姓，实现信仰统一和民族统一。先知种类多样、人数繁多、思想多元，总体观之，先知基本属于经济、社会和政治的改革派、伦理一神教的拥护者、民族统一的引导者和文明演进的精神导师。

巴比伦之囚前，著名的先知有阿摩司、何西阿、以赛亚、弥加等，他们对选民观念进行修正、丰富和发展，如淡化律法意识、修正固化教条、拒斥献祭等外在仪式，重视公义、慈善、止直等内在品质培养，注重道德责任、道德情感和道德义务，颂扬上帝的创造和拣选之爱，凸显上帝的恩宠与荣耀，等等，他们认为，上帝与以色列人是类似夫妇、父子一样的亲缘性和亲密性的关系。以色列人必须完成作为选民的责任和义务，彰显上帝的恩宠和荣耀，才能真正拥有土地、神殿、国家、权力和人口，等等，否则以色列将失去这些弥足珍贵的东西。不仅如此，正典先知还将选民观和使命观、救赎观关联起来，丰富了选民观内涵和意义。

巴比伦之囚后，圣殿被毁、家破国亡、民失族散，令选民观念得到新的发展，这一时期著名的先知有耶利米、以西结、那鸿等，他们关注国家命运，为民族复兴、圣殿重建、救亡图存而奔走呼号，这一时期的选民观凸显如下特点：坚守一神信仰，彰显上帝的普世性、正义性和仁慈性，丰富道德责任和道德义务思想，强化契约的权责统一观念和人人为自己行为负责的思想，突出公义、公平、正义、慈善对宗教生活的意义和价值。

(二) 选民伦理

以色列先民的选民观念和选民思想与其创造论、契约论交织融合在一起，选民伦理观和选民伦理思想是选民思想的重要内容，选民伦理强调犹太伦理的民族性、社会性、关系性，凸显爱、公义、慈善、律法等德性和道德规范的价值，展现出犹太伦理独特思想特色。从伦理学视角勘察以色列人的选民观和选民思想，可以发现其中蕴含的伦理秩序、道德责任和道德义务等伦理意蕴。从选民思想与伦理学的延展而言，选民伦理以宗教学和伦理学的交叉为学理依据，以伦理学为基本视角，研究选民作为道德主体所承担的道德责任和道德义务，以及如何回应和处理神人关系的伦理。就犹太选民观念的现实推展而言，选民伦理是基于选民地位和身份，形成的道德规范、道德行为、道德责任和道德义务。

创造论是选民伦理的本体论基础。人是上帝的创造物，是上帝形象的复制。没有上帝完美的创造，人与宇宙万物将不复存在。人的创造与其他宇宙万物的创造不同，神人关系是一种特殊的亲缘关系。创造论是拣选论和契约论的基础和前提；没有创造，拣选将失去对象，契约将失去依据。创造论是犹太选民伦理的本体论基础。

契约论是选民伦理的宗教依据。上帝与以色列人订立契约的前提是，上帝赐予丰腴的土地使以色列人安居乐业、不再流浪，上帝赐予众多人口使以色列人薪火相传、民族昌盛，上帝赐予权力使以色列人建立独立的国家和民族，最为重要的是当以色列人遇到困难之时，上帝会及时伸出救助之手，拯救以色列人。而以色列人成为特选子民，必须尽心、尽性爱上帝，无条件地服从上帝，按照契约履职尽责。上帝拣选以色列始祖、祖先、先知和国王，均是根据契约和律法，有意志、目的和有标准地拣选，选民伦理是神人架构下，神人、人人、人族关系伦理。上帝无疑是订立拣选契约的主导方，上帝的拣选是以自己慈爱、诚信、慈善和公义的品质为基本条件和标准，要求并诉诸具体拣选对象和过程，"约"与"诺"更多源自发起方，以色列人只是被动的接受方。由此可见，选民伦理所呈现的各种德性和德行，均为上帝自有永有的独特品质，而以色列人现实层面呈现的公义、公正、慈爱、慈善等德性，归根结底是分享了上帝德性，换言之，选民伦理及其选民德性实质是契约架构下的宗教恩典契约伦理和恩典德性。

责任论是选民伦理的目的。选民观念在历史上对维系犹太民族发展统一、唤醒流散中的以色列人、凝聚民心、坚守信仰有重要的作用。各种仪式、节日、晨祷、祷文，既强化了以色列人一神信仰，形成了统一的民族心理和民族意志，又重塑了以色列人的民族意识和民族精神，时刻提醒以色列人要珍惜和珍视民族宗教和文化中的选民观及其责任意识，将爱、公义、慈善、公正作为选民的道德责任和道德义务，在付诸具体道德实践中彰显上帝的慈爱和荣耀。摩西时代以前，选民观念凸显"祭司国度、圣洁国民"的责任伦理意义，而正典先知时代，先知们更多地将责任伦理作为选民地位与选民行为的内在关联机制。作为特选子民，尽管与神有亲缘和亲密的关系，能获得神佑和神助，但上帝公正和公义的品性，决不容忍其子民有背离契约和违背律法的行为，根据契约和律法设置的责任条款，犯罪而被惩罚亦是选民观的重要内容。

使命论是选民伦理的目标。将遵守上帝律法和契约视为第一要务，是人口繁多、赐予全地、赋予治理之权的前置条件，上帝拣选以色列人的目的，是使之成为祭司国度和圣洁国民。作为选民，既要符合拣选条件，更要肩负拣选使命，将神爱和神助化为以爱神尊神、遵守诫命为基本的内心情感和心理需要，并在道德实践中恪守上帝之道，彰显上帝创造和拣选的荣耀，以此为基点，将一神信仰内化为民族的整体信仰、普遍化为以色列人的集体意识，实现特殊民族、一神信仰、神圣民族、祭司国度的道德治理目标。这种整体性、集体性、特殊性、神圣性，正是以色列先民希冀凸显民族独特性的内在要求，并以此凝聚民族力量、统一民族意志，实现宗教治理和社会治理的使命。正如徐新先生所言："千百年来，特别是犹太民族多次面临民族危亡，遭受无数打击和迫害之际，特选子民观念起到了相当的积极作用。它不仅使受难的犹太民族在精神得到慰藉，给了犹太人博取成功的自信，使失国离散犹太民族的文化得到一以贯之的继承，而且使犹太人在道德上不断追求完美、追求卓越，在精神上始终保持昂奋，成为世界上一个伟大而优秀的民族。"[①]

二　先秦儒家角色伦理

中国传统伦理思想中蕴藏着丰富的角色伦理的资源。先秦儒家的角

---

① 徐新：《特选子民》，载宋立宏、孟振华主编《犹太教基本概念》，江苏人民出版社2013年版，第78页。

色伦理思想兼具形上角色和具体角色特征，是当代角色伦理理论研究和角色伦理治理实践的重要思想资源。先秦儒家在继承西周礼治思想的基础上，创立以"仁"为核心的伦理思想，赋予不同政治角色、社会角色、家庭角色相应的社会地位、管理职责和权利与义务，建构了一套规制不同社会角色的道德规范系统和道德规范标准，形成了先秦儒家独居特色、系统丰富的角色伦理思想。

（一）角色伦理

"角色伦理"概念和术语的形成与提出，引起了社会学和伦理学者的重视与共鸣，是21世纪以来的事情。作为一个独特道德概念和道德形式，在中国伦理思想史上，"角色伦理"并未真正地出现过。"角色伦理"引起学界关注和作用逐渐凸显，源于20世纪90年代以来治理理论兴起和西方政治与公共治理的转型，以及世界范围内国家治理与社会治理的理念和方式的创新和发展。角色伦理是国家治理、社会治理理论与实践的重要内容和独特形式，是一个社会对其成员身份、地位、角色以及权利、责任和义务的道德规制，是一套凸显社会伦理功能和彰显自我角色道德特质的角色规范体系，是社会成员与自我角色、身份和地位相契合道德行为的标准样式、道德价值范式和道德评价体系。因此，从社会学和伦理学交叉视域观之，角色伦理是实现社会治理目的、创新社会治理方式、提升社会治理效能、完善社会治理体系的重要内容，是研究社会治理理论和道德治理实践的一个崭新视域。

角色伦理是社会伦理的反映和具体化。人的本质是社会关系的总和，个体和群体都是社会的产物和社会关系的存在，社会是个体和群体存在与发展最重要的载体，离开社会关系，个体的存在就失去了依托，社会组织则会分崩离析。在社会关系系统中，任何个体和组织存在和发展均必须符合社会良性运作的要求，都必须遵守社会运行规则和社会治理制度，都必须遵守社会法律规范和道德规范，都必须扮演好社会赋予的社会角色，承担一定社会责任和义务。

从伦理学视域观之，角色伦理实质是社会伦理的反映和具体化，是一个社会有意识、有目的、有方向地将社会伦理主旨、社会伦理精神、社会伦理想及其道德理念、理论、规范、目标，通过社会舆论、风俗习惯和自我修养，内化为所扮演角色的道德心理、道德情感和道德理念，通过社会赋予和角色自我认知，形成社会角色的权责关系、义利关系、荣辱关系，将社会伦理要求和伦理规范化为角色应然的道德心理、道德情感、道德责任，形成符合社会伦理规范的角色道德行为及其角色道德规范。

角色伦理是社会治理的独特方式。一是与其他社会治理方式和治理方法不同，角色伦理根据治理理论和社会伦理的要求，赋予社会角色契合自身身份和地位的道德权利和道德义务，建构调整社会角色关系的道德规范，形成符合社会治理目的的角色标准，塑造适应社会治理模式的道德行为，承担社会治理的角色道德责任。

二是根据社会伦理价值导向功能要求，角色伦理将社会道德评价和善恶评价的内容、标准、形式和目的，转化为角色评价和角色善恶评价的具体要求，将社会舆论转化为角色舆论、传统风俗转化为角色风俗、社会内心信念转化为角色内心信念，并对社会伦理观念、伦理行为、理想人格以及道德精神和道德品质"角色化""身份化"和"地位化"，通过角色伦理治理效应助推社会治理。

三是根据社会伦理要求和目标，使社会角色在社会、组织、他人的组织体系和关系体系中，凸显角色扮演者具体化的道德要求和角色价值目标，将社会对每个角色设定相应固定的准则、标准和期望，转变成角色道德自觉，形成角色道德内省和角色道德修养，进而更好地扮演好社会角色，适应社会治理体系的要求，从而充分彰显出社会角色独有的角色伦理实践导向，助推社会治理的精准化和精细化。

角色伦理是角色道德自律与他律的统一。角色伦理是一种独特的规范方式，是角色他律规范不断内化为自律规范的调控方式。人类社会实践，产生了人与人、人与社会独特的社会关系及其社会秩序，这种固化社会关系和社会秩序，对社会个体而言，就是一种不以个人意志为转移的普遍规则和规律。要实现社会关系和社会秩序的良性运作，遵守普遍性规则和普遍性规律，所有社会组织和个体必须扮演好自己的社会角色，必须正确处理人与人、人与社会、人与自然的各种关系，包括各种相应的角色伦理关系，必须遵守社会要求的道德规范，包括道德原则、道德规范、道德准则和道德范畴等多层面、多维度伦理规范体系，通过这种多层面和多维度的伦理规范体系，界定不同的社会角色道德行为和道德生活方式,将社会中的各种角色纳入社会需要的秩序范围之中,实现社会角色有机关联、良性互动和和谐发展。因此,角色伦理是社会治理和社会调控的独特有效方式。在当代社会治理过程中,角色伦理的实现是一个由外而内和由内而外的双向过程。

由外而内的过程,实质而言,就是具有不同角色、身份和地位的组织和个体,必须按照社会需要和社会伦理的要求,履行符合自己身份、地位的道德责任和道德义务,遵守符合自身角色的道德行为规范,实施符合自己角色的道德行为,从而获得社会认可和满足社会需要。正确保护社会赋予各类角色的道德权利,履行社会角色道德义务和道德责任,遵守角色道德规范,遵守社会道德规范体系和律法规范体系的规约。这些义务、责任以及社会道德规范体系,具有强制性、制约性、外在性和他律性特征。换言之,角色伦理是通过角色道德义务、角色道德责任和社会规范体系,不断强化角色伦理意识,形成角色道德自觉,内化外在道德规范,形成角色伦理内省和内需,外在的强制和规范不再是强制性的约束和规制,而内化为一种心理需要、道德情感和自觉行为。

由内而外的过程,实质而言,就是社会角色将道德义务、道德责任和外在社会道德规范的自觉、自省意识外化为更加符合社会规范体系的道德行为,以及符合社会规范要求的道德自律行为,而角色道德义务、道德责任和外在规范,在更高层面上实现他律和自律、外在和内在、规约和自觉的有机统一,成为社会普遍褒奖的道德行为,至此道德义务、道德责任、道德荣誉和道德良心实现了螺旋式发展。

(二) 先秦儒家角色伦理

"儒家角色伦理"[①] 这一概念和命题,首先由美国哲学教授、世界

[①] 安乐哲在《儒家角色伦理学——一套特色伦理学词汇》(英文版,香港中文大学出版社 2011 年版,中文版,山东人民出版社 2017 年版)指出,儒家角色伦理提出了一套行为规范和指导性原则,这些行为规范和指导性原则不是"抽象"的原理价值或"德性"(Virtue),而是从根本上根据我们实际熟悉的、社会的"角色"而找到的指南。根据儒教角色伦理基本原则和行为规范,家庭角色以及各类社会关系构成一个具体、独特、庞大的社会化网络,形成了父母、儿女、师生、朋友、邻居等角色,从个人修养功夫角度,儒家追求以家庭为依托,个人角色及其社会关系的最佳化。

儒学文化联合会会长、国际儒联副主席、著名的哲学家安乐哲等提出的。安乐哲认为,儒家思想不是诉诸一套外在的"客观原则","而是提倡一种人要努力活得有德性的途径,是成就所谓人与人'仁'的关系的行为。对于根植在关系中的生活整体观,如此要求人持久地修养一种审美感、道德感以致宗教感的意识,使人致力于追求对自己所做一切事业理想境界的恰当性,这是一种在自己所具有身份角色上、各种关系上,发挥个人天赋能力,为的是尽力达到人之最大意义"。①

安乐哲还认为,家庭亲情是"角色伦理"的根基,国家"政体"是家庭的直接延伸,"齐家"成功的人,对于"治国"同等重要。对安乐哲而言,"儒家角色伦理"既关心社会个体在社会关系和社会生活中的角色,又专注不同角色在不同境遇下所应遵循的道德规范。这是因为社会、家庭、邻居、朋友之"角色"是一个动态之完成和完善的过程,"角色伦理"则是一个具有持续性和较强稳定性的生活模式,是一个具体化、非抽象性的原理和规则体系。

安乐哲之所以将儒家伦理界定为"角色伦理",是因为他认为中国思想二元思维不明确,没有西方意义上的"超越"观念,他还认为,与西方哲学不同,中国哲学是典型的过程哲学,而非封闭式的预设哲学。同时,安乐哲建构的角色伦理是建立在重新界定、诠释和理解"角色"基础之上,其主要方法是预设中国哲学是过程哲学,并将过程思维作为过程哲学的前提,把过程思维之反本质、反决定论、反机械关系的理念作为重新诠释"角色"的全新维度,社会个体的多维互动关系和互动过程成为理解"角色"独特内涵的关键。

显然,安乐哲角色伦理为我们研究儒家伦理,尤其是先秦儒家伦理提供了一个新的视角,将伦理之关系性、互动性、社会性作为研究先秦儒家伦理重点,在一定程度上,"角色伦理"的确抓住了先秦儒家伦理的思想特色。角色伦理之关系性、互动性、社会性的研究进路,实质而言是赋予了角色关系更多的有机性、特殊性和多样性,能消解社会格式化、历史模式化给社会个体之显性和潜在的角色模型统一化的束缚。在

---

① [美]安乐哲:《儒教角色伦理学——一套特色伦理学词汇》,孟巍隆译,山东人民出版社2017年版,第183页。

一定程度上，安乐哲角色伦理为丰富和推进先秦儒家伦理规范伦理和德性伦理研究，提供了一个新的思维向度和研究视角。

但应指出的是，安乐哲关于儒家角色伦理激进的经验主义思维进路和排他式的西化分析方法，不仅在儒家伦理内部的解释力极为有限，而且在与其他伦理体系的互动和对接中，亦有众多议题需要研究。令人遗憾的是，安乐哲的角色伦理因学术立论的需要，过度彰显角色之关系性、具体性和互动性，在很大程度上忽略了先秦儒家伦理的普遍性和终极性，用"一套特色伦理学词汇"标识儒家角色伦理，抑或将儒家伦理视为角色伦理，实质而言，是将儒家伦理的部分面相当成了整体特征，如中文版序言所述，"儒家角色伦理的道德生活有一种整体性与令人神往的视野。它基于人的直接经验，其目的也是服务于人的直接经验"①。郭齐勇认为，对儒家而言，血缘亲情和家庭道德固然重要，但个体性人格的培养和塑造亦是儒家所非常重视的，儒家伦理学所建构的伦理学基本规范不是从功能性的关系角度，而是从人性出发，基于天道即人道的要求。②用角色伦理解释儒家伦理固然有一定的合理性和创新性，但易于只见部分不见整体，甚至有以部分代替整体之嫌。

安乐哲的角色伦理不能准确地描述儒家伦理本质特征，因为道德主体之于儒家伦理，仅仅从角色关系角度理解和把握，显然有离重偏侧之嫌，易于令儒家伦理走向外在规范化之路，而这恰恰是儒家先哲所反对的。正因如此，我国许多学者依然认为，儒家伦理根基是"德性"，而非安乐哲所说的"角色"，德性伦理是儒家伦理的本质。③ 但是，我们必须承认，基于儒家伦理现代转型和多元文明对话、互鉴之需，安乐哲儒家角色伦理确实有不可忽略的价值。一方面，他关于角色关系的认知突破了传统思维的拘囿，从更具体和更广阔的视域，探究"关系"（相互关系）和角色（角色伦理）在个体之间的互动，对建构国家、社会、

---

① ［美］安乐哲：《儒教角色伦理学——一套特色伦理学词汇》，孟巍隆译，山东人民出版社2017年版，第3—4页。
② 参阅郭齐勇、李兰兰《安乐哲"儒家角色伦理"学说析评》，《哲学研究》2015年第1期。
③ 沈顺福：《德性伦理抑或角色伦理——试论儒家伦理精神》，《社会科学研究》2014年第5期。

个体伦理，实现群己伦理关系的优化，消解社群单向度宰制个体的治理范型，抑制极端个体主义原子化趋势，推进规范、德性、责任伦理一体化建设，有一定的现实意义。另一方面，安乐哲的角色伦理有助于我们发掘和探究先秦儒家丰富的角色伦理资源，给我们提供了一个可资借鉴的研究方法和研究范式，为世界古老文明体系之丰富角色伦理的文明类型进行比较、对话和互鉴提供了一条新的研究路径。

（三）先秦儒家角色伦理特征

先秦儒家伦理思想没有出现"角色伦理"的概念，但先秦儒家及其经典中包含着丰富的角色伦理的思想。基于儒家伦理创新和现代道德治理需要，发掘先秦儒家角色伦理资源，研究先秦儒家角色伦理的基本特征，比较先秦儒家角色伦理与犹太选民伦理之异同，加强两种伦理模式的互鉴有重要的现实意义。

首先，仁是先秦儒家角色伦理的核心。前已述及，以孔子为代表的先秦儒家承续西周以"礼"为角色关系的文化传统，在继承亲情、宗法角色伦理、探究角色"德"之内涵、明晰角色伦理作用中，建立了以"仁"为基本原则的角色伦理。"仁"是先秦儒家角色伦理总纲，"仁者爱人"是先秦儒家角色伦理的基本原则。对先秦儒家而言，仁是统摄和完善社会角色的标尺，"忠恕之道"之展开和实践，仁是"人道"之本质，孟子强调"仁也者，人也，合而言之，道也"[1]。从另一层面说明，人符合仁的要求才能为人，符合仁的标准才能扮演好社会角色。"仁"是建立在血缘关系基础之上的道德情感，血缘之情是其心理基础。因此，爱亲孝悌之"仁"是家庭和宗族成员角色伦理之最基础道德要求。

对于社会政治角色而言，是在其位谋其政，做人、做事和从政，要符合礼制要求，天子、诸侯、大夫、士，各有身份地位和角色，大宗和小宗各有规定的封地和礼制，各尽其职、各安其分，在其位谋其政，天下方能太平。如，天子承担国家治理责任，角色独一无二，爱天下，行仁政，尽国家治理责任，实现"天下有道"的目标，是其角色伦理的

---

[1] 《孟子·尽心上》。

基本要求。简言之，先秦儒家角色伦理在理论层面基本沿着"亲亲而仁民、仁民而爱物"的向度延展，表现为亲亲为基础的家庭角色，"仁者爱人"为核心的社会角色，"仁民爱物"为延伸的生态角色。西周的礼文化经孔子创造和创新，"仁者爱人"的角色伦理实现由具体到抽象、由个别到一般的超越，成为调节人与自然万物关系的道德原则。

其次，礼是先秦儒家角色伦理的基本特征。孔子承续西周政治伦理传统，提出"道之以德，齐之以礼"①的思想。六经之道同归，礼为重为要，礼外无礼。从社会层面来看，礼是维系国家、社会和家族的道德、法律、祭祀、政治、行政、军事、文化、教育的制度规范体系。

就"道之以德"而言，君臣角色必须将道德品质培育放在首位，以自我道德教育为主要手段。君臣成为角色性的道德模范，方能政德以仁，教化百姓，实现"其身正，不令而行"之目的，避免"其身不正，虽令不从"的问题。②统治者成为守礼明德之范，必身正如令，百姓从之，国治必易。因此，孔子的政治视域的角色伦理，实质是向君民、君臣两个向度展开。

就"齐之以礼"而言，调节角色政治关系的是宗法等级礼制。礼是角色地位、等级和秩序的根本大法，是"君君、臣臣、父父、子子"之正名的基本要求，建构名正、言顺、事成、礼乐兴之政权治理架构的根本依据。因为"名不正，则言不顺；言不顺，则事不成；事不成，则礼乐不兴；礼乐不兴，则刑罚不中；刑罚不中，则民无所措手足"③。以礼正名，就是依靠礼制保障具有名分和地位的人，履行相应的角色责任和角色义务。仁是一种"爱人"品德、同情心、道德情感和道德境界，不是社会制度、礼节礼仪和道德规范。礼则是统治阶级的一整套的政治制度、礼节礼仪和道德规范，是社会道德原则的总框架，而非内心道德情感、道德品质和道德境界。作为内在精神的仁，必须通过礼的外表和形式，化为礼的具体要求，才能彰显出来。作为外在形式的礼，则必须蕴含仁的精神，体现仁的思想。仁与礼都具有等级性，前者以情

---

① 《论语·为政》。
② 《论语·子路》。
③ 《论语·子路》。

感、理念、品质、境界等，严格区分不同身份、地位的等级之爱；后者则以制度化、规范化的形式，严格规范不同角色的身份、地位及其等级秩序，仁和礼统一和谐角色伦理模式，形成既有严格的尊卑、亲疏的宗法等级秩序，又有亲情、和谐的人道关系；既有以礼正名的特殊性，又有"仁者爱人"的普遍性，仁是角色伦理的道德精神，礼是角色伦理的实现保证。

再次，名责统一是先秦儒家角色伦理的目的。《礼记》曰："何谓人义？父慈、子孝、兄良、弟弟、夫义、妇听、长惠、幼顺、君仁、臣忠十者，谓之人义。"[①] 不同角色有不同道德义务、道德责任以及道德标准，同一角色在社会体系的不同领域之地位、身份、道德义务、道德责任和道德标准，亦有较大区别。

对先秦儒家而言，在社会各种角色中，君臣、父子、夫妇、兄弟和朋友的角色定位和角色伦理更为典型和基本，是"天下之达道"，而"父子有亲、君臣有义、夫妇有别、长幼有序、朋友有信"则是处理五种角色关系的基本道德要求。

先秦儒家的名责思想是由社会个体在社会分工中的地位决定的。古代中国社会将人的身份和地位视为"名"，亦即在社会分工的角色定位，基于社会个体身份和地位而被赋予的权利、义务及其应有道德品质和道德境界，谓之社会个体的角色之责。"名"是"责"的载体，社会个体只有在社会秩序系统中有了"名"的角色定位，才能获得与其身份和地位一致的权利和义务，即社会个体的责任定位。因此，角色是责任的载体和依据，责任体现着角色。名责统一，是所有思想家和政治家希冀达到的目的。

春秋战国，礼崩乐坏、世衰道微、名实分离，周礼的角色要求逐渐失去魅力和强制性，孔子以"从周"勇气和胆识，希冀整顿社会秩序和人心秩序，拯救礼衰道无的乱象，提出"君君，臣臣，父父，子子"的正名思想。正名的主旨是名实相符，社会角色与其责任义务相一致，明晰社会个体的角色定位和相应的道德权利、道德义务，按照道德标准进行社会道德塑造和自我道德修养，从而维系社会和谐关系和良性运

---

① 《礼记·礼运》。

作，有效解决"名不正言不顺"的角色异化问题。

如果我们将研究视角拓展一下，可以发现，先秦儒家名责统一思想，在认识论层面的正名是认识结果与认识对象的本相符合，在社会个体层面的正名是角色与责任相符合，在社会治理层面的正名是社会秩序与道德规范之善相符合。"孔子的正名理论是一种理论参照架构、一种解读原典与表达思想的方法，透过正名理论的精致化有助于儒家的现代化。"①

最后，中庸是先秦儒家角色伦理的基本方法。先秦儒家伦理体系中，"和谐"是最高道德理想，是角色伦理追求的目的和目标。"中庸"则是实现最高道德理想、道德目的和道德目标的角色伦理方法。

"中庸"是先秦儒家伦理的基本范畴。从哲学和伦理学两个向度考察"中庸"一词，一是有"常理""定理"之义，指平常、平凡之理，也有"普遍适用"意蕴，即"庸，常也"。② 二是"庸"有"运用"之义，《说文解字》之"庸，用也"，属于此义。"庸"是道之用，是关于中道具有运用，"中"为道之本，"庸"为道之用。"中庸"是道的基本精神。

从角色伦理目的观之，"中庸"要求社会个体将符合自身地位、身份的具体道德实践与社会普遍化道德原则相一致；从角色伦理行为观之，"中庸"要求社会个体的角色道德观念和道德行为做到合宜、合理、执中和恰如其分；从角色伦理方法观之，"中庸"要求社会个体的角色道德实践和道德行为做到适度、适中、无过无不及和恰到好处。

"中庸"在调节具体角色伦理关系时，主要表现为四个方面：

一是对调节同类角色关系而言，"中庸"体现为同类角色个体基于普遍伦理原则的要求，达成符合角色行为"中正"的要求，在"过"与"不及"两端之间寻找角色地位、身份的平衡点。

二是对调节不同角色关系而言，"中庸"体现为不同身份、职业、地位的社会个体的道德实践、道德行为符合"中和"要求，即在社会普遍道德原则和道德原理下达到平衡的状态。

---

① 李贤中：《孔子"正名"思想的现代意义》，《2012年第五届世界儒学大会论文集》。
② 《尔雅·释诂》。

三是对调节角色变化和转换而言,"中庸"体现为同一角色因身份、地位、职业的变化和转换,角色伦理之规范和形成"变""常"统一的"执中达权"状态,角色之变,普遍道德原则不变,角色的道德权利和道德义务相应地改变。

四是对调整角色行为而言,"中庸"体现为角色伦理行为不"狂"不"狷"的"中行"思想,是角色伦理的"至德",因此,仅有极少数社会个体尚能真正践行。

总之,先秦儒家伦理思想中,蕴藏着丰富的角色伦理资源,具有鲜明的角色理论特色和独特的角色伦理自觉。一方面,先秦儒家角色伦理是双向和多向的道德权利、责任和义务。就角色形式而言,权利、责任、义务具有对等性和平衡性,任何角色不能只有权利不尽责任,亦不能只有义务没有权利。就角色伦理要求而然,不同角色有不同的伦理标准和道德规范,角色内部有高低贵贱之分、位尊位卑之别。另一方面,角色的权利、责任、义务具有非一体化和交互性特征。换言之,对先秦儒家而言,地位、身份、职业等低下者,只有规定了角色的道德义务和责任,没有赋予角色应有的权利。先秦儒家角色伦理无疑是维系宗法等级制度的手段和工具,但其倡导的名责统一、仁者爱人、中庸之道等思想,对当代角色伦理建构依旧具有借鉴价值和现实意义。

三 选民伦理与角色伦理比较

基于当下角色伦理建设和现实道德治理需要,发掘犹太选民伦理和先秦儒家角色伦理的思想资源,比较选民伦理与角色伦理的基本模式、核心要求、逻辑进路、实现路径等方面的异同,互鉴二者优长,对构建现代伦理治理体系以及权利、责任、义务统一的道德治理模式,解决伦理学解释力不足的问题,至关重要。

(一) 选民伦理与角色伦理之同

首先,以名定责和名责契合的角色模式。传统犹太教认为,犹太民族是上帝拣选的一个特殊民族,"特选子民"这一特殊的角色和身份,令以色列先民必须遵守上帝之道,守公行义,接受《托拉》,秉承上帝赋予的责任，成为外邦人之光。因此，正是犹太教赋予犹太人与上帝特殊关系和特殊地位。犹太人特殊的"名"即角色、身份和地位，不是自选的，而是上帝拣选的。成为特选子民是无上的荣耀，但亦须承担其应有的责任，甚至要承受超越其他民族的苦难之重。特选子民的特殊角色和特殊身份，令犹太民族无论何时何地都要履行道德责任和道德义务，行义行善，尽力帮助其他人，按上帝之道，规范自己的言行。显然，犹太选民伦理是一种名责契合的责任伦理。

先秦儒家的角色伦理也具有以名定责和名责契合的特点。先秦儒家认为，人在社会中都扮演一定角色，具有相应的身份和地位，社会角色及其身份地位不同，道德义务、道德责任不同，甚至道德标准也有不同。先秦时期，君臣、父子、夫妇、兄弟和朋友是最重要的角色，国家、社会、宗族对五种角色赋予了相应的责任和义务。先秦儒家以名定责，强调社会角色与道德责任一致性，并按照社会道德原则进行道德塑造、道德修养，重点解决"名不正言不顺"的角色异化和责任缺失的问题。

总之，犹太选民伦理是一种角色伦理，是一种凸显宗教性的特殊角色伦理，但在以名定责、名责契合和凸显角色道德责任等方面，与先秦儒家角色伦理具有众多相似性和相通性，互鉴二者优长，有助于现代责任伦理的建构。

其次，道德治理的标准样式。犹太选民伦理和先秦儒家角色伦理都希冀通过律法（或礼法）、伦理和法律规范，为社会治理特别是道德治理提供范本和样式。就犹太选民伦理而言，一方面，犹太选民思想通过选民的道德实践，以及选民伦理定位和角色伦理追求，形成一种和选民角色及其身份一致性的道德行为模式，为选民提供一种符合神人契约关系的存在方式，引导以色列先民遵从上帝之道生活，秉承上帝赋予自己的特殊使命，将选民的道德教义、公义慈善、平等公正及其探索精神传播至世界。另一方面，选民伦理强调犹太伦理民族性、社会性、关系性，凸显出爱、公义、慈善、律法等德性和道德规范的价值，展现出犹太伦理独特的思想特色。

就先秦儒家角色伦理而言，一方面通过强化角色权责定位，建构一套正名、定责及其名责契合的礼法体制，赋予社会成员以身份、地位、职业，根据宗法等级伦理的普遍要求，形成与社会普遍道德原则相一致的角色伦理道德要求。另一方面，先秦儒家视"仁"为调整角色关系的基本原则，视"礼"为调整角色关系的基本手段，视"五伦"为社会伦理秩序、政治伦理秩序和家庭伦理秩序的主体，以维护社会秩序和平衡社会关系为目的，以社会成员角色认同和角色担当为前提，形成了一种权利、责任、义务具有高度统一性的社会治理标准样式。

因此，犹太选民观念和选民伦理与先秦儒家的角色思想和角色伦理，均是两个古老民族实现社会治理有效性的标准样式，也是现代道德治理重要的思想资源。

最后，追求和谐的伦理目的。犹太选民伦理是神人架构下，形成的神人、人人、族族关系伦理。选民之重德性和德行，源于上帝自有永有的独特品质，如选民之公义、公正、慈爱、慈善，源于上帝德性，也是选民应有的道德品行。选民观念对维系民族统一、唤醒民众、凝聚民心、坚守信仰具有重要的引领和规范作用。选民观念和选民伦理旨在强化神人、人人、族人、族族和谐关系，将神爱化作谨遵诫命的内心情感和心理需要，以此彰显上帝之荣耀，将一神信仰内化为普遍化的民族集体意识，从而凝聚民族力量、统一民族意志，实现选民伦理之神与人、人与人、人与社会、人与自然的和谐发展。

追求人与人、人与社会、人与自然的和谐，也是先秦儒家角色伦理的目的。先秦儒家通过君君、臣臣、夫妇、子子的角色定位，形成了父慈、子孝、兄良、弟弟、夫义、妇听、长惠、幼顺、君仁的角色道德规范和道德品质要求，将"中庸"抑或"中道"作为不同社会角色道德实践、道德行为的方法和要求，在社会普遍道德原理之下，实现各种社会角色平衡和谐的状态。犹太选民伦理和先秦儒家角色伦理有着相通且相似的道德目的，实现多个层次的和谐，特别是人与人、人与社会、人与自然的和谐，是二者共同之目的和追求。

（二）选民伦理与角色伦理之异

首先，平等与差等的伦理定位。犹太选民观念源于神人立约的宗教思想，犹太民族是作为一个整体，成为上帝从万民中拣选的一个特别的民族，"特选子民"是以集体抑或共同体形式，确认上帝与以色列祖先订立的契约，所有选民都要遵守公义、行善助人，言行符合律法规定的道德标准，因此，作为特选子民的所有人都是平等的，这是其一。其二，众所周知，犹太教是伦理一神教，一神思想的本质即上帝是唯一创造者，其他一切受造物均是平等的创造，人类有着共同的祖先，因而众生没有高低贵贱之分。"众人皆兄弟"，异教徒亦是邻居和兄弟，平等是创造伦和契约论的基本要义。尽管犹太人是上帝的"特选子民"，但众多犹太先知和拉比反复强调，"特选子民"并无特权，上帝没有赋予犹太民族道德优越性，而是要求以色列先民要有恭顺谦卑、公义慈爱的道德品行。其三，"特选子民"更多地赋予犹太民族和每个犹太人以一种履行律法和伦理规范的责任和义务，而非简单地获得富贵和荣耀的权利，如博曼特认为那样，选民是承担着专门的义务和专门的责任，没有赋予任何特权。[1] 因此，平等性是选民观念和选民伦理的重要定位。

对先秦儒家而言，仁是角色伦理的核心和基本原则，礼是角色伦理的基本特征，但爱有差等，仁是差等甚至是等级性的爱，礼是按照宗法等级规定的法律和伦理规范。仁以情感、理念、品质、境界等，严格区分不同身份、地位的等级之爱，礼则以制度化、规范化形式，严格规范不同角色的身份、地位及其等级秩序，仁—礼统一和谐角色伦理模式，既体现尊卑、亲疏的宗法等级秩序，又凸显温情和谐的角色关系。

总之，选民伦理和角色伦理，一个是追求角色、身份、地位和责任、义务的平等性，另一个是追求角色、身份、地位和责任、义务的差等性；一个凸显整体性、一致性之民族共同体的伦理观，另一个凸显"分""别"之社会阶层的伦理观，求同与求分是犹太选民伦理与先秦儒家角色伦理的重要分野。

其次，契约论与人伦的伦理模式。在选民和角色伦理关系上，对以色列选民而言，选民关系是契约关系，纵向上是神人之契约关系，横向上是人人、族族之契约关系，调整选民关系的选民伦理是一种契约伦理，亦即角色契约伦理。上帝拣选以色列始祖、祖先、先知和国王，均是根据神人契约关系进行的拣选，以色列人成为特选子民，尽心尽性爱

---

[1] 查姆·博曼特：《犹太人》，上海三联书店1991年版，第19页。

上帝，是按照契约履职尽责，选民伦理是宗教架构下的神人、人人、族族之关系伦理。

对先秦儒家而言，角色关系亦即人伦关系，如孟子所言，"使契为司徒，教以人伦：父子有亲，君臣有义，夫妇有别，长幼有序，朋友有信"①。先秦儒家人伦追求的是角色关系中的次序和等级，而体现次序和等级的是社会角色和家庭角色关系。社会角色关系是君臣、友朋关系，明君、忠臣是角色伦理的价值设定，身份、地位和职业之等级、次序、从属、贵贱是角色伦理规制的目的。家庭角色关系本质而言是血亲关系，有辈分、长幼、男女角色之分别，有父慈、子孝、兄友、弟恭、从夫、从长之角色道德规范。在宗法制等级角色关系链条中，君和父的角色居于角色伦理的核心地位，君之角色政治伦理和父之角色家庭伦理，是构成先秦儒家角色伦理的两大主体。

选民伦理和角色伦理作为两种伦理模式，都有可取之处，在处理各种角色道德关系上，二者都强调道德责任和道德义务；在处理与国家民族关系上，二者都强调国家、民族至上，在处理家庭关系上，都强调尊老爱幼、尊亲爱人。契约之选民伦理和人伦之角色伦理，都是古代先哲探究国家、社会、家庭治理的有效方式，二者表现出来的契约、人道、秩序、公正等思想，依旧是建构现代角色伦理之重要历史文化资源。

最后，宗教性和世俗性的角色性质。选民观念和选民伦理是圣经犹太文化观及其伦理的重要组成部分，亚伯拉罕之约实质是第一次确立了上帝与以色列祖先个体的特殊契约关系，摩西之约则是以集体形式确认上帝与祖先的契约关系。由个体契约关系到集体契约关系的转换，神人契约关系不再是以色列祖先个体化的承诺，而演变成犹太民族集体化的承诺和每个以色列人的责任和义务。由此可见，犹太选民观念及其选民伦理是以神人契约关系为基本前提，拣选、契约和律法是相互作用、相互支撑、密不可分，显然选民观念和选民伦理的宗教性是其最重要的特性。

犹太选民伦理沿着两个向度展开，一是神人关系向度，如《圣经》所言，上帝专爱以色列人，人数多寡不是上帝拣选的原因，不可信仰他神，则是最重要的前提。二是选民关系向度，即在宗教架构下，现实层

---

① 《孟子·滕文公上》。

面的伦理关系，既包括家庭伦理之孝敬父母、尊老敬长，又包括社会伦理之救济穷人、不作假誓、不杀人、不偷盗、公平交易、民族平等，等等。显然，选民关系向度的伦理与先秦儒家的角色伦理如出一辙，亦是一种特殊的角色伦理，不过这种角色伦理被以色列先民纳入了伦理一神教的体系罢了。

与选民观念和选民伦理之宗教性不同，先秦儒家的角色观念和角色伦理之世俗性凸显。先秦时期是一个人文主义勃兴的重要时期，存而不论的鬼神观令先秦儒家的角色伦理彰显出独有的人文主义特征和世俗主义特性。先秦儒家之"仁一礼"架构下的角色伦理，更多的是现实层面的管理者对现实层面人群之不同角色、身份、地位的定位和设计，儒家先哲并没有寻找一个外在的"他者"作为其来源。就君臣角色关系和角色伦理定位而言，更多的是从政治关系和政治伦理出发塑造君和臣的角色关系的，是现实政治体制和管理体制的需要。父子、夫妇、友朋的角色定位和角色关系，更多的是从家庭关系和社会关系出发塑造相关角色的。因此，先秦儒家的角色伦理更多地体现出世俗性和人文性的特质。

综上所述，犹太选民伦理与先秦儒家角色伦理的性质、特点、定位和模式有众多不同，但在名责统一、追求和谐的目的、功能和作用等方面，有很多相似相通性。将选民伦理之神圣性、崇高性与角色伦理之人文性、现实性诉诸互鉴交通，对建构当代角色伦理学，实现道德治理之目的有重要的价值。选民伦理和角色伦理分别从民族性和社会性视角，揭示了社会成员在角色关系中应持守的名责统一、权责统一以及道德责任和道德义务等伦理学的重要问题，明确了社会角色是宗教治理和道德治理的主体，是民族统一和社会良性运作的主体。如果将犹太选民伦理和先秦儒家角色伦理诉诸现代性的改造与创新，有助于形成符合道德治理主旨的角色伦理预期、角色道德规范和角色道德行为模式，以及规范伦理学的细化和丰富。与此同时，选民伦理之神圣道德责任、道德义务以及公义、慈善等思想，角色伦理之爱人、秩序和责任思想，将助益于责任伦理和制度伦理的建构与发展。

首先，犹太选民伦理和先秦儒家角色伦理蕴含的道德资源助益规范伦理学和责任伦理学。规范伦理学在西方伦理史上主要表现为义务论和功利主义两大流派。犹太伦理具有宗教伦理、规范伦理、德性伦理、责任伦理等因子，先秦儒家伦理具有规范伦理、德性伦理、责任伦理等因素。挖掘选民伦理和角色伦理的道德资源，对细化、精确研究社会成员的生活意义、生命价值、人类使命、道德责任和道德义务，探究传统规范伦理及其道德原则、道德规范和道德范畴的创新之路，无疑是有价值的。选民伦理和角色伦理之丰富的道德资源中，包含着丰富的责任伦理资源，是构建人类命运共同体、生态命运共同体的核心内容。责任伦理是传统规范伦理、制度伦理、德性伦理的细分和细化，从不同层次以不同形式，明晰社会成员应遵守社会道德规范，从具体视域规制不同社会成员（角色）应承担的道德责任和道德义务，从社会普遍性价值出发明晰人类生活的意义、价值和目的。随着信息技术特别是大数据、人工智能和云计算的发展，角色伦理和责任伦理之众多道德规范、道德评价、道德责任和道德效果，可以指标化、指数化和精准化，这有助于对角色和责任主体的社会良知、责任能力、规范遵从、制度效果进行综合考察，实现角色和责任之定位、内容、形式和效果的精确化和精准化。

其次，犹太选民伦理和先秦儒家角色伦理的丰富道德资源有助于实现社会治理的现代化。犹太选民伦理和先秦儒家角色伦理，既强调角色、身份、地位等社会分工和职业分工的重要性，又赋予不同社会角色相应的权利、责任和义务，围绕不同角色形成不同的"道德规范圈层"，建构了相应的道德评价和善恶评价的标准体系。如果我们有效创新和改造犹太选民伦理的宗教义务、宗教责任以及公正、平等、正义等思想，继承和发展先秦儒家角色伦理的社会道德义务、家庭道德责任以及仁义礼智信等思想，建立适合现代社会治理和道德治理体系的责任伦理和角色伦理，形成以平等、公正、正义、慈爱为主要内容的角色机会平等、角色权利平等、角色责任平等、角色义务平等、角色资源平等、角色身份平等、角色地位平等，对于实现社会治理之公平正义的目标，建立现代公平公正的伦理秩序和伦理评价体系，促进不同社会成员之个性和共性的充分综合发展，实现社会治理之和谐目标有重要的现实意义。同时，社会治理现代化和道德治理现代化，以及公平正义的社会秩序和伦理秩序的建构，对于促进和满足个同社会成员的全面发展，拓展其权利、责任和义务内涵，提升社会成员角色德性，至关重要。

再次，犹太选民伦理和先秦儒家角色伦理的丰富道德资源有助于建立和谐有序的伦理秩序。伦理秩序是社会关系的道德原则和道德规则，是社会成员内化道德原则和外化道德行为形成的一种符合社会普遍道德原则和人类共同追求的和谐发展、稳定良性的精神状态、思想状态和社会状态。伦理秩序是社会秩序在道德上的反映，是社会关系中合理状态在精神、观念和思想的表现。社会秩序和社会关系需要法律、道德、宗教、习俗等规约，而社会秩序和社会关系的承载主体则是每个不同的社会成员及其社会角色。因此，挖掘犹太选民伦理和先秦儒家角色伦理的思想资源，构建具有符合现代性要求的责任伦理和角色伦理，对有效调整不同社会成员的角色关系，形成良好的社会秩序和伦理秩序有重要的现实价值。和谐的社会秩序是由和谐的法律秩序和道德秩序为制度规范保障的，是由社会成员的角色秩序决定的。社会成员的角色秩序是角色个体秩序、角色群体秩序、角色组织秩序、角色制度秩序、角色规范秩序以及角色理念秩序的统一体，是具有相对稳定性、交互性和可持续性的机制、状态和模式。一个社会秩序的稳定、持续、交互、和谐，是由社会成员的角色秩序稳定、交互和持续决定的，社会成员的角色秩序呈现出正常、健全、守法、遵德、互利的状态和结构，正是社会秩序和谐良性的状态和结构。因此，挖掘犹太选民伦理和先秦儒家角色伦理资源，探究两大古老伦理模式中的伦理秩序思想，将选民伦理之信仰、契约、诚信等思想，角色伦理之仁、礼、中庸等思想，进行现代化改造和创新，对道德重建和价值重塑，对建立和谐的社会伦理秩序和社会角色伦理秩序有重要的借鉴价值。

最后，犹太选民伦理和先秦儒家角色伦理的丰富道德资源有助于建立人、社会、自然的和谐道德关系。社会角色关系是社会关系中最基础的关系，社会角色伦理是社会伦理最基础的伦理，犹太选民伦理是以契约关系和契约伦理为核心，建构的调节神人关系和选民关系的伦理体系，如果剥离其宗教性的外衣，我们将会发现，犹太选民伦理实质是包含着人与人、人与社会、人与自然的三个重要维度，在律法架构和契约关系之下，实现三个维度的和谐是其重要的价值目标。先秦儒家角色伦理是以宗法等级为基础，以仁—礼体系为总体架构，以整顿人心秩序和社会秩序的伦理体系为其基本目的，因此，先秦儒家角色伦理实质也包含人与人、人与社会、人与自然这三个重要维度。

总之，通过探究选民伦理和角色伦理中丰富的道德资源，挖掘二者在消解角色关系障碍、凸显角色关系定位、拓展角色关系路径，形成当今社会急需的角色伦理的道德原则，彰显社会角色的主体性、社会性，凸显社会角色人文情怀，至关重要。以中庸中和、爱人如己、推己及人、仁爱慈善、公平正义为价值，以己所不欲，勿施于人与己欲立而立人为方法和进路，不断进行角色自我体认和角色互换，实现社会角色深度理解及其不同角色权利、责任、义务的综合评价，达成社会角色主体的在我创新和自我发展，既能正确处理社会角色的各种关系，又能正确处理人与自然的关系，形成人与自然的和谐相处、互蕴共生。

犹太选民观念及其伦理观将犹太人视为"特选子民"，作为上帝的选民必须履行上帝赋予的义务，正确神人关系、人人关系、族族关系以及人与万物之间的关系，在契约统摄下，将神人和谐、社会和谐和人与万物和谐作为伦理追求最高目标。先秦儒家角色伦理是在万物一体、天人合一的哲学基础上，希冀正确处理人与人、人与社会和人与自然之道德关系的一种伦理模式，实现天人合一、人与自然和谐，是先秦儒家哲学和伦理所追求的最高境界。

两种古老伦理模式都力图正确处理人与自然关系，定位社会关系角色、自然关系角色，并根据角色关系定位和角色伦理设计，实现社会角色的生态责任和生态义务，达成人与自然和谐共荣。在所有角色关系中，人类以共同体角色形式处理人类与自然界的关系，探究人类与自然界一荣俱荣、一损俱损的内在关系，将人类幸福价值和自然界存在价值的统一视为价值追求目标。因此，这是一种独特的生态思想和生态伦理观。地球是人类的家园，亦是其他非人类的家园，就生态危机本质而言，其他是人与自然关系的危机，换言之，是人类的自然角色认知危机，是各种角色生态利益链条断裂危机，是人类代际关系危机，是人类生存方式和发展方式危机，亦是人类角色伦理危机。自然界的唯一性和人类的主体性，要求我们必须正确处理人类角色与自然界的关系，形成人类角色与自然界共生共荣的价值观。犹太选民伦理之神圣性和先秦儒家角色伦理之责任性，对我们建构现代角色伦理，充分扮演好人类角色，将自然可持续发展视为人类角色的道德义务和道德责任，尊重自然规律，维护生态平衡，实现人类和自然之和谐、可持续发展的目标有重要的借鉴价值。

第七章

家庭伦理

家庭是社会的细胞，是人类社会最重要和最基本的单位和组织。犹太民族和中华民族均是重视家庭、家风、家教、家规和家庭伦理的民族。传统犹太家庭观及其伦理脱胎于闪族社会文化模式，在犹太经典以及律法书、叙事文学、先知书和智慧文学中，有多个维度的描述和阐发。中华民族传统家庭观及其家庭伦理思想奠基于先秦时期，儒、道、法、墨等思想家均有论述，其中先秦儒家的家庭观及其伦理独树一帜，孔、孟、荀等先秦儒家家庭伦理思想影响至远。因此，两种文明之家庭伦理的比较研究，是两种创制时期伦理范型比较的重要向度，对获得建构现代家庭伦理的文化资源，共享和互鉴优秀的家庭伦理文化模式，有重要的现实意义。

一 犹太家庭观及其伦理

传统犹太民族家庭观及其伦理，奠基于元典犹太文化时期，发展于拉比犹太教时期和大流散时期。这种传统的家庭观及其伦理，继承、共享和发展了古代闪族社会文化模式，亲属、家庭和土地是构成社会组织和家庭组织的主要元素，在上帝、以色列和土地的三角关系中，彰显出独特的价值和意义。研究这一时期的家庭观，是我们探究犹太家庭伦理的重要前提。

第七章 家庭伦理

（一）犹太家庭观

家庭在古犹太教的形成和发展中具有独特的地位和作用。犹太教对维系犹太民族及其信仰的统一性，至关重要。犹太人是一个宗教民族，犹太家庭是犹太教传承和延续的重要载体和根本因素。家庭与圣殿、犹太会堂均为犹太宗教理念和思想实践之重要场所，亦是宗教仪式和宗教节日之重要载体。

1. 古代犹太家庭特点。传统犹太家庭及其家庭观具有宗教神学色彩。犹太文化产生早期，家庭产生及家庭社会地位和法律地位，并未有明确详细的说明和记载。《圣经·创世记》最早描述了男女及其婚姻家庭的产生。亚当和夏娃的被创造，以婚姻形式组成了人类原初和最早的家庭，从此人类开始生养繁育。在犹太文明早期，犹太民族的家庭制度和家庭伦理并未有明确的法律和伦理规制，而是深受两河领域其他民族文明的影响，迦南宗教及其遗存的家庭习俗对犹太家庭的影响最为明显，如"婴儿献祭"原始习俗，对以色列始祖之家庭理解和信仰形成产生了重要影响。信仰的产生令以色列先民逐渐从原始习俗中摆脱出来，在与迦南宗教的决裂中，逐渐构建起适合本民族的家庭制度和家庭伦理。这种家庭制度和家庭伦理有如下特点。

一夫多妻和一夫一妻制度并存。族长时期，以色列先民承认并认同"一夫多妻制度"，律法并未禁止"一夫多妻制度"；相反，"律法书"多处对"一夫多妻制度"给予接纳和肯定。但需要指出的是，在现实层面，以色列先民的一夫多妻制度的实施范围并没有普遍性，仅限于个别族长、君王、领袖等特例，对以色列百姓而言，一夫一妻制才是普遍社会现象。《创世记》之造人叙事中，蕴含的一夫一妻的设定，即由一男一女构成人类生命共同体，《圣经》多处礼赞忠诚一夫一妻制的美好。《圣经》记载，亚伯拉罕和以撒严守一夫一妻制度，而雅各则是一夫多妻的实践者。婚姻关系之忠诚的一夫一妻制度，实质是上帝耶和华与以色列之间关系唯一性的表征，也是排他性的隐喻。

对以色列先民而言，一夫一妻制是基于创世、信仰和抵御外部文化侵蚀而形成的一种理想的家庭道德规范和律法制度，尽管这种家庭道德规范和律法制度在犹太文明早期还容忍了一夫多妻的实际存在，甚至存在两种家庭道德规范和律法制度同时认同的情况,但总体而言,一夫一妻制度应是当时平民百姓普遍认同和接受的制度。①

但必须指出的是,虽然犹太文明早期,多妻制和纳妾制度并行存在,但二者有着本质的区别。《出埃及记》载,妾有一定法定权利,如主人不喜欢她,应允许妾赎身,不能卖给外邦人,若另娶妾,"吃食、衣服,并好合的事,仍不可减少"。② 妾通常是一名女奴,与其他奴隶相同,是主人花钱买来的,因此,妾的社会地位和家庭地位与妻子有很大的不同。犹太习俗和律法规定,妾非父与子的玩物,主人必须满足其衣食住行的需要,不能将之卖给外邦人。以色列先民的纳妾制和多妻制度尽管有众多区别,但本质而言,无论是纳妾制还是多妻制,都是早期犹太民族父权制的重要表征。但彰显古犹太民族重要特点的是,以色列先民赋予了妻和妾以更多的家庭地位和权利。如《申命记》记载,可娶女战俘为妻,不能买卖,尊重妻子,允许离婚。③ 与此同时,结婚和离婚无须法庭和诉讼,因为属于家庭法抑或民法调整的范围。这一时期,虽然允许离婚,但总体而言,是不鼓励离婚甚至反对离婚的,犹太民间法规定了禁止离婚的情形以及离婚后的关系,认为离婚毁坏了婚姻制度,休妻是上帝憎恶的。

父权制是以色列先民最重要的家庭制度。父权制度深受闪族文化的影响,闪族大文化圈中的家庭有两个重要特点,一是家庭关系相互制约的强大力量,令家庭成员必须履行家庭的法律义务,承担家庭的道德责任,祖先崇拜和祖先崇敬的闪族大文化背景导致以色列先民特别尊崇父母和祖父母的权威和地位。男子在家族和家庭地位凸显,是家族和家庭香火延续的关键,没有子嗣和男孩夭折,族谱将剪除这一家庭或家族。土地之于家族或家庭至关重要,土地不仅是一个家族生存之基础和载体,而且是安葬祖先和将来安葬自己的地方,是家族延续的标志,与此同时,是否拥有土地是子孙后代延续和家庭可持续发展的关键。

---

① 记载圣经犹太教时期以色列先民家庭生活的重要文献和资料是宗谱。《创世记》主要记载族长时期以色列先民的家庭生活状态及其他人物的宗谱,《历代志》记载以部落主要领袖和领导集团成员为主要线索的家族谱系。其他文献亦有零散的记载。
② 《圣经·出埃及记》21:7-11。
③ 《圣经·申命记》21:10-14。

父家是古犹太民族基本的生活单位，一个家族或家庭是以父亲为中心形成的。父家囊括了所有生活在同一家庭的人，家长或族长是长辈，具有管理家庭和家族的特权，是家庭或家族财产占有者、分配者，亦是自己孩子、土地、财产和婚姻的决定者。"父家"之成员主要包括妻子、儿子、未出嫁的女儿、孙子、孙媳以及重孙，等等，也包括妾、仆人或寄居的人。

宗族是古犹太民族基本的血缘单位。

具有亲属关系的不同家庭组成的家庭组织和社会组织，通常以雅各某一个孙子的名字命名。宗族基本生活在同片一土地上，具有保护各个家庭，维护宗族利益，化解家庭纠纷的经济功能和社会功能，宗族还具有相同的经济、社会、司法、军事职能，宗族内部不同成员和家庭也有独立的经济、社会、司法和军事职能。

支派是古犹太民族最大的亲属单位。

以雅各不同的儿子的名字命名，支派亦分为更多更小的支派，支派具有管理本支的经济、土地等重要功能。亚伯拉罕、以撒、雅各之三代人是犹太历史上的"族长时期"。雅各的12个儿子之后代逐渐发展和演变成以色列人的12个部落。[①]

在古犹太民族的父家、宗族和支派的构成体系中，父具有绝对的权威和地位。宗族是由每个家族共同推举且具有很高威望和能力的男性行使管理职责，支派亦是如此，家庭则由父亲行使各种管理职权。父权制是这一时期最重要的家庭制度。

总之，古犹太民族的家庭观与民族观、宗教观密切相关，家庭是犹太教获得永久意义的基础，是犹太民族生存与发展的载体。犹太教塑造了犹太家庭和犹太民族，使犹太家庭获得合理的存在价值，犹太民族获得共同文化认同和共同价值观。可以说，家庭、民族、宗教是不可分离的三个重要内容，其中，家庭在整个犹太民族及其宗教信仰中具有基础性、关键性的地位，犹太文化和犹太文明塑造了犹太家庭，犹太文明和

---

① 雅各的12个儿子是流便、西缅、利未、犹大、以撒迦、西布伦、约瑟、便雅悯、但、拿弗他利、迦得、亚设，12个支派并非完全与雅各的12个儿子的名字相吻合。其中利未人的后裔演变为祭司阶层，因为没有参与土地分封，没有作为独立支派而存在。其中约瑟的两个儿子参与了土地分封，成为以色列支派的始祖，故犹太历史上的支派总数依旧是12个。

犹太文化经由犹太家庭得以传播和传承。因此，家庭是犹太文化和犹太文明的载体，是犹太教仪式和节日得以实现的场所，犹太家庭伦理对维系犹太家庭及其犹太教信仰亦有重要的作用。

2. 犹太家庭伦理。首先，孝道是犹太家庭伦理的核心。在世界各大文明体系中，孝道和孝德是人类普遍性的家庭道德，是普遍性的伦理现象。与其他伦理体系相比，孝道和孝德在犹太伦理体系地位凸显、意义重大。犹太文化早期经典《圣经》和《塔木德》对孝文化及其孝伦理的内涵和价值进行了多个维度的阐扬和探索，成为犹太家庭伦理的核心内容，并为后起的犹太家庭伦理奠定了基础，对现代孝文化和孝伦理产生了巨大的影响。

孝敬父母是犹太律法和犹太伦理的基本规范。对以色列先民而言，孝道和孝德具有宗教和世俗的双重意义和双层价值。犹太经典《圣经》和《塔木德》将孝敬父母置于至高无上的地位。"摩西十诫"将"当孝敬父母"作为一条重要诫命。《圣经》载："当孝敬父母，使你的日子在耶和华——你上帝所赐予你的地上得以长久。"① 对以色列先民而言，敬奉父母与敬奉上帝具有同等的地位和价值，敬畏父母和敬畏上帝亦具有同等的地位。应当孝敬父母与守安息日都是上帝之道，具有同等的意义。"当照耶和华——你的上帝所吩咐的孝敬父母，使你得福，并使你的日子在耶和华——你的上帝所赐你的地上得以长久。"② 孝敬父母，是遵从上帝之道、获得幸福和繁衍生息的基本要求。

在犹太经典中，孝敬父母具有敬畏、敬奉、尊敬、敬重、崇敬的意义，也有爱、赡养、责任、义务的意义。从犹太经典中发现，对父母之法律义务和道德义务，有时比对上帝的义务还要严格。孝敬父母不仅要有物质赡养，而且还要有精神慰藉和心理安抚。

孝敬父母是平等的。犹太经典认为，现实中母亲的慈爱和无私，往往能得到更多孝敬和赡养，能更多地赢得孩子们的心。鉴于此，"上帝在关于孝敬父母的律法中给父亲以优先的地位"③。换言之，儿子对父

---

① 《圣经·出埃及记》20：12。
② 《圣经·申命记》5：16。
③ 参见《大众塔木德》，第205页。

亲和母亲的孝敬义务发生冲突和矛盾时，应该首先将孝敬父亲放在优先地位。在此我们发现，以色列先民的孝的伦理思想具有特殊性，优先孝敬父亲是宗教律法的设定，而在现实层面，孝敬母亲则往往是优先选择。因此，宗教层面的义务规定和世俗层面的道德实践，衍生出许多不一致的情况，如何平衡这种"优先性"成了许多先知和拉比希冀解决的问题。

孝敬父母有多个维度的含义。既包括物质层面的赡养、精神层面的关爱，还包括好的心理状态，如克制、牺牲、付出、听话等，还包括对逝去的父母慎终追远。以色列先民认为，孝敬父母一个重要的内容就是父母死后的孝道。尊重、尊崇父母生前意志与家规、家风，是孝敬父母的义务要求，也是宗教律法的基本规定。

其次，夫妻平等是犹太家庭伦理基本要求。夫妻关系是犹太家庭生活的基本关系，夫妻伦理是犹太家庭伦理的重要向度。夫妻平等源于上帝创世造人神话，《圣经》中关于上帝造人的第一个神话故事说明，男人和女人是上帝亲自行动同时创造，而且是按照上帝自己的形象和样式创造出来的。第一个创造神话故事给予我们这样一个启示：从人类起源来看，男人和女人是平等的，同时应该指出的是，上帝创造的男人和女人，绝不是单个的人，而是一个群体或一个集体，因此，男人和女人是类群体的文化符号，这是《圣经》赋予"他们"以管理权，不是"他"和"她"的原因。

《圣经》关于上帝同时创造男人女人的第一故事，蕴含着这样一种文化现象和伦理现象，就本体论而言，男人女人皆为上帝之创造物，有着相同本质和属性；就伦理而言，男人和女人皆为上帝按照自己的形象和样式所造，故都具有崇高的地位、尊严和责任，以及相同的治理或管理权能和责任，如治理地、管理海里的鱼、空中的鸟以及地球上其他各种活物（动物和生物）。这种治理或管理权能和责任的同一性，实质而言亦即男女具有伦理行为和伦理价值的平等性。我们可以发现，《圣经》创世神话开始就构建一个男人和女人彼此平等、其乐融融的道德世界，女性在上帝的视野里，是一个与男性一样的崇高存在。据此，我们可以认为，女人最初的平等性源于上帝创造的平等性，平等性的创造意味着女人的内在精神追求，被赋予了超越自身能力及其可能性。因此,我们可以得出结论,《圣经》第一个造人神话,男人和女人之地位平等、责任平等和价值平等,之于世俗生活和灵性生活,没有高低贵贱之分。

《圣经》中第二个造人故事,关于男人和女人关系,历来众说纷纭、莫衷一是。教会解经者视其为男尊女卑的根据,并将创造顺序的先后作为男女秩序和等级的判断标准。但我们认为创造的先后秩序,并非《圣经》编撰主要彰显男尊女卑道德理念,而是当时社会生产力条件下男女关系的一种自然反应。犹太民族早期是一个游牧民族,靠天吃饭,逐草而居,在自然条件下,男人更具有谋取生活资料和生产资料的能力。因此,无论是在社会治理还是家庭治理,男人居于主导地位和主要角色,但这种主导地位和主要角色并非必然导致男尊女卑,仅是随着生产力发展和家庭、家族分化,男人和女人的社会和家庭的管理权能和治理重点不同而已。因为即使在古犹太文明早期,女人在抚养孩子、家庭道德教育方面,也是男人所不能及的。

更能说明问题的是,以色列先民将父亲血统作为定义一个人是否是犹太人的重要标准,即孩子是否是犹太人不取决于母亲血统,而是由父亲血统所决定的。演变至晚期,父系血统论逐渐瓦解和打破,出现了父系和母系血统之双重标准,以致拉比犹太教时期,犹太人身份的确定主要以母系血统而定,即不管父亲是否是犹太人,只要母亲是犹太人,孩子必然是犹太人。母系血统论的逐步确立,在某种意义讲,是女性地位、权利、责任逐渐上升的标志。

父权制社会以男性为中心,是上古社会共同的特征。但值得注意的是,古犹太民族女性的社会生活和宗教生活的参与深度和广度,远远超越了其他民族的女性。如族长时期,四位伟大的女性撒拉、利百加、拉结和利亚,被以色列先民称为"我们的母亲",具有很高的社会地位和道德声望,不仅如此,有些优秀的女性还成为"先知"和"女王"①,参与公共宗教活动。尽管以色列先民的宗教活动基本是男性主导,祭司亦是清一色的男性,女性被排除在祭司之列,与周边其他民族祭司制度

---

① 《圣经》记载的先知多为男性,约有40多位。记载有先知头衔的女性有三位:米利暗、底波拉和户勒大,还有一些无头衔的女先知。

大相径庭，但在社会和家庭宗教生活中，女性不乏宗教活动的参与者，甚至是家庭宗教生活的主力。以色列人的逾越节、五旬节和住棚节等，不仅是男人的重大节日，也是女性的重大节日。以色列先民很多重要的立约活动和宗教仪式活动都有女性的广泛参与。我们可以认为，父权制下的犹太女性不是公共宗教生活和家庭宗教生活的主导者，但确实是必不可少的参与者和响应者，以色列先民对女性特殊条件下的限制，并不代表剥夺她们公共宗教生活的权利，而是对女性生理和心理认知肤浅和宗教禁忌所致。

最后，道德教育是犹太家庭伦理的重要内容。这一时期没有学校，教育尤其是道德教育的主要场所是家庭，父母是孩子道德教育的第一个老师。孩子幼年时期的道德教育和道德塑造主要由母亲负责，而律法教育、宗教信仰灌输、宗教仪式教导、节日内容教育则主要由父亲负责。母亲通过教育孩子学习赞美诗和祷告语，使孩子养成良好的道德习惯和道德行为，父亲通过教育孩子宗教礼仪和律法知识，使之了解民族历史，知晓民族传统，明白本民族的历史磨难，增强民族意识，实现一神信仰之目的。

犹太家庭道德教育内容主要来自《圣经》《塔木德》以及解经、注经之伦理思想，也包括先知关于宗教、社会和家庭等方面的伦理思想。道德教育是犹太教育的核心和重点，与宗教、律法、契约、经济、政治、社会以及生产、生活密切结合。道德教育主要是培养孩子的智慧、仁义、公正和正直的品质和行为，谨遵律法、诫命，敬畏上帝，远离恶事，正确处理个人与他人、个体与家庭、个体与民族、个体与自己等关系，正确处理爱、性、婚姻、家庭等各种关系，正确处理健康、幸福、财富等各种关系，正确处理信仰、自由、生命、死亡等各种关系。[①]

道德教育的形式丰富多样，既有律法、仪式、节日等形式，也有民族历史、民族发展和民族苦难回顾等形式，还有警句、格言、寓言、传说、谚语、神话、诗歌、散文等形式，各种形式都凸显强烈的宗教意味和民族生存的现实要求。犹太家庭道德教育方法，主要分两类，一类是学习犹太经典。通过学习经典，可从《托拉》明晰什么是合乎道德的

---

① 参见《圣经·箴言》。

生活，知道律法所求所禁，道德行为体现在对律法和诫命的遵行之中。经文警告以色列先民："这是耶和华——你们的上帝所吩咐和教训你们的诫命、律例、典章，使你们在所要的过去得为业的地上遵行"，"你要尽心、尽性、尽力爱耶和华——你的上帝，为今日所吩咐你的话要记在心上，也要殷勤教训你的儿女。"① 通俗言之，道德教育必须学习遵守律例、诫命和典章等规范，还要学习和遵守伦理规范，将之铭记于心，化为行动，做到这一切，尚能成为圣洁。因此，经文要求"走智慧之道""正直的路""要持定训诲""不可行恶人的路""不可走坏人的道"，遇到恶人和坏人，要躲避转身，要与义人同行，义人之路是阳光之路。《箴言》还要求"你的眼目要向前正看，你的眼睛当向前直观，要修平你脚下的路，坚定你一切的道，不可偏向左右；要使你的脚离开邪恶"②。要成为圣洁，必须谨遵律例、诫命和典章。对以色列先民而言，效仿上帝的生活，才能成为圣洁和道德之人。上帝是律法的制定者，更是律法的率先遵守者，"上帝不仅通过律令为人类提供正确生活指南，他还依靠身体力行为人类树立了可资效仿的榜样"③。上帝怜悯弱者，保护弱者，探视病者，安慰悲者，恩典困者。故此，人应该效仿上帝，行上帝之道，培养慈爱、诚实、怜悯和以德报怨的道德品质，要"爱人如己"，将"爱"作为调节人际关系唯一的道德标准，将爱作为普遍性的道德原则。

不仅如此，道德教育还要培养孩子们的谦卑美德和扶贫济困的慈善行为。谦卑是至高、高尚的道德品质，是上帝高度赞扬的美德，"降低自己的人，上帝抬高他；抬高自己的人，上帝降低他"，"神圣的上帝只让其神灵降落在勇敢、富有、智慧和谦卑的人身上"④。相反，傲慢则如崇拜偶像、拒绝宗教原则和道德沦丧一样，为律法和伦理所不齿，应受到严厉谴责的行为。《圣经》记载，亚伯拉罕、摩西以及许多先知皆为谦卑之人。慈善行为是以色列先民所褒奖的一种道德行为和道德品

---

① 《圣经·申命记》6：1-6。
② 《圣经·箴言》11-27。
③ ［美］亚伯拉罕·柯恩：《大众塔木德》，盖逊译，山东大学出版社2004年版，第240页。
④ ［美］亚伯拉罕·柯恩：《大众塔木德》，盖逊译，第247页。

质。慈善有两个关系密切的维度,即对孤立无援的人的救济帮助和实施善的行为。① 道德教育还包括培养人们诚实、宽恕、节制、公义、公正,以及保护环境和动物等道德行为和道德品质。

犹太家庭道德教育另一个重要方法,是长辈和父母的言传身教。犹太家庭道德教育贯穿孩子一生的每个阶段。儿童阶段,是道德培养的重要阶段,父母履行教育责任,通过言传身教,让孩子遵守律法和家规,了解相关节日的来历和意义,给孩子多个方面忠告。因没有学校,家庭是最重要的教育场所,父母是孩子最重要的老师和道德示范,即便后来有了学校教育,家庭道德教育也是最重要的形式,父母的作用依旧位于首位。父母的道德教育为孩子长大后通过祷告而自省,成为一个谨遵律法和伦理规范的人,意义重大。一般而言,因父亲社会事务繁多和生产劳作辛苦,孩子早期的伦理理念的培养、道德价值观的塑造以及道德观念传承的责任和义务,主要由母亲承担,女儿从幼年到出嫁前的教育则基本由母亲负责。儿子长大成人后的民族史、民族观、道德观、宗教仪式和生活技能的教育,则主要由父亲负责。除此之外,律法规定父亲教育儿子有许多宗教义务和道德责任,如传授历史,教学《托拉》,帮儿子婚娶,传授宗教知识,培养谋生技能,等等,父亲要身体力行,以身示范,教育孩子如何做人,以诚实、智慧、节制、慈善、宽恕、公义等美德,仿效上帝的生活,教育和影响孩子。

总之,在犹太伦理体系中,家庭伦理占有重要的地位。家庭不仅具有家族、宗族延续的传承功能,维系民族统一和社会稳定功能,更有宗教文化、法律文化和伦理文化的传承功能。家庭是犹太宗教文化和伦理文化的基本承载单位,是传承犹太民族文化和民族伦理最小的社会单位。家庭还是主要的宗教仪式和宗教节日的场所,这些宗教节日和宗教仪式包含着丰富的家庭伦理元素。不仅如此,犹太家庭还是民族文化和民族伦理最主要的载体,家庭和宗族伦理是民族伦理的核心内容,是犹太传统伦理延续发展的根基。尽管犹太教历经多个时期,但对家庭及其伦理的重视却一以贯之。家庭伦理对维系犹太民族及其文化统一性,可谓功高至伟。

---

① 关于犹太慈善问题,本书有专门章节进行讨论。

二 儒家家庭观及其伦理

先秦时期是我国历史上社会大变革、思想大解放和伦理大调整的重要时期。先秦儒家家庭观与家庭伦理，继承和发展了周代以来的家庭观及其伦理思想，以孔孟荀为代表的先秦思想家，不仅创立以仁—礼为基本架构的伦理思想体系，而且建构一套完整的处理父子、夫妇、兄弟等关系为主轴的道德规范体系，凸显孝道伦理，注重家庭家族伦理，关注家国关系伦理，完善宗法制度伦理，健全人伦伦理和细化家庭道德治理体系，是先秦儒家家庭观和家庭伦理观的重要内容。

（一）先秦儒家的家庭观

自古至今，家庭是最原初、最基本的社会组织，是人类伦理生活和社会道德治理的重要领域，家庭道德关系是人类个体和群体存在与发展最基本的关系。因此，犹太先哲和先秦儒家皆将家庭伦理作为社会伦理的基点和起点。

先秦时期是我国古代传统家庭架构日趋完善的重要时期。家庭的维系主要是以血缘和亲情为基础，以家法和道德为手段，以长辈家长（或族长）为主导，以家庭（家族）繁荣为目的，以子嗣满堂为标志。基于学派的价值追求，以孔子、孟子和荀子为代表的先秦儒家，建立了彰显学派特征和影响至今的家庭观，以家庭观为基础建构的家庭伦理，成为中国传统家庭伦理的基本样式，是中国传统社会之家庭治理和人伦关系治理的重要手段，并形成了一套完善齐备的、家庭治理最基本的道德规范体系。

家是中国传统社会最重要的社会组织。家庭、家族和宗族是既有联系又有区别的重要范畴。什么是家庭？这是一个研究者争讼不已的问题。在中国历史上，家庭有多个维度的含义，如岳庆平所言，家既有诸侯、卿大夫、列侯的分封领地之义，又有家族、宗族和家庭之义，还有现代意义上的个体家庭之义。[①] 有学者认为，中国传统家庭类型有大家

[①] 参阅岳庆平《中国的家与国》，吉林文史出版社1990年版，第3页。

庭、中等家庭和小家庭之分。联合型的大家庭主要存在于原始社会，由于当时生产力水平低下，只有联合家庭或家族的集体力量，才能抵御自然和社会之风险。进入奴隶社会和封建社会，家庭的规模逐渐减小，形成了联合型大家庭和直系共居中等家庭共存的格局，几世同堂依旧是不少家庭的目标追求，这种家庭模式和家庭观念深受先秦儒家家庭观的影响，现代意义的家庭主要是以夫妻及其孩子共居的小型家庭为主。

日本学者滋贺秀三在《中国家族法原理》一书认为，家有广义和狭义之分，广义之家，总称"家"，系相同的人们为"家"，别称"一家子""本家""族家""自家""当家子"等，以继承同一男系血统为限，不论经过了多少世代，在理论上也可称为一家。狭义之家，系共同维持家计的生活共同体，作为家族而提到的且法律将其作为一户来把握的。[1] 因此，中国传统文化语境下的"家"，是共同保持家系和家计的集团，有观念性层面的家，也有现实性层面的家，人和土地是农业家庭和家族最重要的支柱。

家族是众多家庭的综合体，是历史上有一定血缘关系、以一个男性祖先的子孙组成的众多个体家庭。其中男性祖先、男性血统、男系血缘，是决定一个家族的最基本的因素。宗法体制是家族的根本制度，族规和家法是最主要的民间规范，家庭伦理是维系规制家族家庭最重要的道德规范和道德手段，家族组织体系是家族和家庭良性运作的根本保障。

先秦时期，土地一直是国有制和定期轮换的分配制度。[2] 商代以前，由于生产力低下，一夫一妻制家庭长期依附在聚落内，血缘关系是聚落组织的纽带，聚落组织实行生产资料集体所有制，聚落组织为成员提供最基本的生活保障。显然，聚落组织是基于血缘关系而形成的利益共同体，即聚落组织是血缘群体和利益共同体。同一共同体内的成员有等级无阶级，彼此间没有剥削和压迫，更不能以现代意义上的剥削和压迫来理解成员之间相互关系。

西周是以个体劳动和个体经济为基础的一夫一妻制的最后时期，是

---

[1] 参阅［日］滋贺秀三《中国家族法原理》，商务印书馆2013年版，第58—59页。
[2] 商周、秦汉时期的甲骨文、竹简和古典文献有所记载。

"礼制婚姻"的集大成者。西周之礼制婚姻，是遵循同姓不婚、凸显正妻和一夫多妻的制度，规定"令男三十而娶，女二十而嫁"①，遵循"父母之命，媒妁之言"的基本原则，有掠夺婚、聘娶婚、自由婚等多种婚姻形式，有婚姻缔结和婚姻关系解除的具体民约规定，有"同姓不婚"、等级身份不同不得嫁娶的民规规定，也有"逆家子""乱家子""世有刑人""世有恶疾"和"丧妇长子"之"不取"的法律规定。②西周婚姻家庭具有鲜明特征，如，婚姻之范围越来越大、血缘组织逐渐演变为地缘组织、"中介人"抑或"媒人"的作用凸显、同一民族内部婚姻范围不断扩大、不同血缘和地缘的陌生人婚配比例上升、经济因素作用逐渐凸显、"六礼"渗透进婚姻关系的不同环节。经济发展和财富积累增加，"纳采""那征""请期"成为必备条件。与此同时，婚姻家庭中不平等问题更加凸显和强化，一夫多妻与一夫一妻并行不悖，礼制成为束缚女性的枷锁。"妇人，从人者也，幼从父兄，嫁从夫，夫死从子。"③ 这是女性的依附关系和社会地位的具体写照。同时，家庭没有土地所有权，土地使用权尚未完全实现私有化，在地缘社会中，个体家庭还不是独立的管理组织和经济单位。

在地缘社会中，个体劳动和个体经济取得土地完全使用权，发生在春秋战国晚期，一夫一妻制经过发展整合，家庭逐渐成为地缘社会独立的最小组织和最小经济单位。春秋战国时期，血缘集团在文明社会之功能地位的调整机制逐渐建立，规范血缘组织内部权利和义务的宗法制亦发生变化，世官制和分封制的产生就是明证。尽管血缘组织及其宗法制具有普遍化意义，但国家政体却逐渐由血缘转变为地缘。随着土地使用权完全私有化和商品经济发展，维系社会运作的血缘和乡土关系逐渐瓦解，个体劳动和个体经济之独立性和自由度大幅度上升。个体家庭演变为地缘社会中最基本的经济单位和社会组织，婚姻家庭引发重大变革。作为最小组织和经济单位的一夫一妻制的个体家庭发生重大转换，即血缘社会被地缘社会逐渐取代。同时，随着土地使用权制度改革、国家政

---

① 《周礼·媒氏》。
② 《大戴礼记·本命》。
③ 《礼记·郊特性》。

体变化、宗法制嬗变，社会生产方式和生活模式逐渐确立和固化，男耕女织成为中国古代农业社会最典型的家庭生产和生活方式，为中国古代社会的稳定与发展奠定了坚实的经济、物质和制度基础。

总之，春秋战国时期是中国一夫一妻制婚姻与家庭起源的重要时期，个体家庭实现了由血缘关系到地缘关系的转变，由血缘社会最小的组织和经济单位，转变为地缘社会最小的组织和经济单位，个体家庭逐渐获得更多的居住、生产、经营的独立性和自主权，男耕女织成为家庭最基本的生产和生活方式，开启了以土地为基础的家庭经济的历史。

(二) 先秦儒家的家庭伦理

先秦诸子百家探究伦理文化的智慧和成果，是中国伦理文化重要的思想文化源头。儒家创始人孔子及其弟子和再传弟子，倡导和建构的家庭伦理是先秦思想文化的重要内容，是建构当代家庭伦理文化的源头活水。研究先秦儒家的家庭伦理，必须充分挖掘先秦儒家伦理之丰厚思想资源，吸收先秦儒家的家庭伦理之合理内核，还原先秦儒家家庭伦理之本来面貌，这是当下家庭伦理重建和实现家庭道德治理有效性的重要道德资源。

先秦儒家家庭伦理是孔子继承三代伦理的文化营养，沿着西周伦理文化持续创新和发展的结果。孟子和荀子发展了孔子伦理思想，特别是孔子家庭伦理思想。"没有周公不会有传世的礼乐文明，没有周公就没有儒家的历史渊源。"[①] 先秦时期是儒家家庭伦理思想的创制时期，是儒家家庭伦理和家庭道德规范体系建构和完善的重要历史阶段。

先秦儒家家庭伦理是以亲亲尊尊为基础、以仁者爱人为核心、以孝顺为根本、以忠恕之道为方法、以克己复礼为保障而建立的家庭伦理思想体系。儒家创始人孔子之伦理思想体系，"父父、子子"等家庭伦理规范占有重要地位。在孟子的"父子有亲，君臣有义，夫妇有别，长幼有序，朋友有信"之"五伦"内，其中"三伦"直接关乎家庭关系之伦理规范，荀子亦认为，为父、为子、为兄、为夫、为妻、为弟，均应持守各安其分的道德规范和道德行为方式。先秦儒家之所以重视家庭

---

① 杨向奎：《宗周社会与礼乐文明》，人民出版社 1997 年版，第 141 页。

关系和家庭伦理，是因为家庭是重要的社会组织和经济单位，家庭伦理是调整和治理家庭及其成员关系的重要规范体系。家国同构，家庭伦理亦是社会伦理调整和治理社会成员利益关系的延伸和扩大。先秦儒家家庭伦理主要有如下几个层面的特征。

一是父慈子孝。对先秦儒家而言，父子关系及其伦理是人伦关系及其伦理中最根本的关系，调整和规范父子关系之基本道德规范是父慈子孝。"慈与孝"都是人类独有的道德情感。"父慈"是父亲对自己生命延续和传承的自然生发的一种天然的道德情感。"子孝"是儿子对父亲给予自己生命根源的一种回报和崇敬之情。"父慈子孝"体现了父与子之间道德责任和道德义务的对应性和一致性，是父与子之间付出与回报、责任与义务的对应关系和统一关系。"父慈子孝"是先秦儒家处理家庭关系最核心的道德观念，尽管后儒因过分强调"子孝"而出现"父为子纲"之弊，但作为家庭伦理之核心内容——"父慈子孝"，始终为中国古代家庭伦理最根本性的道德规范。春秋之时，"父慈子孝"的道德理念已经形成，"君义，臣行，父慈，子孝，兄爱，弟敬"①，已成当时社会和家庭基本的道德规范。

对孔子而言，他未专门论及父慈问题，其关于父慈的伦理思想主要蕴含于其仁学体系之中，"仁者爱人"内含着慈爱、关爱、怜爱、呵护、关心、爱惜等思想。孔子提出的"君君、臣臣、父父、子子"的理想政治秩序和家庭秩序中，父父子子实质而言，内涵着父与子相对应的责任与义务关系，从多个维度提出了父亲对子女抚养的道德要求，从幼年到成年，为父者既担负抚养子女的道德责任和道德义务，又承担着子女之教育，特别是道德教育的责任和义务。

与孔子类似，孟子之父慈思想主要蕴含在"亲亲而仁民"理念之中，"亲亲"理所当然内涵着亲爱、慈爱、关爱子女的道德要求。荀子将父慈子孝诉诸礼制之中，他提出的"宽惠有礼"的命题，即父母应将宽厚、慈爱和疼爱奉献给子女，为子女教育学习和成长创制一个良好环境。父母还应坚守为父母者的道德操守，为孩子树立一个"有礼"的示范和榜样。同时荀子还认为，父与子只有坦诚相处、真诚相待和相

---

① 《春秋左传·隐公三年》。

互真诚，才能实现父子关系亲密、慈孝统一。

相对于父慈，子孝在先秦儒家家庭伦理中地位凸显。孔子"从周"，希冀恢复周礼和重建伦理价值，在其创制的仁学思想体系中，以仁释孝，逐渐消解了殷商以降关于孝之理念和孝之制度的片面性，实现了由主要"追孝祖先"到重点崇尚现世之孝的转变。先秦儒家将孝视为家庭伦理的核心，将"孝"之情感与行为作为家庭伦理道德最根本的生发机制，对敬以致孝、尊亲赡养、孝敬父母、顺从父母、劝谏父母、祭亲续统作为孝的基本要义，"百善孝当先""无刑之属三千，罪莫大于不孝"，①"孝"被称为"百行之本"，超拔至家庭伦理的崇高地位。为消解鬼神之惩罚和延续传统之需要，祭亲续统之孝，周代以前曾是关注的重点，与之不同的是，现世之敬养则成为孔、孟、荀关注和突出的重点，孝之伦理成为人类的一种伦理自觉和情感心理需要。

二是尊敬养统一。孔子强调"敬"为孝之重，单纯物质上满足还不是真正的孝，"敬"以尊重父母的人格和慰藉长辈的精神为宗旨。"今之孝者，是谓能养。至于犬马，皆能有养；不敬，何以别乎？"②孔子认为"敬"才是孝道之本。《礼记》曰："孝有三：大孝尊亲，其次弗辱，其下能养。"③尊亲是孝之根，无尊则无养，养亲养老主要侧重物质层面的需要，而尊亲敬亲不单是给予父母养老最基本的生活资料，满足长辈基本的物质需要，而且是"孝子之有深爱者，必有和气；有和气者，必有愉色；有愉色者，必有婉容"④，孝必须从内心中尊重父母长辈及其人格、尊严和意愿，必须令他人也尊重自己的父母，使之感觉自己存在的价值。如孟子所言，"孝子之至，莫大乎尊亲"，故此"大孝终身慕父母，五十而慕者，予于大舜见之矣"。⑤荀子则从礼与孝结合的维度，对孝理和孝道做了阐扬，在其以"隆礼"为核心家庭伦理体系中，孝之伦理仅为家庭伦理一般性规范，其礼之孝论中，秉持敬爱致文、君重于父，赋予孝道以予新内涵。

---

① 《孝经》。
② 《论语·为政》。
③ 《礼记·祭义》。
④ 《礼记·祭义》
⑤ 杨伯峻：《孟子译注》，中华书局2005年版，第215页。

三是顺从与劝谏统一。顺从是孝敬父母、尊重父母意愿的具体表现形式。孔子强调"顺亲""无违"之重要，即子女应顺从父母的意志，服从父母的安排，做到"生，事之以礼；死，葬之以礼，祭之以礼"①。孔子之"顺亲"和"无违"思想，并不是绝对的，父母之错误伦理观念和行为，子女有劝谏的责任和义务，顺亲、无违与谏亲具有内在的一致性。"事父母几谏，见志不从，又敬不违，劳而无怨。"② 孔子认为顺亲、无违是尊重父母意志，顺从父母心愿，维护父母权威。与此同时，对父母和长辈的有违礼的行为，子女不能不管不问、顺其自然，而应主动劝谏和谏诤，使父母纠正错误、不犯错误和少犯错误，"立身扬名"。因为"父母有过，谏而不逆"③，"子之事亲也，三谏而不听，则号泣而随之"④。劝谏和谏诤是维护父母尊严、尊重父母人格、维护父母权威、彰显父母形象、符合孝道要求的正确行为方式，是符合仁和礼要求的道德行为。儒家坚持在父命与道义相悖时，坚持"从义不从父"，不能丢掉道德原则，片面地顺从和盲从父母，陷父母于不仁不义，认为非孝德之为，非孝道之要，适得其反，是非孝也。那么，如何才能更好地顺从父母？儒家提出"中道"的标准，即"中道则从，若不中道则谏"⑤。简言之，在先秦儒家看来，顺从父母与劝谏父母都是孝敬父母的内容和形式，是家庭伦理的重要内容。

四是忧继承祭与续统一致。先秦儒家认为，孝不仅包含尊、敬、养、顺亲之内涵，与劝谏和谏诤之行为，还包含忧亲、继亲、承亲、祭亲和续统等要求。

所谓忧亲，主要是尽子女之责，替父母分忧，使之身心愉悦。孔子之"父母在，不远游，游必有方"，实质而言，是孝伦理之忧亲的具体表现。故此，先秦儒家自我要求，"父母有疾，冠者不栉，行不翔，言不惰，琴瑟不御，食肉不至变味，饮酒不至变貌"⑥。

---

① 《论语·为政》。
② 《论语·里仁》。
③ 《礼记·祭仪》。
④ 《礼记·曲礼下》。
⑤ 《大戴礼记·曾子事父母》。
⑥ 《礼记·曲礼下》。

所谓继亲，主要是继承父母的道德教诲，完成父母未竟的事业，发扬家族和家教传统。"父在，观其志；父没，观其行；三年无改于父之道，可谓孝矣"①，孔子之孝道有一个继亲向度的要求。

所谓祭亲，主要是"慎终追远"和"追养继孝"的要求。先秦儒家认为，孝是贯穿生死的一个很长过程，父母活着要尽孝，去世也必须尽孝。祭亲是按照礼制处理父母后事，既要"葬之以礼"，又要守丧、祭祀，"祭之以礼"。祭亲是养生的延伸和拓展，是晚辈对长辈恩泽的感激和怀念，是家族、家庭血脉延续和传承的内在要求。

孝道规制的一个重要向度，就是祭祖续统、祭亲继志，延续祖宗血脉。最大的不孝就是"无后"。因此，家庭繁荣、子孙繁衍、香火延续，是传统孝道的重要内容。

五是夫义妇顺。夫妻关系及其伦理是家庭及其伦理的起点。先秦儒家将夫妻关系列为"三纲"之内容，足见其重要性。如《中庸》所言，"君子之道，早端于夫妇。得其极也，察乎天地"。之于先秦儒家，夫妻关系是天地之德的产物，是家庭伦理的重要内涵，夫妻伦理事关家庭和社会的良性运作，因此，先秦儒家家庭伦理中，夫妻关系伦理亦是十分重视的内容。《礼记》强调"夫妻一体"、阴阳相合，"共牢而食，同尊卑也"。夫义妇顺是先秦儒家家庭伦理的重要向度，作为"三纲"之组成部分，尽管尚未如父子关系之父慈子孝一样深度展开，但依旧在家庭伦理中占有重要地位。

六是兄友弟恭。兄弟关系是中国传统家庭关系的重要维度，兄弟关系伦理是家庭伦理的重要内涵。兄弟关系是同一个社会共同体成员之间关系，是一种社会组织的血缘亲情关系。作为家庭伦理的重要组成部分，兄友弟恭是处理兄弟关系的道德原则和道德规范，关心、关爱弟弟，履行兄长之责任伦理和角色伦理，即所谓的兄友的要求；恭敬、恭顺和尊重兄长则是弟弟之责任伦理和角色伦理。荀子之"慈爱而见友"和"敬诎而不悖"，是为人兄和为人弟的道德要求和道德规范。但应该明晰的是，慈爱见友和敬诎不悖的兄弟关系，并非一种完全平等的关系，而是基于长幼秩序生成的一种不平等的关系。在先秦时期，长子继

---

① 《论语·学而》。

承制导致兄长有更多特权,"有父从父,父死从兄"成为民间规范和道德规范,故此,孔子将之孝悌并列,强调长幼之序和长幼之节。孔子甚至将兄弟关系推而广之,"四海之内皆兄弟",非血缘之间的朋友,若能像兄弟关系融洽,社会和谐与稳定的目标必能实现。孟子认为,从兄是弟义的本质,而"不藏怒、不宿怨、亲爱之"和"幼吾幼"则是为兄之道德规范。如前述及,荀子将为人兄和为人弟之家庭伦理规范与社会伦理规范密切关联,将家庭关系之和谐和家庭伦理之遵循,作为社会关系和谐和社会良性治理的重要基础,并基于家国一体之理念要求,将兄弟关系诉诸礼制高度,凸显家庭血缘关系和家庭本位的基础地位。

先秦儒家家庭伦理包含着丰富内容,除了上述基本家庭道德规范之外,重视家庭道德教育、强调父母道德示范作用、"身教重于言教"、注重幼儿早期道德教育、培养言而有信的道德品质、重视家庭道德教育环境建设等,均为当下家庭伦理建设可资借鉴的内容。

三 家庭伦理比较

家庭伦理以家庭关系为载体,是规制家庭成员关系的道德规范和道德准则。元典时期是犹太家庭伦理理念和家庭道德规范体系创制和形成的重要时期,独特的家族关系和民族关系令犹太家庭伦理彰显出独有的"犹太性"特征。先秦时期是儒家家庭伦理的发轫时期,是儒家家庭道德规范体系的确立时期,家国同构和家国一体的独特关系令先秦儒家庭伦理的个性特征彰显。两种家庭伦理均包含着丰富的伦理资源和文化内涵,两种伦理模式都注重"齐家之道",视家庭道德为社会道德的起点。犹太先知和先秦儒家创制的家庭道德规范体系,成为后续两个民族家庭伦理嬗变历程中主导性的道德规范,系统梳理两种家庭伦理演变历程,比较二者异同,互鉴二者优长,对当代家庭伦理重建,有效实现家庭道德治理,至关重要。

(一) 重视家庭和家庭伦理道德

元典时期是传统犹太民族的家庭观及其伦理的形成时期。家庭之于犹太教的孕育与嬗变之作用乃重中之重,是犹太教传承最主要的载体和中介。家庭、圣殿、犹太会堂是宗教仪式和宗教节日实践最重要的场所。在三大场所中，家庭对实践犹太宗教理念和思想更为直接、紧密和及时。一方面，家庭观、民族观、宗教观、契约观、律法观、伦理观紧密联系、融为一体，令犹太文化的传播和普及的基础、载体、中介日趋强化，影响日趋多维、全面。另一方面，犹太一神教实现对家庭和民族的重塑和再造，家庭存在的合理性、合法性、神圣性和价值性得以彰显，民族的文化认同、心理认同、信仰认同和价值认同更具张力。家庭之民族信仰具有基础性、关键性的地位，犹太文化塑造了"独特"的犹太家庭，犹太家庭是犹太文化传播和传承最重要的载体和渠道。

家庭之于先秦儒家亦是地位重要、价值凸显。孔子时代，中国古代基本完成了氏族大家庭向个体家庭的过度，家庭构成了社会最基本的生产、生活的经济单位和组织形式。家庭对宗族和家族有天然的依赖性，是宗族和家族的基本单位。与此同时，家庭本位的家庭制度，是宗法制度的表现形式。血缘亲情、父权至上、家长主导、一夫一妻、家庭和谐、子嗣满堂，是先秦时期家庭观最主要的价值追求。以家庭观为基础，先秦儒家形成了家庭本位、亲情至上、差序有等、家国一体和男尊女卑之家庭伦理的基本样式。

犹太先知和先秦儒家均视家庭为伦理道德的基础。犹太先知和先秦儒家皆将家庭及其家风、家规、家教作为法治和德治的重要内容，将家庭作为国家、民族和社会治理的基本单位。犹太先民将家庭作为犹太文化承续与发展的载体，赋予家庭以神圣性、契约性、宗教性和道德性，将家庭与民族一体化，形成了独特犹太家庭伦理。先秦儒家视家庭为其伦理规范设定的基础单元和重要载体，由规范人伦关系推展至规范个体与社群关系，在"五伦"谱系之中，家庭人伦具有首要地位和优先价值，以人伦为基础，以家规、家风、家道为元素的家庭伦理文化，成为维系家国一体的内在道德精神。时过境迁，犹太先知和先秦儒家建构的家庭观及其伦理的社会、经济、文化、政治条件与当下大相径庭，甚至包含着许多消极与糟粕的成分，如父权至上、等级秩序、男尊女卑等，但二者注重家庭的道德治理和家风建设，凸显家庭、民族、社会、国家的内在关系，将家庭伦理与国家、社会、民族伦理融为一体，注重亲情关系规制、家庭关系和谐和家庭角色伦理建构，重视家庭责任伦理，以及家庭伦理精神和伦理价值塑造。二者共有的家庭道德资源，如果进行现代性的改造和创新，去粗取精，古为今用，彼此互鉴，赋其新内涵，对重塑家庭道德，进而建立适合时代要求的新型家庭伦理，意义重大。

(二) 凸显孝的地位和价值

孝之伦理是人类普遍化的家庭道德精神。孝之伦理或孝道在犹太伦理文化体系中居于重要地位。犹太经典——《圣经》和《塔木德》，从多个维度对孝文化和孝道进行阐释。"当孝敬父母"不仅是"摩西十诫"的一条重要诫命，而且与敬奉上帝具有同等的意义和价值，是谨遵上帝之道的题中之意。如果剥离其宗教外衣，我们将会发现，孝敬父母是犹太家庭伦理之核心道德规范，是整个犹太家庭伦理体系之统摄性和主导性的道德原则。在古犹太家庭伦理体系中，孝之诫命亦同时是孝之伦理，孝内涵着信仰、物质、心理和精神层面的多个维度的要求，是敬奉与赡养、敬重与敬爱、责任和义务的统一体。

孝是先秦儒家人伦关系伦理最根本的道德原则。孔子视孝为仁之本、德之本，原因在于理顺父子、夫妇、兄弟关系，是"天道"之要求。尽管孝之义并非囊括仁之全部之义，然孝的确是仁的基础和出发点。前已述及，仁有爱人之义，是人之本质规定性。爱的情感源于血缘亲情，即亲亲为大。"父子之道，自然孝慈，本乎天性，则生爱敬之心，是常道也。"① 如汤一介所言，孝之本质，源于人之自然本性，是非功利性的，其结果是彰显"公义"性质，助益社会的。② 对先秦儒家而言，家庭伦理之基础是德性，此乃自然赋予人的一种天然的道德情感，亲亲为大之血缘亲情，是这种情感在家庭关系的表达形式。换言之，家庭是仁得以实现的重要条件，血缘亲情是仁之原初表现形式，而这种血缘亲情之爱，于家庭、家族视域中，主要体现为孝悌。人类原初本真的自然情感是仁之发源地，血缘亲情之自然显现，则是亲情之爱的具体表达方式。家庭是最小的社会经济组织，是人类繁衍生息的基本单

---

① 《孝敬注疏·圣治章》。
② 汤一介：《"孝"作为家庭伦理的意义》，《北京大学学报》（哲学社会科学版）2007年第4期。

位。家庭之父子、夫妇、兄弟关系，归根结底是一种家庭成员内部的道德情感关系，父慈子孝、兄友弟恭、夫义妇顺是人类独有的亲情，其外化为伦理规范，就是我们所说的人伦关系准则。因此，血缘亲情之爱是家庭和社会伦理的重要基础。家庭及其伦理是任何时代、任何社会不可或缺的重要的社会组织和伦理形态，家庭伦理具有普遍化和超历史的价值。

孝是两种家庭伦理最基本的道德规范和道德原则，是两个古老民族维系家庭稳定和谐，实现家庭良性运作和有效治理之普及化伦理文化机制。但孝之于古犹太民族，既是宗教诫命、律法规定，也是道德命令，家庭是犹太教传播和嬗变的重要载体，宗教家庭化和家庭宗教化，令犹太之孝道宗教性彰显，因此，在宗教性与世俗性之双重意义中，孝之宗教性更为主要和根本。对于先秦儒家而言，孝有祭亲之"慎终追远"和"追养继孝"的要求，有"葬"和"祭"之礼制，但世俗层面的敬以致孝、尊亲赡养、孝敬父母、顺从父母、劝谏父母是其基本要义，孝源于血缘亲情，突出现世之敬养、道德自觉和情感心理的需要，是先秦儒家关注的重点。

两个民族的思想家均已洞悉到，孝不仅是物质层面的满足与赡养，而且是精神和心理层面的抚慰与满足，后者更能彰显孝道之义。两种家庭伦理模式，皆从多个维度体察和洞悉到孝的内涵，如物质、精神、心理层面的满足，克制、牺牲、付出、听话层面的孝行，祭亲和慎终追远，承续父母生前意志，传承家规、家风和家道，均是孝之内容及其子孙的义务和责任。

父慈子孝是两种家庭伦理之重要内容。慈爱和孝道对两个民族家庭伦理的形成与发展产生深刻而重大的影响，成为主导两个民族家庭伦理和规制家庭关系的基本准则和规范。尽管现代社会生产方式、生活方式、家庭模式和价值关系发生重大变革，家庭伦理亟待重塑和重建，但犹太先知和先秦儒家建构的以孝为核心的家庭伦理，倡导的孝道及其责任义务理念，蕴含着多维合理性和价值性，是有效解决老龄化社会爱老、敬老、养老问题的核心道德理念和道德规范，对弘扬当代孝之伦理及其家庭伦理建设具有重要的文化意义和伦理价值。

（三）突出家庭道德教育

首先，犹太先知与先秦儒家均将家庭教育，特别是家庭道德教育作为其伦理体系的重要内容。元典时期，因无公共教育机构，以色列先民以私学家教为主；先秦时期，中国私学兴起，孔子私学教育最为著名，与此同时，家庭教育亦十分重要。因此，两种家伦理都视私学与家庭为道德教育的重要载体和重要场所。两种家庭道德教育模式，至今亦有重要意义。家庭教育尤其是家庭道德教育与学校道德教育、社会道德教育是一个道德教育共同体，父母的言传身教、以身示范，是孩子幼年道德培育与道德塑造的第一个老师，是孩子良好道德认知、道德行为和道德习惯形成的关键期。正因如此，以色列先民将家庭之道德教育、礼仪教育、审美教育、民族观教育、历史观教育作为重要内容，以致"离开本家"年龄。先秦儒家则强调家庭道德的重要性，将家庭教育作为整个道德教育的起点，认为家庭道德教育是实现"君子务本，本立而道生"，形成孝道和仁德之关键时期。故此，先秦儒家十分重视幼儿时期的道德教育，强调"玉不琢，不成器"和"养不教，父之过"，"其身正，不令而行，其身不正，虽令不从"的重要性。简言之，犹太先哲和先秦儒家均将家庭道德教育作为孩子成长的重要阶段，都将家庭道德教育作为培养优秀道德习惯和道德行为的重要手段，都重视父母的言传身教对孩子重要道德品质形成的重要性。时至今日，家庭教育依旧具有重要的现实价值。

其次，犹太先知和先秦儒家都强调道德教育形式和教育方法的重要性。以色列先民之家庭道德教育有多种形式和方法，如诫命、律法、节日、仪式教育，民族观、民族史教育，警句、格言、神话、诗歌等教育。先秦儒家之家庭道德教育也有多种形式和方法，如礼仪、礼制、礼法教育，宗法、族法和家法教育，民族观、国家观教育，家国一体观教育，知识技艺传承教育，但贯穿所有教育的核心精神却是道德教育。换言之，先秦儒家认为培养孩子的德性，学会如何自我修养、如何处事、如何行事、如何立人，更为根本和重要。因此，孔子强调爱人、诚信、忠诚、择善而行。孟子强调人性本善，孩提时代之学习和修炼，践行仁者爱人之德，则"人皆可为尧舜"，其规矩与方圆之论，实质要求人们遵礼守法、践仁守信，成为一个有益国家和民族之人。

再次，犹太先知和先秦儒家都重视家庭道德教育资源的选择。犹太家庭道德教育首先是向孩子传授犹太经典的基本要义，使其懂得和了解什么是合乎道德的生活，什么是诫命所禁止的道德行为，什么是诫命所提倡的道德行为，家庭道德教育资源主要是《圣经》《塔木德》以及相关解经、注经文献，学习律例、诫命和典章和道德规范，仿效上帝的生活，才能成为圣洁、成为道德之人。先秦儒家家庭道德教育资源也主要来自经典。孔子突破"学在官府"之拘囿，坚持"有教无类"的教育理念。"有教无类"理念说明孩子的先天之本能和素质是相近的，接受教育的权利和地位上应是平等，先秦儒家冲破了门第、身份和地域对教育的限制，形成具有自己学派特色的教育原则。孔子还将"六艺""六书"或"文、行、忠、信"作为主要教育内容，故此他亲自删减、整理、编订《诗经》，强调"不学诗，无以言"。技能技巧培养、文化智慧知识传授、伦理道德教育是孔子教育的重要内涵，其中道德教育是先秦儒家家庭教育的重点，通过道德教育开启孩子道德心智，由"学而时习之"，达至"乐天知命"、尽心知性的最高道德境界。

最后，犹太先知和先秦儒教都非常重视道德教育方法，都将父母的言传身教和以身示范作为道德教育的首选方法。犹太家庭道德教育按照孩子成长期分阶段进行。儿童阶段是道德教育的重要时期，道德观念形成、道德价值塑造、道德行为培养、道德品质的形成主要是母亲之责，孩子长大之民族历史、家庭道德观、宗教仪式、学习《托拉》、传授宗教知识、培养谋生技能等则主要由父亲负责。先秦儒家家庭道德教育思想也是按照孩子生理发展阶段进行，幼年时期父母是道德教育的第一人，父母的言行举止、道德修养和道德品质，之于孩子形成良好的道德习惯和道德品质尤为重要。因此，先秦儒家强调"身教重于言教"，"人不学，不知道"，父母是孩子初始道德教育最好的老师。不仅如此，孔子还认为道德教育是循序渐进的过程，是一个不断积累的过程。孩提时代应"志于学"道德知识；及至成年，尚能实现每一个阶段道德目标，即"立""不惑""知天命""耳顺""从心所欲不逾矩"。荀子《劝学》篇全面系统地阐明了学习的重要性，认为道德知识的学习是一个"学不可以已"的长久过程，积跬步，尚能至千里；汇小流，才能成江海；锲而不舍，金石可镂，否则"朽木可折"。同时，荀子亦将道德教育作为学习的最重要内容，提出"体恭敬而心忠信"的道德要求，认为诚信是君子所守、政者之本。

总之，在家庭道德教育层面，犹太先知和先秦儒家在众多方面有相似相通之处。如果消解古犹太家庭道德教育之宗教诫命的缠绕，破除先秦儒家家庭教育之宗法礼制的拘囿，互鉴两种家庭道德教育优长，如，犹太道德教育的神圣性、律法性、强制性、民族性，视学习为宗教责任；先秦儒家之道德教育之伦理性、崇高性、理想性和国家性，对当下家庭伦理建设至关重要，二者都是当下家庭道德建设和道德治理的重要资源。学习借鉴犹太家庭道德教育，融合信仰教育、契约教育、律法教育的方法，创新发展先秦儒家德性教育、礼学教育、诚信教育的方法，对当下重塑家庭道德教育大厦是一个不错的选择。

第八章

慈善伦理

犹太民族与中华民族均有源远流长的慈善思想传统，元典时期，是两大伦理流变创制慈善文明和慈善伦理制度的关键阶段。这一时期，犹太先知基于以"爱"为核心的伦理诉求，建立了以信仰为原动力，以契约、律法、诫命和道德为规制手段，以"公正""平等"为主要内容，以"公义""怜悯"为主要价值追求和行为规范的慈善伦理思想和慈善伦理制度。先秦儒家基于以"仁"为核心的伦理诉求，建立了以人性向善为出发点，以礼为主要规制手段，以恻隐之心为原动力的慈善伦理和慈善行为方式。体察两种伦理模式之丰富优秀的慈善伦理资源，探究两种慈善模式的文化资源价值，互鉴两种慈善伦理优长，比较二者之异同，对本民族及世界慈善伦理相互借鉴，都有重要的现实意义。

一 慈善与慈善伦理

(一) "慈善"的界定

"慈善"一词，古已有之。《说文解字》曰："慈，爱也"，"善，从羊从言，吉也"。"慈"与"善"二字均含有真情实感、美好之情的意义。研究表明，魏晋时期佛教传入我国之后，《北史·崔光传》出现"光宽慈善"用语，二者首次合二为一，形成"慈善"一词，并赋予伦理之义。在中国传统文化中，长辈对晚辈的关心、爱护、爱抚为"慈"，晚辈对长辈的敬爱、孝敬、赡养为"爱"，即"上慈下爱。"孔颖达之《左传》疏曰:"慈者爱,出于心,恩被于业","慈为爱之深也"。《说文解字》释"善"为"吉",有"吉祥""美好"之义,引申为"亲善""和善""友善",延伸为"仁善""善良""慷慨""怜悯""同情心"之义。中国传统伦理之"老吾老以及人之老,幼吾幼以及人之幼""老者安之""少者怀之""守望相助""疾病相扶"的思想意识,均包含丰富的慈善理念和慈善伦理思想,以及丰富的慈善伦理文化资源。

先秦时期,儒家慈善伦理文化内涵丰富、影响至远、学派性彰显,"仁者爱人""兼善天下""博施济众""恻隐之心""辞让之心""厚德载物""守望相助""善为最乐"和"己欲立而立人,己欲达而法人",等等,是融慈善理念与人格完善为一体,将慈善思想和慈善行为视为自我道德修养和道德境界提升的普遍性标志。因此,先秦儒家是我国慈善思想和慈善伦理的典型代表。

墨家的"兼爱"思想,也包含丰富的慈善理念和慈善伦理思想。墨家倡导的"有力者疾以助人,有财者勉以分人,有道者劝以教人,若此,则饥者得食,寒者得衣,乱者得治"①的社会治理理路,包含强助弱、富扶穷、德化人、交互利的慈善思想和慈善道德行为的具体要求,对于光大兼爱美德和大公无私、不图名义的奉献精神,形成良好社会道德风尚有重要的作用。墨家之"兼爱"普遍性、平等性和"爱无差等""兼爱天下之博大"的价值追求,赋予慈善理念一种特殊的含义,即慈善之爱是一种无私、无别、平等、交互的道德情感、道德行为和道德境界。

道家之善恶报应观,继承殷商时代之"积善余庆"的理念,将行善去恶、行善积德之善恶报应观作为慈善理念的道德基础。《道德经》曰:"上善若水。水善利万物而不争,处众人之所恶,故几于道。居善地,心善渊,与善仁,言善信,政善治,事善能,动善时。夫唯不争故无尤","圣人常无心,以百姓心为心。善者吾善之,不善者吾亦善之,得善。信者吾信之,不信者,吾亦信之,得信"。因此,"善恶相传"是道家的重要道德律令,即行善事者必有好报,行恶事者必有恶报。道

---

① 《墨子·尚贤下》。

家善恶报应观的主旨是教化百姓弃恶从善，因此，道家善恶报应观是其慈善思想形成的一个重要前提。

英文单词"philanthropy""charity""benewolence"均有"慈善"之义。其中"philanthropy"源于古希腊语，"人间之爱"是其主旨。现代汉语释义"慈善"为"对人关怀，富有同情心"。西方慈善伦理源于宗教理念，是以"慈和爱"为内容，将慈爱态度和慈爱理念作为实现"慈爱"的基本形式。慈善的现代之义，日趋多元化，就"philanthropy"和"charity"意义而言，前者以强调抽象的组织行为为主旨，后者以强调具体个人行为为基本特征。亚当·斯密将"自愿"视为慈善的第一原则，如他所言，"善行是没有义务的，不能被强制，也不可能因想获取而被惩罚"①。尽管欧美对"慈善"一词的认知分歧较大，但视"仁爱和同情"为慈善动机，视"慈善"为自愿行为，则具有共识性和一致性。

（二）慈善伦理

慈善有多个维度的意义。从社会治理维度观之，慈善有助于实现社会的有效治理；从社会分配维度观之，慈善有助于扶贫济困，实现社会财富的再分配；从社会事业维度观之，慈善有助于实现社会的和谐和良性运作；从社会伦理维度观之，慈善有助于社会德性伦理的建构；从个体伦理维度观之，慈善有助于善心善行等美德的培养；从社会制度伦理维度观之，慈善有助于社会慈善制度及其伦理的形成。

若仅从道德治理和伦理文化维度疏解，慈善是人类独有、善良、无功利的道德动机，是人类独有"怜悯之心"的表达方式，因此，是否有功利目的，是否是自愿行为，是衡量慈善的重要标尺。

慈善是人类独有的一种道德情感，是人类善良、慈爱、公义的道德情感诉诸同类的一种人道主义情感，慈善目标是人之同类，慈善形式是人道主义，这是慈善伦理的重要特征。

慈善是人类独有的道德行为，是人类将"爱"普遍化和延展化的一种道德行为方式，因此，"积德行善""普爱天下"，是慈善伦理行为的重要标志。

---

① ［英］亚当·斯密：《道德情操论》，谢宗林译，中央编译出版社2008年版，第3页。

慈善是人类独有的社会事业和道德事业，是人类扶贫济困、调节福利、和谐关系的一项光荣神圣的事业，是一个国家、一个民族道德水平的重要标志。

慈善是人类美德之源，是人类独有向善的道德情感，是人类独有向善的道德行为，是人类独有向善的道德事业，是人类独有向善的人道主义精神。一个社会、国家、民族慈善事业和慈善伦理的水平，是该社会、国家、民族道德水平和文明水平的重要标志和衡量标准。

慈善伦理在整个慈善事业、慈善制度、慈善治理及其运行机制中发挥着重要作用，是维系社会和谐、化解社会矛盾、促进国家稳定、实现民族团结和建立人类命运共同体的重要力量，是检验人类良心善行的重要标尺。慈善伦理是调整和规范慈善主体与客体关系的道德规范体系，是贯通社会伦理、责任伦理、德性伦理、规范伦理的综合要求的一种应用伦理。

二 犹太慈善伦理思想

元典时期是犹太慈善思想的创制时期。以色列先民在建构彰显民族特征的契约制度、律法制度、金融制度和商业制度的过程中，同时形成了享誉世界的慈善理念、慈善理论和慈善制度。古犹太文化之慈善观及其伦理观对当代慈善思想和慈善伦理的形成，可谓功高至伟。犹太民族是一个"伦理一神教"的民族、契约民族、律法民族，也是一个慈善民族。这一时期，以色列先民形成了以"爱"为慈善核心、以信仰为慈善动力、以律法为慈善保障、以"公义"为价值追求的慈善理念和慈善伦理，而凸显扶贫济困、公义慈善、怜悯穷人，则是这一时期慈善伦理的重要特征，也是以色列先民之传统美德伦理。

（一）慈善事业是以色列先民的社会生活方式

从实际出发、注重当下生活和现实道德践履是其慈善事业的一个重要特点。因此，以色列先民从不讳忌自己的信仰，坚信"伦理一神教"，很少从虚妄的空想、不切实际的理想和固有的价值出发，看待国家、民族和社会发展中存在的贫富差距，看待人智力不同形成地位、身份差异。尤其在商业金融和社会财富创造等方面，以色列先民清醒地认识到，要做到绝对平等与财富平均分配是完全不可能的，社会差别何时何地都将存在，不可能完全消除。由于智力、体力和能力不同以及天灾人祸的影响，需要慈善救济和公义帮助的人会不断出现，如地震、水灾、火灾、旱灾、战争、商业竞争和民族冲突，会造成众多新的需要救助者，造成一批新的穷人和"外邦人"。如何应对这种状况，以色列先民认为，必须根据律法要求，时刻做好准备，将公义制度和慈善行为随时诉诸被救助者。

在以色列先民看来，一个社会是否是一个公正平等的社会，是否是一个遵从上帝之道的社会，一个重要的标准是能否将"穷人和外邦人"与妇女之关心和保护当作社会义务和社会责任。正因如此，犹太经典《圣经》中有众多关于关心和保护弱势群体的律法规定，蕴含着丰富的公义思想。也正因此种认知，以色列先民形成了源远流长、享誉全球、彰显民族特色的民族公义救助思想和民族公义救助传统，其中慈善思想、慈善行为和慈善伦理是其民族公义救助思想和传统的主要表现形式，是以色列先民之民族治理和社会治理的重要手段，亦是以色列先民最早的一种基本社会救助方式和生活方式。

（二）犹太慈善伦理是一种典型宗教伦理形式

以色列先民之慈善有多种含义。"公义"之理念、行为和制度及其伦理评价是其核心，仁爱之心彰显为怜悯、谦卑、体恤的道德情感和道德心理是其表现形式，生存和生活的物质需要的施舍和救济之道德行为是其基本标准，公义、公正、慈爱等公义行为和品德是重要宗教诫命和道德规范。我们可以发现，以色列先民的慈善思想和慈善伦理深受一神教的影响，以色列先民关于公义和慈善的律法诫命、道德规范和价值评价标准，均源于上帝创造论和契约论，人类公义之心、善良意志、施舍行为和救助制度是上帝之爱的具体扩充和表现。慈善理念及其慈善伦理超拔和升华至宗教之诫命，是两个基本原则——爱上帝和爱邻人在现实层面的具体表现形式。正因如此，我们从《托拉》和《塔木德》中能发现保护弱者、外邦人和穷人的众多宗教诫命和律法规定。

(三) 犹太慈善理念和慈善伦理根植于两河地区原初文明之怜悯理念

以色列先民笃信，世界万物与人类的道德体系和价值体系皆源于上帝之创造，爱上帝和爱邻人是以诫命和律法之形式给其子民下达道德命令，是将爱之道德命令诉诸慈善行为的实现过程。基于爱邻人的道德要求和道德命令，通过慈善之心和慈善之行，让"甚好"的世界万物变得更加美好。正因如此，《圣经》明确地记载和强调践行慈善道德行为的具体路径，如收割之时，切不可割尽田间角落的庄稼，不可收拾走遗落粮食和所掉葡萄，应将之留给穷人和"寄居"之人。① 不能欺负和虐待外邦人或其他民族的人，要一视同仁，应给予本国国民一样的待遇，像爱自己国民一样爱他们。

《圣经·申命记》多处指明，践行慈善行为的具体路径和详细规定。譬如，借给穷人东西，不可留下穷人"当头"（如衣服）过夜，要"日落"之时还给他，使之能盖着睡觉；无论本族或他族的穷苦贫困的雇工，均不能欺负他们，不能少斤短两，克扣工价，应日清月结，满足其基本的生活需要；要体恤他乡之人和孤儿寡妇，他们抵押之物，要及时返还。收割庄稼，遗留果实，要将之留给他乡之人和孤儿寡妇，满足饱食之需；采摘葡萄，切莫采摘干净，应剩下一些，留给孤儿寡妇。②

犹太律法还规定，每逢第七个安息之年，土地要休养生息，不再耕种。葡萄园等水果园要休养生息，不再修剪，生产的粮食、蔬菜和水果不应属于田主、果农和葡萄园主人，而是属于所有人，包括孤儿、寡妇、穷人、外乡人以及本族和外族人。故此，《圣经·申命记》载："每逢七年末一年，你要施行豁免"③，债主应豁免借贷者债务，不能向邻舍和弟兄追债，这是耶和华上帝的诫命，按上帝之道豁免，社会则会公平、平等，不再有穷人，就会得到上帝之赐福。借给更多国民，使之不至于借贷困扰，社会将更加和谐，治理也会更加有效。故此，《密释

---

① 《圣经·利未记》19：9-10。
② 《圣经·申命记》24：5-21。
③ 《圣经·申命记》15：1-5。

纳》规定，人不得在安息日雇用工人，亦不得告知其友为其雇佣工人，不得在安息日雇用工人，运回果实。① 关于舍客勒②之规定，律法规定舍客勒的索要仅限于利未人、以色列人、改宗者以及释奴，而妇女、奴隶和孩童不在其列，要免除祭司、妇女、奴隶和儿童缴纳舍客勒的责任和义务。徐新认为，"犹太人对每次安息日的庆祝是从社会救助思想开始的"③，犹太人的捐助传统和捐助美德，给犹太民族播下公义和慈善的种子，公义和慈善渗透在犹太人思想中，流淌在犹太人的血液中，以致这一时期形成的捐赠、公义、怜悯之慈善思想世代相传，成为一种宗教诫命、律法制度、社会制度和道德制度。犹太民族不仅以契约民族、律法民族著称，而且以捐助民族、公义民族和慈善民族闻名于世。

元典犹太文明时期的慈善思想和慈善制度，源于宗教诫命和宗教律法基本规定，是一种以色列先民创制的宗教慈善思想和慈善制度，这种宗教慈善思想和慈善制度的伦理表现形式，则是一种典型的宗教慈善伦理。因此，犹太慈善伦理具有宗教性、神圣性、契约性和诫命性的重要特征。

（五）犹太教慈善伦理是一种责任、义务和权利统一的伦理模式

以色列先民的慈善理念和慈善伦理，是基于"爱上帝和爱邻人"之道德命令形成的慈善行为和慈善制度。犹太之爱是一种宗教性的道德命令，因此，犹太慈善伦理行为实质而言也是一种道德命令，是一种基于创造论和契约论的道德责任、道德义务和道德权利相统一的慈善伦理模式。与其他慈善伦理不同的是，义务性、责任性和权利性是犹太慈善伦理的重要特征。换言之，犹太慈善伦理主要是从"创造""契约"和"爱"中萌发出的一种道德义务和道德责任，而非仅仅因"爱"形成的一种道德情感。因此，犹太慈善伦理更多的是一种义务和责任观念。这

---

① 《密释纳》第2部，张平译，山东大学出版社2017年版，第18页。
② 舍客勒是古犹太时期的一种税。以色列成年男子每年要缴纳半银舍客勒的税给圣殿，用于维持圣殿的开销，特别是各种公共祭献的开销。舍客勒征收时间是亚达月一日宣布到尼散月一日完成缴税。
③ 徐新：《追求公义——论犹太人的捐助思想》，《福建论坛·人文社会科学版》2006年第6期。

一时期，行"公义"之行为，抑或财产富有者基于诫命要求减轻穷人、外邦人、孤儿寡妇贫穷之痛和生活之苦，是一项基本的道德义务和道德责任。

这种救济一类是通过税收实现救助目的。以色列先民接受古埃及的税收思想和税收制度，将税收作为实现社会再分配手段和社会救助方式，十分之一税是圣经犹太教时期到拉比犹太教时期最重要的税收救助方式。十分之一税最能体现救助思想和慈善伦理的是"第一十分之一税"和"穷人十分之一税"。《圣经·民数记》规定："凡以色列中出产的十分之一，我已经赐给利未的子孙为业，因为他们所办的是会幕的事，所以赐给他们为酬他们的劳"，"这要作为你们世世代代永远的定例。"① 十分之一税主要是献祭上帝耶和华的，上帝则将之赐给利未人，因为他们专职祭司，没有自己的产业，而利未人将所得的十分之一献给最高祭司亚伦家族。

关于"穷人十分之一税"条例，《圣经·申命记》是这样规定的："每逢三年的末一年，你要将本年的土产十分之一都取出来，积存在你的城里。在你的城里无分无业的利未人，和你城里寄居的，并孤儿寡妇，都可以来，吃得饱。"② "十分之一捐"的条例还规定，每年将粮食、五谷、油、新酒等的十分之一、头生的羊群和牛群捐献出来，给予利未人、穷人、孤儿寡妇，等等。"穷人十分之一税"或"十分之一捐"是以色列先民主要以农副产品为主形成的捐赠税收制度，是古犹太文化公义制度和救助制度的原初形式，它从律法和伦理层面形成了调整社会贫富关系制度规范，并以责任与义务为核心形成了一套完整的救助制度和慈善行为规范，这为拉比犹太教时期和大流散时期的犹太慈善观和慈善伦理观的形成完善，每年将十分之一税用于慈善事业，奠定了坚实的思想基础和制度基础。以色列先民形成这种救助制度和慈善方式，对其慈善文化尤其是慈善伦理影响极大，成为民族治理和社会治理的重要方式。之所以犹太民族的慈善观、慈善伦理和慈善制度享誉全球，是因为以色列先民构建的"十分之一捐"和"十分之一税"制度，

---

① 《圣经·民数记》18：21-24。
② 《圣经·申命记》14：28。

使犹太民族的慈善习俗具有牢固的经济基础，并在固化与延展中得到世界认可，成为其他民族效仿的榜样。

对以色列先民而言，慈善行为是一种呈现神圣使命、彰显上帝之道和人类必须付诸实践的一种神圣行为，换言之，慈善与其说是发自以色列先民内心的道德情感，倒不如说慈善是一种基于宗教信仰的责任与义务。因此，对以色列先民而言，慈善绝非仅仅源于爱心和同情心对其同类救济、救助，亦非富人之慷慨之举，而是源于上帝诫命之责任和义务。救助、慈善是在神人架构下面向所有人、无须自我选择的一种律法和伦理的责任与义务，救助和慈善、捐赠和救济是诫命，慈善行为和慈善美德源于上帝，这是一种宗教诫命和道德命令。

以色列先民慈善伦理观的一个重要特点是，他们不仅将捐助、救济作为富人之责任和义务，而且还视接受捐助和救济为穷人之权利。富人的责任和义务是一种道德命令，穷人的权利也是一种道德命令。穷人接收捐助和救济，没有低三下四、尊严受损的顾虑；相反，他们认为这是犹太社会律法保护的应该与应当之行为。以色列先民视慈善为穷人权利的思想，逐渐内化于犹太文化和犹太民族意识中，成为犹太社会的一种"集体意识"和道德心理需要，成为以色列先民道德教育的重要内容和重要文明传统。"穷人权利"的慈善观是犹太文化之人文主义思想的重要表现，是现代犹太法律和伦理形成的重要思想基础。

（六）犹太慈善伦理是凸显民族性和普遍性统一的伦理体系

以色列先民为应对外族统治、不断流散、自然灾害等问题，在"伦理—神教"体系中，逐渐形成统一的民族信仰和非凡的民族团结意识、集体意识和互助意识。信仰、团结、集体、互助之道德精神和道德意识，逐渐凝聚成犹太民族意识，流畅在犹太民族血液之中，使犹太民族嬗变为一个信仰共同体和团结互助命运共同体。正因如此，犹太慈善观和慈善伦理观具有强烈民族性。历史上无论是远赴埃及求生，还是逃离埃及法老统治；无论是离开"本族""本家"，还是流散异国他乡，彰显公义思想的团结互助之慈善伦理与一神信仰，首先是以维护民族的生存和民族统一为基本宗旨。因此，总体而言，以色列先民慈善对象的主体是犹太人，慈善伦理基本属于调整以色列先民内部关系的道德规范体系。犹太慈善文化强调，对本民族同胞尽责、救济、互助是每个犹太人责任和义务。历史上以色列先民内部凸显的"团体"意识，主要是本民族内部成员的互助互利意识，律法规定的行善要求和行善原则，主要是面向犹太民族成员的。慈善互助总体而言是在犹太民族成员内部进行，尤其在深陷迫害和流散逆境之时，慈善之民族性、互助之民族性尤为突出。

尽管以色列先民之慈善对象和范围的主体是犹太民族的内部成员。但以色列先民慈善理念和慈善伦理观并不局限于民族性和血缘性，因为这种慈善是基于创造论、爱的诫命和道德命令而生成的，因此，以色列先民的慈善观和慈善伦理又有很强的普遍性。律法和律例中有众多关于保护"外邦人"、救助"外族人"的规定，慈善理念引领下形成的救助理念和救济行为，在实际操作中已冲破民族性的拘囿，彰显出更具普遍性的特征。尽管以色列先民是"上帝选民"，其宗教信仰、生活习俗和宗教诫命与周边其他民族相异相悖，但多民族交往和多元文化熏陶，其救助观和慈善观并不排斥异族成员，寄居埃及的经历令其感同身受，怜爱和同情"外邦人"、寄居之人，使之将社会救助和慈善诉诸异族的社会成员，甚至扩展至普遍的救助对象。以色列先民这种慈善观和慈善伦理，体现出一种普遍性和普适性，具有"泛爱众"——博爱的道德情感特征。

（七）犹太慈善伦理是以律法为保障的社会道德治理方式

《希伯来圣经》核心理念之一，是以"公义"思想引领"公义"行为，实现社会"公义"化治理和"公义"之大同理想。"公义"一词在《圣经》中出现过几百次，屡屡见于《创世记》《申命记》《利未记》《先知书》《传道书》《诗篇》和《箴言》之中。以色列先民认为，遵守上帝之道，坚守诚实、公平，秉公行义，是本民族生存与发展的基础，是社会再分配之有效治理的重要方式，是实现社会公平、公正的核心内容，是实现道德治理的重要目标，也是慈善伦理追求的价值目标。如先知耶米利所言，公平、诚实是上帝之要求，是社会和谐和个体幸福之道，是彰显上帝之荣耀的品质的主要形式。

作为上帝选民，要施行"公平公义"，不可亏负"寄居的"和"孤儿寡妇",只有如此,才能像父辈一样,得到"福乐","日子将到,我要给大卫兴起一个公义的苗裔;他必掌握王权,行事有智慧,在地上施行公平公义……以色列也安然居住"[①]。基于道德命令要求,为孤立无援的人提供尽可能的帮助,使之得到必要的救济(Tzedakah)。以食物和金钱帮助孤立无援之人是慈善的重要形式,但救济的核心精神是"公义"之施行,救济是"公义"之行为、慈善之品行。向穷人提供救济,施行公义,应是及时、当下的行为,也是一种正义的行为,"慈善的行为不仅帮助了穷人,也赋予了捐献者精神上的益处"[②]。因此,以色列先民认为,救济不应仅仅是给予穷人食物和金钱的帮助,还应和颜悦色和春风化雨般地为穷人着想,"最重要的是,真正的慈善是暗中行施的。提供救济的最好形式是'捐赠者不知是谁,接收者不知谁捐赠'"[③]。显然,慈善理念和慈善道德早已融入以色列先民的社会生活之中,公义、救济、救助、怜悯之慈善既是一种宗教道德义务,也是一种信仰基本要求,更是一种民族生活方式,延续几千年而闻名于世界,"慈善相当于其他一切律令加在一起",它内化成以色列先民的道德心理和道德情感,"公义犹如让世界充满了慈爱",[④]成为一种不可或缺的道德品质和道德传统,这种视"慈善"为调节社会分配的重要形式和社会理基本方式的治理观和道德观,至今仍有十分重要的借鉴价值。

三 先秦儒家慈善伦理思想

自古以来,中华先民就有慈悯天下、扶困济贫、乐善好施的优良道德传统。慈善思想和慈善伦理是中华伦理文明的重要组成部分,是中华文明进步发展的重要标志。先秦时期是儒家慈善观及慈善伦理思想的形成时期,先秦儒家文化传统中蕴藏着丰富的慈善思想和慈善伦理资源。以孔、孟、荀为代表的先秦儒家继承了夏商周以来"天下为公"之大同社会思想,"克明俊德""以亲九族""协和万邦"之伦理普遍主义

[①] 《圣经·耶利米书》22:5-6。
[②] 亚伯拉罕·柯恩:《大众塔木德》,山东大学出版社1998年版,第251页。
[③] 亚伯拉罕·柯恩:《大众塔木德》,第256页。
[④] 亚伯拉罕·柯恩:《大众塔木德》,第254页.

精神，"民为邦本"的民本主义思想，形成了一个以人性双面设计为慈善伦理基点、以仁为慈善伦理核心、以礼为慈善伦理保障、以义为慈善伦理的导向、以民本为慈善伦理的重点、以大同为慈善伦理的目标和彰显体系性、学派性、现实性和理想性的慈善伦理体系，对中国古代社会慈善伦理思想的形成、慈善事业的发展以及慈善制度的设计，产生了深远的影响，是当下慈善理念的培育、慈善事业和慈善制度完善发展重要的伦理文化资源。

（一）仁爱之慈是先秦儒家慈善伦理的核心

在先秦儒家伦理体系中[①]，仁既是全德之称，是"德中之德""美中之美"，几乎覆盖和包含所有德目，又是"五常之一"，是以人类道德情感为核心内容的伦理规范之一。对先秦儒家而言，仁是人类先天固有之普遍性的德性，是"亲亲而仁民，仁民而爱物"，仁凸显人的价值及其爱人、爱同类、爱万物的人本主义精神。"仁者爱人"伦理意蕴就是将"爱人"作为处理人己关系和人群关系的道德原则和道德规范，具体化为在慈善伦理领域，主要表现为关心人、爱护人、帮助人，细化为尊重、互助、互爱的道德动机、道德心理和道德情感，从而形成了以"爱人如己""恻隐之心"为基本价值取向的慈善伦理思想。显然，仁是一种博爱之心，是慈善产生深层心理机制，是他人之疾苦、困境和意愿、幸福感同身受的情感机制，助人为乐、与人为善、慈爱同类、扶困济贫成为"仁爱之慈"的具体表现形式，而"安人""安百姓""先天下"则是慈善伦理的最终道德目标。因此，"仁者爱人"是先秦儒家慈善伦理的核心精神。

（二）礼是先秦儒家慈善伦理的制度保障

礼是仁外在的行为规范，是义的具体表现形式。先秦儒家对夏商周之礼的"损益"和创新，构建一套系统化、体系化和复杂化的礼制系统，以此规制和保障仁爱精神的贯彻和施行，仁爱之慈的慈善观是以礼为调整手段和制度保障的。先秦儒家慈善观是以抽象形式将仁与义视为

---

① 具体参见本书第三章。

人之行善行为之内在可能性,将个体与群体利益一致性视为慈善思想的必然之理,将礼作为实现这种可能性和一致性的制度保障。礼是人之为人之必需,"不学礼,无以立"①,礼是人行善、彰显"恻隐之心",调节和规制人之善行的具体行为模式,因此,"礼之用,和为贵"。实现群己关系和谐,以慈善伦理构建良好的道德关系与和谐社会秩序,是礼关于社会秩序及其行为模式建构的基本价值追求。

(三)义是先秦儒家慈善伦理的价值导向

对先秦儒家而言,"义"泛指道义,是"五常"之一。孟子视"义"为"羞耻之心"。以"义"作为慈善伦理的价值导向和调节救助行为的价值准则,实质是要求社会、宗族和富裕阶层的行为方式及其制度设计,符合道义要求,追求道义之旨,将行善作为道义之要。"义"体现的是对他人和群体承担的道德责任,尤其是对弱势群体、鳏寡孤独、老幼穷人的社会责任,并将这种社会责任内化为道德心理和道德情感,外化为普遍性的道德义务,成为个体和群体追求的道德价值目标。因此,"居仁由义"是孟子所追求和强调的核心精神。以义作为慈善伦理的价值导向,主要在于凸显慈善伦理的实践理性精神,强调行善行为的内在自觉性,要求人们树立正确的慈善价值观念,令自己的善心善行符合道义要求,形成以道义、慈爱和怜悯为主要内容的慈善行为模式,实现社会良性运行与群己关系和谐运作之目的。

(四)民本是先秦儒家慈善伦理的重点

民本思想是先秦儒家政治思想的基础,也是先秦儒家慈善伦理的重要来源。爱人、助人、扶困、济贫、怜悯皆为"仁者爱人"之表现,五者与慈善直接相关,共同构成一个内容丰富、形式多样、比较完整的慈善体系,慈爱、慈善及"怜悯之心"是仁者应有的处世方式和关注弱者的道德情感。孔子认为,施惠、行惠之民是"君子之道"。《论语》之"恭宽信敏惠"皆蕴藏着爱人助人、以诚待人、施惠救济之慈善思想。而在孟子之仁政思想中,施惠和救济则是其重要内容。如孟子所

---

① 《论语·季氏》。

言，要做到"老吾老以及人之老，幼吾幼以及人之幼"的道德理想，必须"制人之产""养足以事父母"和"俯足以蓄妻子"。荀子则强调，社稷只有爱民、亲民、利民，民尚能爱之。孟子之仁政思想和荀子之礼法思想，惠民是其重要内容，施惠、救济是惠民表现形式，也是慈善行为方式。

（五）大同是先秦儒家慈善伦理的目标

"大同"是中国古代对理想社会的一种称谓，亦是先秦儒家对人类美好未来的憧憬与历代思想家追求的社会理想。本质而言，"大同"是一种幸福、平安、大治的理想社会秩序。大同思想表达了人类追求幸福、和平美好的愿望，强调"天下为公"是"天道"，也是人类"大道"。"天下为公"的"大同"社会理想，集中反映了中华先民们对美好社会制度的向往和追求。它不仅具有超越性，而且具有高尚性，给人以真、善、美的感受，成为中华民族不断走向文明进步的精神信仰。

孔子认为，"克己复礼为仁"，"大同之道"即"修礼以达义、体信以达顺"①，亦即文质中和、天人贯通、雅俗整合、返本归元的人文纲常礼教，是不离百姓日用的礼乐纲常时中践履与人文化成，而并不是否弃礼乐风化的所谓抽象化"理想状态"。"大同之道"的历史衍化有两条交相融通的基本线索，即雅俗整合、人文礼教大众化与以夏化夷、中华民族大融合。《礼记》曰："大道之行也，天下为公，选贤与能，讲信修睦。故人不独亲其亲，不独子其子，使老有所终，壮有所用，幼有所长，矜、寡、孤、独、废疾者皆有所养，男有分，女有归。货恶其弃于地也，不必藏于己；力恶其不出于身也，不必为己。是故谋闭而不兴，盗窃乱贼而不作，故外户而不闭，是谓大同。"②"大道之行，天下为公"是先秦儒家慈善伦理的基本原则和最高目标。"人不独亲其亲，不独子其子，使老有所终，壮有所用，幼有所长，矜、寡、孤、独、废疾者皆有所养"是先秦儒家慈善伦理的基本原则和最高目标的具体化。"选贤与能"是先秦儒家慈善伦理的政治保障，"讲信修睦"是先秦儒

---

① 《礼记·礼运》。
② 《礼记·大同》。

家慈善伦理行为和人际关系的具体要求。"礼义以为纪,以正君臣,以笃父子,以睦兄弟,以和夫妇,以设制度,以立田里,以贤勇知,以功为己"① 是先秦儒家慈善行为、慈善事业和慈善制度的总体谋划。

(六) 人性双面设计是先秦儒家慈善伦理的基点

先秦儒家伦理致思路径集中在人性的价值判断上,将人性善恶的研究作为其慈善思想基点。孔子首先提出"性相近和习相远"之命题。"性相近"对思、孟之性善论影响极大,"习相远"则被荀子一派得以发展,形成性恶论的人性价值判断,奠定了先秦儒家人性善恶的双面设计,成为建构慈善伦理的理论基础。

性善论本质而言,"仁、义、礼、智根于心"②,仁义礼智等道德情感、道德心理和道德理性,人人生而有之,不虑而知、不学而能,恻隐、羞恶、辞让、是非是人之"善端",是人人都有慈善之心和慈善之行的先天可能性。

荀子则从性恶论的视角,提出建立慈善制度之重要性。荀子认为,人性本恶,其善心善行则是后天人为努力之结果,以道德规制人的行为,引导向善发展,经过外部礼法规制和道德教育,则能"化性起伪""土之人可以为禹",③ 建立向善的礼法和道德规范,慈心慈行方能呈现。我们可以认为,荀子是先秦儒家慈善制度思虑深邃和系统周全的重要代表。先秦儒家人性之双面设计,从先天和后天两个层面曲折说明,慈善是人类道德化中实现自身价值的一个重要路径,人只有在道德化的路径上,人之为人之品性和人格尚能得以充分的彰显和提升。

四 慈善伦理比较

犹太民族与中华民族的慈善观和慈善事业历史久远,两个民族慈善伦理思想源远流长。元典时期是两个民族慈善观及其慈善伦理思想创制

---

① 《礼记·大同》。
② 《孟子·尽心上》。
③ 《荀子·性恶》。

形成的关键时期。以色列先民创制和完善的伦理一神教和先秦儒家创制和完善的伦理文化，均蕴含着丰富的慈善伦理资源和慈善伦理思想，尽管两种慈善伦理的性质不同，表述有别，但其慈善义理相近相通，都包含仁爱天下、扶困济贫、乐善好施和怜悯助人的伦理准则和慈善理念，成为西亚和东亚、古代和现代之慈善理念和慈善伦理思想的重要资源。比较二者之异同，互鉴二者之优长，对深化和丰富当下我国慈善伦理研究、重塑适应时代需要的慈善事业、探究两个民族慈善伦理发展脉络及其演变逻辑、建构符合人类命运共同体为主旨的慈善伦理体系，都具有重要的现实意义。

（一）宗教性与世俗性

犹太慈善伦理是一种恩典型宗教慈善伦理。以神人关系为主调，以人人关系为辅助，救助、怜悯、慈爱是上帝之爱的表现与宗教诫命的要求，所有慈善道德行为、慈善道德价值和慈善道德标准皆源于上帝。因此，犹太慈善是恩典型慈善向两个向度展开，一是纵向上将爱上帝作为慈善伦理标准，换言之，慈善是上帝之创造和恩典；二是横向上将上帝之爱扩充延展和普遍化，将"爱邻人"普及所有需要帮助的人。换言之，横向慈善之普及化，是按照上帝之善良标准做出的道德行为选择，是神人关系置于现实中特殊表达关系。正因如此，犹太经典和先知思想中蕴含以公义、怜悯、资助、施舍为核心的慈善理念与慈善行为的训诫、律法和道德规范。就犹太慈善而言，承担的慈善责任，并非以色列先民之自由选择，而是上帝赋予"特选子民"的使命、义务和责任，是爱上帝之责任的延伸。因此，我们可以发现，犹太慈善伦理是一种恩典型宗教慈善伦理，这种慈善伦理的现实展开，逐渐形成了以"公义"为核心的各种慈善形式，以色列先民之独特信仰模式与慈善宗教化氤氲化成，曲折地超越了人类之慈爱之心和怜悯之心，形成了公正和善良相融合的"公义"慈善之责任模式。

相反，先秦儒家慈善伦理是以"仁"为核心、以血缘关系为基础、以现实的人际关系为基本维度的世俗慈善伦理思想体系。对先秦儒家而言，"仁"是由"亲人"到"爱人"，实质是将家庭、家族的亲缘之爱扩展普及化至社会之爱和普遍之爱。"仁者"之"爱人"，是人类自觉意识到人类自身的尊严和价值，将怜悯之心之"善端"扩充为人之善良意志，形成慈善道德行为的理性自觉和人性自觉，彰显出人类发自内心爱人的道德情感，并养成以良心为指导，以义务和责任为导向，以善行和义举为要求的人类美德行为模式。善行、义举是"仁者爱人"的现实实现，是人类应该具有的美德和品性。先秦儒家慈善主要关注的是如何将人独有的"怜悯之心"和"爱人"之道德情感诉诸现实实践，将慈善作为社会治理和调整社会关系的重要手段。质言之，先秦儒家慈善伦理是建立在人类规范伦理之上的道德情感，是一种助人为善和推己及人之利他道德品质，是一种凸显道德修养的自律道德，是一种家庭和社会成员之间道德价值的共同追求。因此，先秦儒家慈善是一种礼制规约之下的宗族慈善、个体慈善，二者皆为典型的世俗慈善形式。

由上观之，两种慈善伦理模式，一个是宗教型慈善伦理；另一个是世俗型慈善伦理。犹太慈善伦理将慈善道德源泉和道德行为的内驱动力归因于外在的"他者"——上帝，人类追求慈善之善心和善行、公正和公义、怜悯和平等之价值，是律法和诫命的基本要求，是在公正之价值和善良之行为的融合中实现对上帝的责任。更为重要的是，接受慈善亦是上帝之诫命，不是丧失尊严和价值之行为。犹太恩典式宗教慈善伦理具有强烈的神圣性、义务性、责任性和权利性，这种强烈的神圣性在建构现代慈善伦理时，有助于形成慈善行为崇高性，使人将慈善视为实现人类自身价值、彰显人类尊严，超越纯粹血缘情感之同情心、怜悯之心，将慈善伦理之光辐射之种族、阶级、国家、民族等，对形成人类慈善命运共同体，有重要现实意义。这种慈善伦理之义务性、责任性和权利性的均衡与统一，对慈善行为主体与客体构建新型责任关系和信任关系，消解慈善主体强客体弱，主体少客体众，形成良好主客体有效交通，有重要启示意义。更为重要的是，犹太慈善伦理将接受慈善作为穷人和受助者的权利，而且是上帝赋予的权利，对建构现代慈善伦理之道德权利观和现代慈善伦理制度体系有借鉴意义。

先秦儒家慈善伦理虽然以天为形而上的根据，但其慈善伦理不是由外在"他者"所左右，没有一个凌驾人之上恩典上帝作为慈善的来源，更没有慈善的宗教律法和诫命规制、驱动人们追求公平正义，实现慈善行为之目的。因此，先秦儒家主要将慈善行为的产生归之为人类所拥有的"怜悯之心"之内在道德驱动，是人之良知的外显与外化，是修为与自省之必然性成果。因此，先秦儒家慈善伦理是一种典型的世俗伦理，是利他主义主调突出的慈善伦理模式。世俗性慈善伦理特质易于当下从自身道德教化、修身养性、知识传承等方面，形成独特的慈善教化理论和慈善教化制度，构建家庭、民间、社会一体化的自我调节机制。先秦儒家慈善伦理之利他主义的特质，是中国历史上慈善伦理和慈善事业绵延不断的基本动力，利他慈善的多元形式有助于形成个体、集体、国家、民族伦理共同体和无功利性慈善道德心理和道德情感，对慈善德性主义是一个巨大助益。

但令人遗憾的是，犹太慈善伦理将人类慈善之心和慈善之行归之为外在的创造者，实质是忽略人类独有道德心理、道德情感以及独有的道德驱动力，将慈善之理念和慈善之行为禁锢在宗教诫命之下，消解了慈善之道德教化、修身养性之理想性和崇高性。先秦儒家将慈善之心和慈善之行归之为"怜悯之心"和内部的道德驱动，忽略了慈善行为的外部规约和慈善事业的制度建构，甚至夹杂着道德回报之嫌，这种过于依赖道德而失去制度支撑的慈善，在道德价值冲突和道德文明滑坡之时，慈善主体的道德意识弱化和道德选择左右支绌，将危及慈善事业的发展。

（二）民族性和宗族性

凸显血缘性和普遍性是两种慈善伦理的共有特征，但两种慈善伦理之不同在于，犹太慈善伦理是一个民族性和普遍性统一的伦理体系，而先秦儒家慈善伦理则是一个宗族性和普遍性相统一的伦理模式。以色列先民在抵御天灾人祸逆境中，培育出独特的民族信仰、民族意识以及互助共同体意识和信仰共同体意识，并深刻地烙印在慈善思想及其慈善伦理观上。这种慈善伦理文化视救济、互助精神为维系民族统一的重要手段，将互助互利意识、行善行为原则作为调节民族内部慈善关系的价值导向和规范体系。因此，慈善、救济、互助彰显出鲜明的犹太性和民族性。

在犹太文明早期，总体而言，无论是犹太经典关于慈善文化的阐释，还是当时慈善行为的目标对象，主要是限定于犹太民族内部家庭和社会成员。但犹太经典关于慈善的伦理观的理论追求超越了民族性和血缘性的拘囿，其以公义为核心的慈善救助行为和实际效果具有强烈的普遍性抑或普适性。对以色列先民而言，慈善之心和慈善之行是上帝爱的道德命令而生成的，尽管以色列先民以"上帝选民"自居，其宗教信仰和生活习俗与其他民族大相径庭，但两河地区多元文明的浸淫，使之慈善观和伦理观并不排斥"外邦人"，甚至将慈善范围和对象拓展至异族社会成员。因此，《希伯来圣经》中关于救助"外邦人""外族人"的道德命令，内含着一种"泛爱众"道德情感，亦具有强烈的普遍性和普世性的特征。

与犹太慈善伦理不同，先秦儒家将慈善伦理是宗族性与普遍性的有机结合，除地缘、教缘之外，先秦儒家将宗法家族成员作为慈善的主要范围和主要对象。宗族是先秦时期最重要的基层社会组织形式，是以血缘关系、网络化、稳定性、持久性为特征形成的一种宗法家族命运共同体。因此，宗族慈善伦理主要是基于血缘和宗族的要求，调整宗族成员内部慈善关系的道德规范体系。这种宗族成员内部救济、帮扶行为，以及通过宗族传统和民间习俗形成的权利、责任和义务，主要不是由律法和诫命所决定，也不是由当时的法律制度所决定，更多的是由宗族内部的礼制即族规、家规和民间习俗所决定。赡养族长、庇护同宗、救助族员、养老慈幼是我国传统社会慈善行为的一个重要特质。因此，对宗族内部成员的救助、帮扶、怜悯是以血缘为网络、以宗族为单位、以宗族共同体延续为目的之慈善行为，调整和规制慈善关系和慈善行为的道德规范体系，必然具有强烈的宗族性。

先秦儒家慈善伦理之宗族性，源于血缘亲亲理念，这种血缘亲亲理念与宗族慈善理念具有内在关联性和通约性，形成了由"亲亲"之爱到宗族慈善之爱自然过渡，从而建构出一条"亲亲"到"宗族"全"路人"，并扩充至"天下"的慈善之路，即以"亲亲"为起点，以宗族为范围，以"路人"和"天下"为延伸目标。显然这是一个由近及远、由亲及疏、由小及大，差序等级鲜明的慈善伦理体系，是一个始于血缘亲亲关系，而又超越血缘亲亲关系，普及之天下的慈善伦理体系。先秦时期，所谓"亲亲"，是以宗族九亲为基本血缘的共同体网络，即"亲亲"之范围，是以己为中心，上至高祖，下至玄孙，左右为兄弟、姐妹，形成的血缘命运共同体。维系血缘命运共同体的责任和义务，救助和规制血缘共同体成员的慈善行为的慈善伦理，凸显出命运共同体的普遍化特征，慈善对象超越了家庭、宗族关系，慈善的特殊责任和义务，演变成所有贫困者的一般性责任和义务，不再"独亲其亲"和"独子其子"，而是"博施济众"天下人，因此，先秦儒家慈善伦理是宗族性和普遍性相统一的伦理体系。

通过上述分析，我们可以发现，虽然两种慈善思想均表现出突出的血缘性和普遍性，但不同的是，前者是民族性和普遍性的统一；后者是宗族性和普遍性的统一。民族共同体意识衍生出人类共同体意识，是古犹太慈善伦理能在世界范围内转换为现代慈善伦理并为世人所接受的一个重要原因，也是现代慈善事业以古犹太慈善事业为模板参考的重要原因。先秦儒家之宗族共同体意识内含着向人类共同体意识转化的基本因子，并不是像有些学者所认为的那样，二者只有相悖没有相通；相反，宗族慈善伦理是建构现代慈善伦理的重要资源，是现代慈善伦理普及化的一个重要模式。因此，我们不应该将宗族慈善伦理与现代慈善伦理对立起来，甚至认为先秦儒家之宗族慈善伦理是现代慈善伦理的掣肘因素。我们认为如何有效地从宗族共同体、民族共同体意识培育出人类共同体意识，如何将传统的宗族慈善伦理、民族慈善伦理转换成现代家庭慈善伦理、民族慈善伦理，并最终形成彰显现代性的人类慈善伦理，才是两种慈善伦理比较的价值所在。

（三）宗教性和世俗性

对犹太慈善伦理而言，慈善伦理具有宗教之神圣性，上帝是人类美德之源，以爱为核心的慈善及其道德行为抑或行善行为，是上帝之爱普化现实的过程，是上帝之道"自上而下"的实现过程。"爱人如己"的慈善伦理原则，"行上帝之道"的慈善伦理主旨，追求公义的慈善伦理核心，首先观照和强调的神人关系向度，人类慈善道德情感、慈善道德意志和慈善道德行为，必须在超拔至神人关系高度，才更有意义。对以色列先民而言，爱上帝、敬畏上帝、服从上帝，实质而言就是按照上帝之善行标准进行正确的道德选择，以公义为主要内容的慈善观和慈善道德观，本质而言是为了正确规范和调节人与人之间关系的。基于圣经文本分析，我们发现，古犹太人的公义思想及其具体善行是以对上帝的责任为前提，人类与生俱来的情感关怀，如同情、怜悯之心绝非人类之自由选择，而是造物主赋予和期望的公正、怜悯、平等之心。因此，犹太慈善伦理是人类基于造物主的驱使所实现的公平正义，公义之慈善主要不是源自人类内心的道德内驱力以及所谓的"善良意志"和"良心发现"，而是外在他者——上帝及其律法的外在约束，显然，犹太慈善伦理是一种具有神圣性和宗教性的慈善伦理，是一种偏重于宗教义务和责任的慈善伦理。

与犹太慈善伦理不同，先秦儒家慈善伦理是一种世俗伦理范型。先秦儒家慈善伦理的动力机制、运行机制、维系机制和评价机制，主要依靠"仁—礼"为基本架构的宗法伦理维系。因此，先秦儒家慈善伦理重点是调整人与人利益关系的特殊伦理形式，它希冀从仁者爱人之普遍的道德情感出发，以人之个体和群体为主要对象，以维系人的尊严和重视人的价值为主要向度，以礼法和伦理为主要手段，实现调节人际关系，重塑"人本善"道德品格之目的。故此，先秦儒家慈善伦理作为调节人际关系的独特伦理形式，没有设置一个"外在他者"——造物主作为慈善行为的原动力，也没有将慈善伦理的内容和慈善道德评价标准诉诸一个超越人和社会的创造者，更没有将慈善伦理的基本原则——"仁者爱人"赋予宗教神圣意义。相反，先秦儒家慈善伦理追求的公平正义、中庸和谐主要基于对人、社会和自然关系的综合考量，外在的慈善道德行为主要源于人内在的道德心理和道德情感外显机制，依靠的是人独有"怜悯之心"和"三省吾身"，而不是外在的约束和强制。简言之，先秦儒家伦理慈善伦理关注的重心或中心是当下的"亲亲"和"泛爱众"，是对人类生命的普遍化的敬畏和崇敬，是对普遍意义上的人类最深刻的情感呵护和道德关爱。

犹太慈善伦理是宗教性慈善伦理形式，是一种偏重外在慈善道德义务和慈善道德责任的特殊伦理形式；先秦儒家慈善伦理是世俗性慈善伦理形式，是一种偏重内在道德情感和道德责任的特殊伦理形式。两种慈善伦理模式各有优长和不足，如果犹太慈善伦理在强调外在道德义务、道德制度的基础上，吸收借鉴先秦儒家慈善伦理注重内心道德驱动和"良心发现"之道德情感，其慈善伦理理念和实践会更符合人性价值，其"劝善"功能亦会彰显全面性和完善性。先秦儒家慈善伦理如果在注重内心道德情感和内心道德之源的基础上，借鉴犹太慈善伦理之神圣性、义务性和制度性的做法，能有效矫正仅靠"内心道德驱动"慈善的不足，弥补慈善制度性建构缺失的问题，形成完善慈善道德行为推进机制和评价机制。简言之，互鉴两种伦理模式，我们得到互鉴的最佳结论是：外在制度性、义务性、责任性和内在道德性、内敛性和心理性的有机结合，将是现代慈善伦理建构完善的一条重要路径。

五 慈善伦理创新与转化

慈善理念培育、慈善内在动力确立和慈善事业推进，需要制度规范约束机制的保障，其中慈善伦理的道德规范体系和评价体系具有举足轻重的地位和价值。慈善理念培育和慈善事业动力机制形成需要慈善伦理思想的指导，慈善制度建构和慈善社会塑造需要慈善伦理文化引领，慈善社会形成和社会治理需要伦理制度支撑。因此，基于慈善事业发展和慈善社会治理的需要，互鉴和学习古今中外的慈善思想和慈善制度，创新和转化其慈善伦理理念和慈善伦理制度，形成凸显普遍性和民族性的慈善伦理体系，更好地助力我国现代慈善事业的发展，这是一件非常有价值的事情。

犹太慈善伦理和儒家慈善伦理是犹太民族和中华民族优秀的道德遗产，早日内化、融入、积淀到两个民族文化之中，深深植根于两个民族的社会个体和群体的心灵深处，烙印在每个社会成员行为之上，左右着每个社会成员的价值选择和道德选择，影响着社会成员的行为方式、社会道德舆论和民族风俗习惯。

自古以来，犹太慈善伦理和儒家慈善伦理，对犹太民族和中华民族以及世界的慈善理念、慈善行为、慈善事业与慈善制度产生并将持续产生重大影响。基于当代慈善事业及慈善社会治理现代化的要求，中国慈善社会及其慈善伦理重塑，既要立足于中国传统优秀慈善伦理文化，创造性转化先秦儒家慈善伦理文化，实现当下慈善伦理建构之目的，又要互鉴世界上优秀慈善伦理文化，学习借鉴对世界慈善事业持续产生重大影响的慈善伦理。如，学习犹太慈善伦理，借鉴其慈善意识和慈善制度层面的优长，分析其在当代社会分配和社会治理的价值，借鉴和学习其施行慈善事业的精华，在现代诠释和价值提升中，实现互鉴的目的。

首先，提升"爱"与"仁"之"博爱"价值，形成以人为本的慈善伦理精神。"爱"与"仁"是两种慈善伦理的核心理念。犹太慈善文化主要通过"爱人如己"的道德命令，形成以"公义"为核心的慈善伦理思想。但不可否认的是，凸显强烈的民族性是犹太慈善伦理思想的重要特点，以道德调节和规范民族内部分配关系和救济关系是犹太慈善伦理思想的主要目的。因此，救济、互助是以色列先民内部成员应该恪守社会道德责任和义务，其"团体""公义"意识首先是以色列先民内部成员互助互利的社会道德意识，"爱"作为慈善伦理的核心理念，其意义和价值主要体现为，在神爱和神助之下民族内部成员之间互爱和互助。先秦儒家慈善伦理文化主要通过"仁者爱人"的道德命令，实现少孝老慈、修齐治平之目的。"仁者爱人"之孝悌、事亲，由"亲亲"外展，由己至人、由亲至疏，实现"亲亲仁民"和"仁民爱物"之目的。因此，先秦儒家的慈善伦理行为，基本是一个以血缘关系、宗族关系、地缘关系为主轴，根据由近及远、由亲及疏的原则，沿着亲人—熟人—陌生人路径逐步递减的过程。

我们可以发现，两种慈善伦理模式的核心理念——"爱"和"仁"，在诉诸具体慈善伦理行为和制度设计时，民族性和血源性的原始起点和推展范围，使"爱"与"仁"的普遍价值难以真正彰显。随着经济社会发展和网络技术演进，族与族、国与国、人与人的交往活动范围愈来愈广、互益性交往强度愈来愈大，熟人社会向陌生社会转变，"熟人社会+陌生社会"成为慈善伦理建设和慈善社会治理必须面对的现实问题。救济、资助陌生人和无利益牵涉关系的人，成为当代慈善行为的重要特征，机构慈善和私人慈善"无名"的具体指向，是一个重要发展趋势，也是现代慈善伦理之道德规制的重要领域。故此，犹太慈善伦理和先秦儒家慈善伦理必须进行创造性转化和创新性发展，提升"爱"与"仁"的"博爱"意义和普遍价值，将救济、关爱和资助等慈善行为超越血缘关系、亲属关系、朋友关系、邻居关系、地缘关系和族缘关系，推及陌生他人，拓展至社会全部成员和世界范围，成为超越血缘、宗族、民族、地域拘囿与没有等级、地位和条件限制的"博爱"

行为，并将这种"博爱"提升为人类之普遍性道德精神，才更能彰显现实意义和未来价值。根据现代社会资源分配和慈善社会治理的要求，挖掘中西传统文化之慈善思想，在传承"爱人如己"和"仁者爱人"之慈善核心价值的基础上，进行现代转换和创新，注入丰富的时代因素和网络特质，使"爱"与"仁"超越族缘、亲缘、地缘的限制，超拔为普遍价值理念，转化为符合人性要求和时代特点的"博爱"，将慈善惠及至"天下人"和陌生人，将这种独特的爱和无差别慈善道德诉诸一切需要救济、关爱和帮助的人，才是我们互鉴的根本目的。

其次，转化"怜悯"与"恻隐"为道德责任和道德义务。前已述及，犹太慈善伦理之怜悯理念根植于两河流域原初文明，"公义"是其慈善及其伦理思想的核心，怜悯、谦卑、体恤之道德情感是"爱邻人"之道德命令的表达形式。慈善既是以色列先民内心的一种道德情感，还是一种天然的道德责任与义务。先秦儒家视"恻隐之心"为"仁之端"，是人类行善做事的根本动力。这种天然恻隐情感使人类能救贫扶困、施以援手，臂助需要帮助的人，"恻隐之心"是驱使人向善去恶、实施慈善行为的道情感。犹太之"怜悯之情"和儒家之"恻隐之心"，是人类的普遍道德情感，也是人类慈善行为的强大内驱力，如果没有这种普遍化的道德情感，人类慈善行为就失去了强大的内驱力和推动力。但必须指出的是，令人类的道德行为具有持续性和长久性，仅仅依靠道德情感激发人类的道德行为，推进人类慈善事业的发展，肯定有不足之处。因为一方面，作为一种内心体验，道德情感的主观性会令道德行为时常沦陷至"非道德性"，将个体和群体的主观体验以"道德"之名强加于其他个体和群体；另一方面，以主观道德情感激发的道德行为，往往会因个体和群体的热情递减，或者时间和空间的变化，导致慈善行为具有不可持续性。因此，基于"怜悯之情"和"恻隐之心"之慈善动机形成的慈善意识和慈善行为，必须根据"现代性"的要求进行转换和改造，才能符合现代慈善事业的要求。在现代化进程飞速推进的时代，慈善已经超越过往的怜悯、同情、救济的视域，也冲破了对他人不幸、痛苦的担心和忧虑的阈限，而是在更广阔的意义上赋予利益满足和幸福指数均等的含义。现代慈善治理投射的对象，既是社会个体及其利益满足和幸福指数均衡，又是社会群体利益满足和幸福指数的均等。现代社会是一个利益共同体和命运共同体，人非孤立的存在，是与其他个体和群体共同组成一个完整的整体。每个个体只有通过合作互助，方能实现自身价值和利益满足，推进社会发展均衡全面发展。因此，现代意义上慈善及其伦理具有交互性、责任性，是一种道德责任和道德义务。转化"怜悯之情"和"恻隐之心"，充分发挥人类普遍共有的"善良意志"作用，在去恶行善和彰显人类慈善道德行为基础上，注入现代"德性伦理""公民意识""责任伦理"和"道德义务"，将传统"怜悯之情"和"恻隐之心"之道德情感与现代公民道德责任和道德义务一体化，以道德情感浸润和固化现代慈善，构建具有公民意识的慈善责任和慈善义务体系，形成公民意识的权利和义务思想。这种道德情感、道德责任、道德权利和道德义务一体化运作，更易使慈善事业成为一种自觉、自愿、平淡、平和的情感和行为。

最后，建构他律与自律的互动机制，形成外规和内修统一的社会正义思想。犹太慈善伦理所倡导以"公义"为基本内容的慈善，首先是基于民族性而形成的、以"律法"为基本制度支持的他律要求。共同的民族信仰和民族意识、集体意识和互助意识，使以色列先民在慈善事业追求上形成一个信仰共同体和团结互助的命运共同体。对犹太慈善伦理而言，慈善之目的首先遵守"外在他者"的道德命令和律法要求，慈善行为是基于群体品德而凸显的群体道德行为，慈善行为完成既取决于群体心理体验，更取决于群体外在规范与强制。犹太慈善伦理行为是一个由外在的道德命令内化为内在道德情感的过程，外在律法和诫命是慈善行为形成的根本原因。因此，天然存在一个外在规范系统——他律规范系统，这是犹太慈善行为和慈善事业易于施行、成果显现的一个重要原因。

先秦儒家所倡导的慈善伦理主要是一种内修品德，体现的是个体化的道德观和价值观，是对个体道德行为的自律要求，这与先秦儒家将修身作为人生的起点不谋而合。因此，对先秦儒家慈善伦理而言，慈善之目的首先是完善个人品德，慈善之行为首先是基于个人品德而彰显的个体道德行为，慈善行为完成基本取决于个体内心体验和内在追求。先秦儒家慈善伦理是一种由内在道德情感而形成的道德驱动力继而实现慈善道德行为的外显过程，是以自律机制为主的慈善行为的完成过程。但应该注意的是，因外在他律约束缺失，慈善的内修之为难以与慈善的外规体系相统一，在多数情况下要提升至社会群体的共同意志层次，达到社会、民族和国家性的规范体系程度，是有一定难度的。

如果我们互鉴两种慈善模式，消解犹太慈善过于依靠外在强制和先秦儒家慈善过于执着内在修为的不足，在提升人类内在慈善道德情感的基础上，完善和健全慈善道德制度和法律制度，建构自律—他律互动机制，实现自律和他律、内修和外规的融合和统一，即实现道德自律和法律他律、内在道德情感和外在道德规范、道德内驱力和法律强制力的有机统一，形成建构现代慈善伦理和推进慈善事业一体化设计方案，将有重要的现实意义。

现代慈善思想和慈善行为不应是一堆外在的制度规范，也不应是纯粹的同情心、怜悯之情、恻隐之心的外显，而应是道德情感、道德责任和道德义务一体化的过程。将先秦儒家慈善个体美德和犹太慈善群体美德优长互鉴，将偏重自律和偏重他律的优点叠加，将以个体修养为主的慈善和以群体他律为主的慈善融为一体，形成具有现代慈善价值的公共意识体系，提升至现代社会正义和社会责任层次，以个体慈善激发群体慈善，以群体慈善统摄个体慈善，以内在道德情感固化外在道德行为，以外在的道德行为彰显内在道德情感，将个人美德融入社会道德体系之中，是现代慈善伦理重塑的重要路径选择。现代慈善事业和慈善活动，既需要以个人美德为价值旨归，又需要以体现社会正义的慈善规范伦理为制度保障，纠偏道德情感和个体美德的主观性不足，消解慈善行为的不稳定性和不可持续性，建构他律与自律的互动机制，形成外规和内修统一的社会正义思想，才是我们互鉴两种慈善伦理的主旨和目的。

第九章
经济伦理

　　人类伦理思想历史的演进历程表明，一个社会的经济阶段和发展现状，必然会出现与之匹配的道德思想和伦理类型。体察两种伦理嬗变理路，把握两种伦理范型的基本特征和独特内涵，比较二者的经济观和经济伦理，探究道德与经济抑或义与利的关系问题，是一个能获得互鉴价值的不错的进路。两种元典经济伦理是人类"轴心时代"两个民族的道德先知，对社会经济生活中道德问题和道德规范问题的价值认知。无论是犹太经济伦理还是儒家经济伦理，均是一种独特的以社会治理中某一特殊类型的道德问题，亦即经济生活中的道德问题为主体对象的价值研究。犹太经济伦理和儒家经济伦理的道德基础、道德规范、道德秩序和道德意义问题，都是从利益中引申出来的，并且是当时经济状况和社会发展阶段的反映，"每个社会的经济关系首先是作为利益表现出来"[①]。两种经济伦理范型的道德原则和道德规范，都是从各自的民族、社会或阶级利益中引申出来的。因此，两种伦理模式之经济伦理，既有两个民族经济生活或经济活动之基本的经验生活基础，又重点涉及两个民族的经济生活的道德基础、道德规范、道德秩序和道德意义等核心问题，对这些问题的思考和认知，对理解人类经济生活和经济活动的基本价值，考察道德与利益或者义与利的关系问题，把握、廓别两大伦理体系特征、获得互鉴经济伦理资源有重要的现实价值。

---

　　① 《马克思恩格斯选集》第2卷，人民出版社1995年版，第53页。

一　犹太经济伦理

古犹太民族的坎坷、艰辛、痛苦的历史和经历，是犹太伦理思想产生的民族和社会背景，两河文明丰富的契约理念、律法思想和道德资源是犹太经济伦理产生的历史文化背景，独特民族境遇和被迫"客居"、流散的生存环境，令犹太经济伦理特别关注当下经济现实条件和经济生活与伦理道德的关系，以及与之相适应的经济道德、商业伦理和道德实践。因此，犹太经济伦理是以色列先民关于经济生活、商业活动以及民族意志、民族心理的宗教伦理观照。义利问题、契约问题、财富问题、慈善问题、公平问题等经济和商业伦理问题是这一时期犹太经济伦理关注的重要问题。犹太民族是最早关注道德与经济、财富与公平、契约与诚信等经济伦理和商业伦理问题，并在经济实践和商业操作中形成律法体系和道德规范体系的民族。

首先，犹太经济伦理是以色列先民的商业观、金钱观和财富观道德观照。自古以来，在两河领域以色列先民就以不断迁徙和从事商业贸易而名声大噪。在以色列先民定居迦南之前，这个地方已是多部族、多民族的商业贸易集散重地，大宗货物云集于此，小宗货物交易繁忙，名贵珍品买卖活跃，以物易物现象十分普遍，契约规则逐渐完善，不同民族的商人和商队川流不息。在以色列先民客居埃及之前，希伯来部落已经参与了两河领域的国际贸易，频繁活跃在沙漠与迦南之间，从事贩运香料和乳香商品交换活动，以色列先民组建了闻名近东地区的商队，出现了闻名两河领域的香料大王和乳香商人。

以色列先民将发财致富、厚利少销、商业利益最大化视为一种美德，甚至认为是一个人应有的道德责任。以色列先民认为，违背《托拉》的行为有多种，其中经济不独立、依附于他人和社会是一种律法和道德不齿的行为。对于以色列先民而言，"只要赚钱就行"，追逐金钱财富并不是丑恶肮脏的行为，因为金钱财富是人生幸福不可或缺的内容。违背《托拉》即上帝之道，无视契约诚信，过度追求物质享乐，甚至将金钱用于不必要的物质享受和物质消费，才是犹太律法和犹太伦理反对和惩戒的行为。

犹太文明产生初期,由于生产力落后,资源短缺,难以满足生活的需要。之后随着生产力的提高和人类潜能的挖掘,多余的物质产品增加,为商品交换创造了条件。《圣经》之"众人共享资源",是指人人皆有责任和权利利用世界上的物质资源从事生产性的经营活动。但以色列先民认为,使用自然资源是众人共享的权利,这"构成了自然资源私有权的道德界限",使用和享受经济活动成果,必然受到全人类总需求的制约,生产成果的有限性与人类需求的无限性总是处于彼此消长过程中。因此,人类个体不能以自己私人权利的排他性,牺牲他人利益为代价,占有、积存、使用自然资源和经济成果。对以色列先民而言,一个人拥有土地或其他自然资源,绝不意味着他完全独自享有所带来的收益,以色列人、人类整体和人类之外的受造物等三大主体因素,均是人类道德责任的基本向度。

以色列先民认为,富人和穷人、"邻人"和"外邦人"有不同的道德角色定位。相比而言,富人应当承担更多道德义务和道德责任,如慈善、资助和救助行为。《希伯来圣经》有众多诫命是关于富人如何对待穷人、"外邦人"的。"爱人如己"这一犹太伦理的道德原则,在经济伦理领域体现的精神是,必须将金钱、财富本身的追求与拥有金钱财富后应承担民族责任的追求协调起来。以色列先民认为,人类对自我和大地关系的影响是罪恶的一种表现形式。人类堕落在于悖逆上帝的权威和恩慈,"资源冲突""工作破坏""成长不受制约""分配不公"是人类堕落的现实表征。

犹太经济伦理以道德观统摄金钱观和财富观,既不排斥追逐金钱财富,又不过度膜拜金钱财富。对以色列先民而言,偶像崇拜和物质崇拜,是违背创造之旨,有悖律法规定,金钱膜拜、财富膜拜等物质形式的膜拜,都是偶像崇拜的变形,偶像崇拜与唯一信仰相冲突,是被禁止的。学习金钱财富方面的律法是以色列先民生活之重要内容和重要目标。在以色列先民看来,金钱意识与物质享受意识并不一致,有金钱财富的支持,才能拥有更多自由时间保证自己学习《托拉》,遵守上帝之道,恪守神人之约。以色列先民深刻地洞悉到物质资源和经济因素,对现实生活的意义和价值,较早开始探究经济与伦理、物质与道德的关系问题,甚至很早就明晰了物质经济决定伦理道德这一伦理学的核心问题。

其次，以色列先民将"土地"作为犹太经济伦理的基础。对失去土地、频繁迁徙和不断流散的以色列先民而言，商业金融贸易是其生活生存之道，亦是民族繁衍发展之道。从事商业金融贸易，必然将获取利益和利润最大化放在首位，对失去生存之基的以色列先民尤其如此。英国伦理学家莱特认为，"上帝、以色列、土地，构架出以色列世界观的三大柱石"，是"伦理学最重要的元素"。① 对以色列而言，土地在伦理上至关重要，是亚伯拉罕之约立约应许的主要因素。克莱恩斯将土地视为亚伯拉罕之约继"后裔"和"蒙恩"立约应许第三个主要因素，换言之，上帝赐予以色列后裔成为大国和犹太民族成为强大民族，是亚伯拉罕之约第一要素，由确立与上帝耶和华的契约关系获得蒙恩和赐福是第二要素，应许土地和拥有土地，获得生存之基，则是第三要素。综观早期众多立约，发现前两个要素基本得到实现，而第三个要素的应许尚未真正实现。尽管这是学者的一家之言，但希冀获得立足之基——土地却是数代以色列先民的梦想。因此，土地在以色列发展历史中具有举足轻重的地位，以色列先民将土地视为上帝的赐予，认为土地为上帝所有，将土地视为立约的主要内容与评判标准。正因如此，犹太经济伦理体系中，以色列先民的现实经济生活沿着两个向度和追求一个目的展开，即经济生活以"创造论"为世界观、以契约论为经济基础，爱和信赖救赎的造物主，则是以色列先民的目的追求。

犹太文明早期，迦南地区经济治理体系的一个重要特点是，土地属于君王和领主拥有，百姓没有土地，作为佃农，要向君王或者领主缴税，要在军队中当差服役。但对以色列先民而言，共享共有自然资源是一个首要原则，公平公正是土地分配方式和分配制度的基本要求，《圣经·民数记》和《圣经约·书亚记》关于土地分配的法律制度和伦理制度的整体设计，其主旨和原则基本一致：土地是按照各支派、各宗族和各父家的人数多少、人数规模和实际需要进行分配，土地使用权属于所有人，公正、公平和普及化是一个基本原则，这就有效地避免了土地过度集中于君王和富人之手，形成土地垄断和剥削的弊端。但应指出的是，由于天灾人祸、人性贪欲和政权更替，以及智力、能力的差异导致

---

① ［英］莱特：《基督教旧约伦理学》，黄龙光译，中央编译出版社2014年版，第3页。

众多百姓未能拥有土地，甚至失去已有土地，成为无土地的佃农阶级。为了有效地解决这一个问题，以色列先民建立了具有民族特色的救助制度、慈善制度和税收制度，以律法制度保障弱势群体，如寡妇、孤儿、寄居者和利未人，等等。不仅如此，以色列先民还认为，上帝创造是平等的创造，每个人都有劳动和工作的权利，同样具有劳动的责任。正因如此，《圣经》中记载了众多讴歌劳动、赞美劳动和庆祝丰收的场景。

随着人口数量的增加、生产技术发展、生产力水平提高和剩余产品增多，导致商品交换种类和数量增多，交换范围和幅度增大，商品贸易和商品流通成为一种新的交往和交换方式，金钱、财富和超额利润可能成为人们的膜拜对象，"以牺牲他人为代价，获取超溢的成长规模，使得追求成长的手段充满着贪婪、剥削和不义"①。为了有效解决这些问题，以色列先民不断完善律法制度和伦理制度，以此规制和调节商品交换和商贸交往，"不可贪恋他人财物"，追求更多更丰富的物产，不能买卖土地，限制借贷和剥削，规制利息和抵押，公平公正分享社会财富。

再次，以色列先民将土地及其金钱和财富视为上帝的创造和赋予。如《圣经·出埃及记》记载，遵从上帝之道，遵守神人之约，上帝耶和华会将以色列先民作为特殊产业和特选子民。因此，以色列在上帝眼中如同国王私人的财宝，十分珍贵！如上所述，上帝耶和华将迦南福地赐给以色列先民，各个支派、各个宗族和各个本家都能根据家族人数得到相应的土地。这些赖以生存、谋生和发展的"产业"（基业）是以色列民族实现财富积累和民族光大的最重要的资本。土地是上帝的创造和赐予，是完成神圣基业的基础。因此，犹太律法规定，土地不能随便出卖给其他支派和外族，如果确实需要出卖土地应急，首先应该卖给自己家族、至亲或者支派。以色列先民是以家庭为主体创制经济体系的，是通过家族支派、至亲形成的家庭结构，构建防治贫穷的治理机制，并通过家族支派、宗族和家庭实现土地分配的公正公平。《圣经·利未记》对土地公正分配、禁止出卖家庭土地等多处有详细记载。更为重要的是，以色列先民认为贫穷、贫困不符合《托拉》的要求，兄弟、族人

---

① ［英］莱特：《基督教旧约伦理学》，黄龙光译，中央编译出版社2014年版，第172页。

陷入贫穷和贫困，其他人有责任、有义务帮助他们摆脱危机境遇，使之获得新生和幸福。以色列先民基于"创造论"和"契约论"，设计的律法制度和契约制度，以及与之配套的慈善制度和福利制度，主要是帮助和挽救失去土地和家庭的穷人、邻人和外邦人。这些制度之所以行之有效，一个重要的原因是以色列先民将土地资源赋予神圣性，视为上帝的创造和赋予。

最后，以色列先民将追求金钱和财富视为符合律法和道德的行为。以色列先民把律法和道德作为衡量和评价追求财富和利益的标准，视诫命、律法和伦理为规范商品贸易和经济关系的道德原则。具有强制性和规范性的律法体系和道德体系，对以色列先民的经济生活、社会生活、金融贸易具有强大的约束力量，是有效化解商品买卖和金融贸易之利益纠纷和冲突的重要手段。《圣经》载，"你若借钱给他，不可如放债的向他取利。你即或拿邻舍的衣服作当头，必在日落以先归还他"①。"不可行不义；在尺、秤、升、斗上也是如此。要用公道公平、公道砝码、公道升斗、公道秤。"② 以色列先民很早就认识和体察到公平、公正、公道之道德原则和道德规范，之于经济交往和社会交往中的意义和价值，律法要求对外邦人和商旅一视同仁、公道对待，不能厚此薄彼。"若有外人在你们国中和你同居，就不可欺负他。和你们同居的外人，你们要看他如同本地人一样，并要爱他如己。"③ 维持生活和生存，借钱借粮之外邦人和本族人，要一视同仁、公正公道，不能牟取高利，放高利贷是律法禁止的行为。犹太律法强调，在商品交换和货物贸易等商贸关系和经济关系中，尽管商品交换的技巧、方法和能力十分重要，但履行契约义务，遵守诚信、诚实的道德要求，形成良好的信誉和品格，更为根本。以色列先民认为，在经济交往和商业贸易中，追求利润和利益无可厚非，但为了利润和利益，违背契约，失去诚实，与道德败坏之人同流合污，则是律法所反对和禁止的行为。以色列先民很早就认识到，人的贪欲是滋生不道德行为的起源，也是违背诫命和律法的根本原

---

① 《圣经·出埃及记》22：25－27。
② 《圣经·利未记》19：35－36。
③ 《圣经·利未记》19：33－34。

因。因此，如何在经济伦理规范体系内，实现经济交往和商品贸易之利润的合法合德，是这一时期经济伦理和商业伦理的重要目标。如迈蒙尼德所指出的那样，戒律是"为了保证人们之间所必然发生的交易公平进行，即规定交易双方必须互相帮助，设身处地地为对方着想，而不是一味地贪图利益，谋取所有的利润"。因此，对以色列先民而言，"首先重要的一点，做买卖时不许行骗，并且所要获取的利润必须符合常情常规……律法禁止行骗，即使口头行骗也不允许"[1]。正因如此，犹太律法和伦理一致要求，雇主必须以善心善行对贫穷雇工，要按时付给雇工工钱，不能侵犯雇工各项权利，必须给予雇工必要的休息时间，遵从安息日的要求，甚至要给予牲畜休息进食的时间，雇主的此行此举，是符合犹太律法和犹太伦理的慈爱行为。"律法要求我们，要尽可能地培养自己的这种道德品质，即人应体恤其亲属，善待凡与其有亲属关系的每一个人，不论他曾冒犯过自己或对自己干过错事。即使他品德恶劣，人也必须体贴他、呵护他。"[2]

思考拥有个人财产与神圣上帝的关系问题，即财产获得现实性与正当性、道德性问题，显然是犹太经济伦理所关注的核心问题。《圣经》记载，虽然以色列先民获得上帝蒙召，但外部诱惑和内心贪欲令人很难平衡获得财产资源与律法、伦理的关系，甚至二者经常处于矛盾冲突当中。因此，《希伯来圣经》反复要求人们，从事商品交换、商业贸易，必须公正公平，不可少斤短两，不能以次充好，更不能违背契约约定，因为行非义之事，有违道德的行为，不仅为民族、家族所不齿，而且为上帝耶和华所憎恶。"在你囊中不可有一大一小两样的砝码；在你家里也不可有一大一小两样的升斗。当用对准公平的砝码，公平的升斗，这样在耶和华——你上帝所赐的地上。"[3] 故此，以色列先知对背离契约之约和公平公正的商品交换行为，和严重违背律法和伦理的经济犯罪行为，给予极大的讽刺和严厉的抨击。"上帝必不丢弃完全人，也不扶助邪恶人。他还要以喜笑充满你的口，以欢呼充满你的嘴。憎恶你的要

---

[1] 摩西·迈蒙尼德：《迷途指津》，傅有德译，山东大学出版社2004年版，第520页。
[2] 摩西·迈蒙尼德：《迷途指津》，傅有德译，第522—523页。
[3] 《圣经·申命记》25：13-16。

披戴惭愧；恶人的帐棚必归于无有。"① "你若将心安正，又向主举手；你受离若有罪孽，就当远远地除掉，也不容非义住在你帐棚之中。"② "不可行恶人的路；不要走坏人的道。要躲避，不可经过；要转身而去。但义人的好像黎明的光，越照越明，直到日午。恶人的路好像幽暗，自己不知因什么跌倒。"③ 那些违反公平公正原则和背离契约约定而获得金钱、财富和超利之人，最终金钱和财富一定会离开他们。失道失德失约之人，最终必定失去财富和金钱。以色列先民不反对人图利发财，但犹太经典反复提醒和警告人们：贪欲放纵，不加规制，将走上贪财犯罪之路，甚至在经济生活中遮蔽上帝之神圣性，从而违反蒙召之使命。以色列先民对交易与契约、经济与伦理、成圣与成人、贪财与失德、贪欲与犯罪等经济伦理、商品伦理的问题，有着深邃而辩证地认识，在当下依旧具有十分重要的意义。

二　先秦儒家经济伦理

先秦时期是中国社会历史上社会大转型和思想大解放的一个重要时期，也是社会价值体系重建和道德价值体系重塑的重要时期。在社会转型和价值重塑的过程中，可谓诸子峰起，百家争鸣，诸子百家均阐释了彰显学派性的价值立场、价值观点和价值取向，并建构一套完整系统的价值体系。作为中国传统社会产生巨大影响的思想学术流派，先秦儒家以义利观为核心构建的社会伦理和经济伦理体系，对当时和后来中国社会伦理思想发展产生了重大影响。

首先，义与利、道德与经济的关系问题是整个中国传统文化和传统哲学思考和体察的重要问题之一，是先秦儒家经济伦理关注的核心问题之一。孔子是先秦时期对义利关系问题进行系统论述的思想家。《论语·里仁》首先厘定和区分义与利之性质，并与君子与小人相关联，即"君子喻于义，小人喻于利"④，在人性和道德层面，义与利之分是

---

① 《圣经·约伯记》8：20－22。
② 《圣经·约伯记》11：13－14。
③ 《圣经·箴言》4：14－15，18－19。
④ 《论语·里仁》。

君子与小人的分界。之所以义与利成为区分君子与小人的标准，一个最根本原因是"君子义以为质"①，"君子义以为上"②。君子"义以为质""义以为上"是因为义是一种普遍性和根本性的道德原则，本身具有至上性和内在价值，其至上性和内在价值决定了义本身具有存在的意义、价值和根据。因此，在构建其伦理思想体系时，孔子视义为一种普遍的道德原则，是人类道德行为和实现道德价值的内在根据。按照孔子希冀的理路，衡量一个行为的价值属性，行为结果固然重要，但更重要的是行为本身，即行为是否符合应然性的要求，亦即其是否符合"义"的标准要求。与事实价值不同，道德行为价值具有应然性、崇高性和超功利性。道德行为的价值若靠外在东西来赋予，道德便会失去自身的意义和价值。由此观之，孔子对义的肯定和利的贬抑并非完全没有道理。但是，当孔子从"质"和"上"的角度肯定义时，无疑对义的现实基础和现实价值有不少忽视，使之对义之道德价值的理解带有本质主义的倾向，其道德评价标有偏重动机主义的不足。

其次，孔子从价值取向的角度，对义与利的关系展开追问与探询。如孔子曾多次强调那样，"不义而富且贵，于我如浮云"③，"见小利，则大事不成"④，"君子谋道不谋食，君子忧道不忧贫"⑤，这与义的至上性和内在性的理解相一致。孔子从价值取向的角度对义的强调，主要基于对群体与个体关系的理解而展开。在孔子看来，作为一种普遍的道德原则，义要超越个人利益的拘囿而彰显普遍意义和价值，亦即社会整体利益或曰公利；反之，利则总会与个人的存在与满足状态紧密相联系。如此，孔子反复分析利之不足和局限，以此凸显"大事""大道"和道德之重要性。当孔子将义与利关系定位于一种价值取向，当这种价值取向指向群与己关系的时候，必然会面临整体利益与个体利益、群与己的矛盾和冲突，而孔子解决矛盾和问题的基本理路是以义制利，将道德作为调节利益关系的基本原则。因此，孔子强调，"富与贵，是人之

---

① 《论语·卫灵公》。
② 《论语·阳货》。
③ 《论语·述而》。
④ 《论语·子路》。
⑤ 《论语·卫灵公》。

所欲也；不以其道得之，贫与贱，是人之所恶也；不以其道得之，不去也"①。孔子对义利冲突的化解理路，是与其义以"为质""为上"，以及注重群体的思想是一致的。义是人的本质规定，具有内在价值；社会整体利益与普遍的道德原则相一致，则具有最高价值，故此，在义与利发生冲突的时候，"见利思义"② 和"见得思义"③，成了实现孔子伦理思想的逻辑必然。

再次，孔子对义利关系的理解，确实触及了伦理问题的实质，即群与己、义与利的关系问题，这是经济伦理必须优先解决的问题。孔子从普遍的道德原则出发，强调社会整体利益的重要性，强调义作为衡量"处"与"不处"、"去"与"不去"的尺度和标准的重要性，无疑为利的追求规定了一个较为合理的范围，使义与利保持一种必要的张力，这既符合人类道德自觉的发展过程，又符合道义原则的超功利性质，有其合理性。但是问题的另一方面在于，过分强调社会的整体利益，强调义对利的制约性，必然会逻辑地走向只注重群体发展而忽视个体存在的本质主义泥潭。

最后，在孔子那里，义与利不仅是作为区分君子与小人的界限，作为一种价值取向，更为重要的是作为其整个价值观的核心范畴提出来的。所以义与利的问题不仅关涉道义原则与功利原则的定位问题，而且指向人的感性的物质欲望与理性的精神要求及其满足的问题。按孔子的基本理解，义所指向的是社会生活的应然之则，体现着人理性的精神要求；相反，利则反映的则是人感性的物质需要及其满足。在二者的关系上，孔子强调精神价值高于物质价值，精神需要的满足优先于物质价值的满足。义是安身立命的根本，君子"谋道"不"谋食"，"忧道"不"忧贫"，"志士仁人，无求生以害仁，有杀身以成仁"④ 精神价值具有至高无上性。当然，与后来的儒家尤其是正统派儒家有所不同，孔子尽管强调精神价值的重要性，但并没有完全否认感性物质需要的正当性与

---

① 《论语·里仁》。
② 《论语·宪问》。
③ 《论语·季氏》。
④ 《论语·卫灵公》。

合理性，"富而可求，虽执鞭之士，吾亦为之"①。"食不厌精，脍不厌细"②，感性的物质需要是人最基本的需要，感性物质欲望的满足无可厚非。孔子在这里所要强调的只是相比而言，理性的要求和精神的满足是人更高层次的需要，是人之为人更根本的方面，与对理性要求的重视相一致，孔子最后将其对义利问题的讨论指向了道德修养论即理想人格问题，孔门弟子三千，七十二贤人，但孔子最为得意的还是颜回，原因在于颜回"志于道"，在物质生活的艰辛而不改自己的精神追求，"饭疏食饮水，曲肱而枕之，乐亦在其中矣。不义而富且贵，于我如浮云"。当孔子将义提升到人生态度和理想人格的高度之后，义以"为质"、义以"为仁"，注重普遍道德价值和理性要求的偏向得以更加凸显和强化。

关于义与利的价值取向上，孟子凸显独特伦理追求，如他所言："王何必曰利，亦有仁义而已矣！"③ 道义原则是义利观的基本出发点与对利的强硬反对态度相一致，在对动机与效果关系问题的理解上，孟子的立场鲜明，"大人者，言不必信，行不必果，惟义所在"。义具有至上的性质，本身就是目的，人们言行的价值不必以行为的结果为依据，应以其行为的动机为依据，孟子将孔子的义务论道德思想推向了极致。

对义的推崇和对利的反对，内在地与强调理性而忽视感性密切相关。在对待理性与感性的关系上，孟子主张先验的"良知""良能"学说。"人之不学而能者，其良能也；所不虑而知者，其良知也。"④ 这种良知、良能就是人先天具有的理性能力。孟子还进一步从人与动物相区别的角度，论证了人的本质在于人的这种先验的理性。"人之所以异于禽兽者几希！庶民去之，君子存之。舜明于庶物，察于人伦，由仁义行，非行仁义。"⑤ 从对理性与感性关系的这种理解出发，孟子从认识论的高度，论述了义的至上性。"体有贵贱，有大小。无以小害大，无

---

① 《论语·述而》。
② 《论语·乡党》。
③ 《孟子·梁惠王上》。
④ 《孟子·尽心上》。
⑤ 《孟子·离娄下》。

以贱害贵。养其小体者为小人，养其大体者为大人。"① 孟子将理性规定为"大体"，将感性规定为"小体"，并将"大体"与"小体"的区别看成是"大人"与"小人"的分界，不仅与孔子"君子喻于义，小人喻于利"是一脉相承的，而且使孔子重义轻利的思想得到了进一步强化。孟子在义利问题上对孔子思想的继承和对道义原则的强化，并不意味着否认孟子对义利问题思考上的某些权变。实际上，正由于社会的急剧转型以及其他学派的挑战，孟子在对孔子义利观基本精神继承的基础上，也有新变通和认识。他对社会赖以存在的物质基础尤为重视，提出"无恒产者无恒心"思想，"是故明君制民之产，必使仰足以事父母，俯足以畜妻子，乐岁终身饱，凶年免于死亡。然后驱而之善，故民之从也轻"②。孟子对"恒产"的肯定，以及"制民之产"理路，表明其对"终身饱"等人的感性要求合理性的宽容和认可。同时，孟子的这一思想还触及道德意识与经济状况的关系，也触及物质需求是道德的基础，而只有物质需要得到满足，才可"驱而之善"，产生道德要求。

孟子的义利观似乎前后矛盾的，但确乎洞察到精神需要与物质需要缺一不可，道义原则之内在价值外显，需要物质的基础。孟子对道义原则和"恒产"的双重肯定和强调，是符合人的存在状态的。他为回应墨家、法家等学派的挑战，纠诸家之偏，而对道义原则的过度推崇，则导致其经济伦理之道义原则与功利原则的内在矛盾、紧张和冲突的一个重要原因。

荀子对义利关系问题的思考和解决，彰显出其独特学术思路，其从社会历史发展的角度，展开义之物质基础的论述，触及义作为一种道德原则的物质基础问题。"人生而有欲，欲而不得，则不能无求，求而无度量分界，则不能不争，争则乱，乱则穷，先王恶其乱，故制礼义以分之，以养人之欲，给人之求。"③ 对荀子而言，礼义并非先验预设的道德原则，亦非人的先天良知，人们对物质利益的追求是制定礼制根本要求，物质利益关系是礼义道德的基础。礼义规范之家庭、社会功能，是

---

① 《孟子·告之上》。
② 《孟子·梁惠王上》。
③ 《荀子·礼论》。

调整和规范各种物质利益关系，是实现维系社会稳定和有序之目的。

荀子对义的外在基础之限定，尽管还不是唯物史观的观点，但是在一定程度和一定范围上，已经触及物质经济与伦理道德关系问题，甚至已经接近问题的实质。因此，我们可以认为，荀子的经济伦思想，特别是他关于义利观问题的思考与体察，在一定程度上，克服和超越了孔孟之道义论的不足，彰显出具象现实的价值，令先秦儒家之义利观先验预设的封闭性和抽象性的偏向得以克服和纠偏，现实物质基础得到重视，道德问题和道德价值背后的动因成为先秦儒家关注的重点。

荀子在对义的内涵的规定上表现出与孔孟不完全相同的思路。"仁义德行，常安之术也。"①"体恭敬而心忠信，术礼义而情爱人，横行天下，虽困夷，人莫不贵。"②对荀子而言，道义原则并非纯粹的绝对命令，也不完全仅仅具有内在意义，道义原则还具有工具价值和外在意义。

荀子仍然未能超出孔子所设定的重义轻利思想框架。"上好利则国贫"③，"利克义者为乱世"④。义作为普遍的道德准则，仍然是调整利益关系的原则。"君子道其常，而小人计其功"⑤，义与利仍然是区分君子与小人的依据。但是，与孔孟将义与利对立起来的思路不同，荀子在强调礼义作为道义原则的重要性的同时，并未忽视人的物质欲望的重要性。在荀子看来，利欲之心是人不能避免的，"虽尧舜不能去民之欲利"⑥。利欲之心也是人的本性，不应人为的压抑，只能以合理的方式加以满足二者之间应保持一种必要的张力。

从孔子、孟子至荀子，先秦儒家经济伦理关于道义原则与功利原则、群体发展与个体存在、理性要求与感性欲望之道德核心问题的思考，及其形成众多彰显儒家学派性的伦理成果，在中国学术史上建构了一个注重道义原则、注重群体发展、重视理性价值的学术传统。这一传

---

① 《荀子·荣辱》。
② 《荀子·修身》。
③ 《荀子·富国》。
④ 《荀子·大略》。
⑤ 《荀子·天论》。
⑥ 《荀子·大略》。

统对后来的中国思想乃至于中国社会都产生了巨大的影响。但必须指出的是，先秦儒家经济伦理关于道义与功利的思考与解决，有忽视功利原则的蹈虚之嫌，不得不说是一个重要的理论缺失。先秦儒家经济伦理关于待群己关系探究，有片面重视道义、群体利益和整体价值，忽视功利、个体存、个人利益和个体价值之缺憾，有其学术解释力不足和理论失误。但是，在群己关系思考解决中，如果片面强调个人利益之需求和个体价值之实现，而忽视社会整体利益和社会整体价值，则是十分危险的。一种思想学说，如果放弃了社会整体利益、社会整体价值和长远利益的观照，而一味地重个人利益和个体价值，必然会陷入功利主义和个人主义的泥潭，以之为指导形成的社会秩序，必然是"人与人是狼与狼"之弱肉强食和无序状态。但总体而言，先秦儒家经济伦理关于精神价值与物质价值的关系的认知和思考，有重视精神价值、忽视物质价值，强化道德理想、漠视物质需要的不足，甚至确实产生了极为严重的后果，这是建构现代经济伦理亟待解决的问题。

总之，先秦儒家的义利观既有其理论贡献，又有其不可克服的内在缺失。就其理论的现代启示而言，最为重要之点在于：义与利、群与己、物质需要与精神价值对一个社会及其个体而言，都是不可或缺的。因为人本身就是一个物质与精神的综合体，一个义与利的综合体，一个群与己的综合体。一个合理价值体系应该使二者之间保持必要的张力，并且在二者之间相对地画一条界限。既不能用道义原则的至上性否定功利原则的重要性，也不能用物质需要的重要性来否定精神价值的崇高性。物质需要的满足与精神价值的追求属于不同的领域，需要用不同的方式来满足，用商品交换原则、市场原则解决道德领域的问题，或者用道义原则解决物质需要的问题，都是不可取的。

三 经济伦理比较

在文明互鉴视域下，两种经济伦理的比较研究，牵涉到原初两个伦理范式之多个维度和不同层面，而探究义与利抑或道德与经济的关系问题，有助于我们把握"轴心时代"两个民族伦理思想的历史渊源、根本特征、基本内涵和演变规律，有助于我们体察和认知这一时期犹太先知和儒家先哲关于经济关系和商业关系的道德认知与伦理反思，从二者的比较互鉴中，获得建构现代经济伦理的道德资源。

(一) 两种义利观之异

犹太经济伦理与儒家经济伦理之义利观，既有不同的宗教文化背景、学术传承和历史渊源，也有不同民族、国家、社会和家庭需求，更有不同道德目标和道德价值的追求。因此，尽管犹太经济伦理和先秦儒家经济伦理有不少相似相通之处，但在基本价值取向上，两种经济伦理之义利观及其道德观相异大于相同，甚至在许多地方还有很多相悖、相反之处。

首先，两种伦理模式对义利认知各有偏重。一方面，犹太伦理文化是重义理的。作为"伦理—神教"，以色列先民以上帝耶和华的名义来施仁义道德，以"摩西十诫"统摄律法制度、契约制度、伦理制度规范，以律法制度、契约制度和伦理制度调节和规制经济关系和经济行为，则是明证。另一方面，这一时期，以色列先民十分崇尚伦理道德，但追求财富、赚取利润、获得金钱依旧视为符合律法和道德之行为，这是后来以色列先民从事商业贸易、礼赞获取高利，甚至赤裸裸地盛赞金钱的一个重要原因。故此，以色列先民认为，"《圣经》放射光明，金钱散发温暖"，"钱不是罪恶，也不是诅咒，它在祝福着人们"，"钱会给予我们向神购买礼物的机会"，等等，这与先秦儒家经济伦理的目标追求大相径庭，与先秦儒家之"罕言利"相异相悖，与世界上其他民族的经济伦理观文化极为不同。总体而言，众多世界上的古老民族和传统社会的经济道德观，均对谋利行为诉诸多方面的规范和限制，从根本上否定其本身的正当性和优先性是最一般和常见的做法。无论宗教上的神圣生活，还是世俗上的道德生活，特别是中国历史上的"义利之辩"，都是以人为设定的文化价值观，同片面逐利的经济观相对抗，甚至从"本体论"出发，直接怀疑和否定逐利的行为。以色列先民创制的犹太经济伦理，却从根本上肯定和褒奖逐利行为，犹太民族以遵守上帝律法为民族身份象征，上帝耶和华始终以赐福义人（主要是敬上帝的人），使之生养众多、财产丰饶，作为守法遵德的回报，作为遵守上帝之道的褒奖。特殊的宗教文化背景、特殊的民族经历和特殊的客民遭遇，以色列先民尤为看重金钱财富蕴含的力量，甚至将之超拔至高神圣地位。这种特殊的财富观、金钱观成为其经济伦理中独特内涵，根除和屏蔽了以色列先民追求物质利益常见于在其他民族伦理文化中的种种非理性的障碍，令以色列先民最为自由地施展才能，获取财富和金钱，成为犹太经济伦理的重要内涵和突出特色。

与犹太经济道德相反，尚义轻利是先秦儒家经济道德一以贯之的思想，是处理义与利、道德与经济关系中占主导地位的思想观点。孔子提出了"君子喻于义，小人喻于"的道德标准和道德判断，孟子承续并进一步发展了孔子这一思想，主张以义为人之行为价值判断的准绳和道德判断的准则，因此，他指出义是贯穿为人、言信、行果等整个生命过程的灵魂，"大人者，言不必信，行不必果，惟义所在"①，正因如此，他极力反对片面言利、逐利的思想行为，"何必曰利？亦有仁义而已矣"②。荀子进一步丰富和完善先秦儒家经济伦理思想，其关于义利关系的思考和认知达到了新的高度，他从道德价值和社会治理等维度阐明了二者的关系，"先义而后利者荣，先利而后义者辱"③，"故义胜利者为治世，利克义者为乱世"④。秦儒家重义轻利之财富观、金钱观及其道德观和价值观，构筑了中华伦理文化之经济伦理的主体，时至今日，对弘扬民族大义，高扬民族精神，形成崇高道德，都有现实价值和积极意义的。但必须指出的是，先秦儒家经济伦理之尚义轻利的道德观和价值观捧扬至顶点和极端，以致中国传统经济伦理下的士大夫阶层耻于谈利、羞于商业活动，这是历史上商品经济落伍和经济伦理不发达的一个重要原因。

总之，犹太经济伦理和儒家经济伦理，在探究和处理人类精神指向与物质生存、经济与道德义与利的关系问题上，特色鲜明、各有重点。基于宗教文化、民族流散、客居他乡的特殊经历，令以色列先民将金钱、财富超拔至神圣地位，将财富观、利益观、金钱观与道德观、契约观、价值观融为一体，将追逐财富、利益和金钱的行为视为符合律法规

---

① 《孟子·离娄下》。
② 《孟子·梁惠王上》。
③ 《荀子·荣辱》。
④ 《荀子·大略》。

定和道德标准的行为。因此,犹太经济伦理之义利关系的解决理路,消解了其他伦理体系人为设置道德价值观抑制追求利益、财富和金钱之行为弊端,令以色列先民遵守经济道德规范更具现实基础和可操作性,与以色列先民"不尚教义、信条和学说,注重实际生活中的恭行践律和德行"可谓一脉相承,是犹太民族独特伦理观在经济关系的反映。更为可贵的是,这种独特的财富观、利益观和金钱观使以色列先民视赚钱为堂堂正正的追求和理想,目标清晰而明确,心理轻松而坦然,这对其当时及后来在金融、商业上的成功无疑是极有助益的。

先秦儒家从本体论上展开的"义利之辩",更多偏重于对人类精神价值的设定,虽有蹈虚之嫌,但更重要的是涉及人的价值取向问题。先秦儒家已经洞察到,在人类需要的层次当中,存在着一个比物质需要更高的,并因此也是更为根本的需要——道德需要。因此,先秦儒家的经济伦理是德性主义伦理。在孔子看来,道德是第一性的地位,是作为"绝对命令"向主体颁布的,道德命令的普遍性和强制性令道德主体"杀身成仁""舍生取义",如是,孔子及其后学才不愿放弃道德的第一性或本体论的地位,但可惜的是,在理论上去正立道德的本体论地位始终是儒家必须面对的理论困境,也许借鉴犹太伦理的思路是走出困境的方法之一。

先秦儒家经济伦理关于义利关系问题解决理路和价值设定,曾给历史上的中国商人造成了众多心理负担和思想桎梏,而犹太经济伦理之财富观、利益观和金钱观,对犹太商业帝国和以色列先民的崇商精神的塑造,可谓价值连城、功高至伟。但如马克斯·韦伯所认为的那样,犹太经济伦理是塑造犹太商业精神和商业素质的重要文化根源,但绝非全部因素,这是因为从来没有一种经济伦理完全只取决于宗教,建构一种经济伦理模式,取决于众多因素和条件。故此,任何试图以简单的逻辑片面而非全面地看待或探究问题,必定于理论上是谬误的,在实践上是危险的。然而,我们必须肯定的是,犹太经济伦理之财富观、利益观和金钱观等价值理念,对以色列商业精神和契约精神的塑造功不可没。产生于特定特殊的地理历史环境,作为一个独特民族的独特政治、经济在观念形态下反映的犹太经济伦理思想,其核心依旧是宗教伦理,犹太教是犹太文化的主要载体,犹太教集犹太民族的精神信仰、生活方式、道德规范、组织制度和民俗礼仪等为一体，在犹太民族、犹太社会和犹太文化中的地位作用，远非一般民族可以比拟的。简言之，犹太教及其经济伦理对塑造犹太人、犹太商业精神和犹太契约精神，是根本性和根源性的。

对先秦儒家经济伦理而言，无论是儒家创始人孔子，还是后继者孟子、荀子，其经济伦理关于义利关系的思考和诠释，总体而言是重义轻利、崇尚道德贬损经济、重视群体价值忽视个体价值，凸显理性追求忽视感性欲望。尽管如此，但先秦儒家经济伦理观，并未完全否定人的经济利益和物质欲求。虽然孔子认为"喻于利"是"小人"，是从事"稼圃"等农业生产的"劳力者"，甚至认为从事农业劳动是一种"鄙事"，对生产劳动表现出一种道德上的鄙视，但"富民"是他经济思想的核心。孟子过度超拔义之意义，强烈反对人之逐利行为，也并未完全否定人的物质欲望，以及经济与道德的关系；相反，孟子不仅提出了有"恒产"和有"恒心"之伦理学的基本问题，而且在其政治思想中，更是将发展工商业、富民强国作为政治主张、国家治理和社会治理的重要举措。孟子的义利之论，针对不同的对象强调的重点不同。对于统治者，他认为必须先仁义而后利；对于民，则认为只有获得实际的物质利益之后，民才可能行仁义。"今也制民之产，仰不足以事父母，俯不足以畜妻子，乐岁终身苦，凶年不免于死亡。""民之为道也，有恒产者有恒心，无恒产者无恒心。"显然，对于民来说，只有衣食无虞，才能讲求礼义。孔孟深感社会巨变时期"道德与物质财富"的"二律背反"，但同时又把经商富民作为"士人"的生存做法，这和犹太财富金钱观有相似相通之处。不同的是，以色列先民把财富和金钱推至神圣，而先秦儒家把追逐财富和金钱看作低于道德精神价值的东西。

其次，两种伦理模式之义利观的文化背景相异。以色列先民早期定居的是商旅集中、贸易繁荣的地区，客居他乡，失去土地，流浪生活，使之深感财富和金钱对生存的价值。以色列先民在进入迦南以前，一直过着逐草而居的生活，迦南地区特殊的商业贸易环境培育了希伯来人的商业意识、商业头脑、金融意识。"迦南"处于地中海东岸，东邻两河流域，北接欧亚腹地，东南为阿拉伯沙漠，西南是非洲大陆，为历史上最早的商路交汇之地。当亚伯拉罕率领希伯来人进入迦南之际，该地的文化远远先进于希伯来文化。迦南人已建立许多小型的城邦国,掌握了农业技术和冶炼技术,手工业也很发达。各城邦国兴建的城市和城堡则是一个个贸易中心。迦南人频繁的贸易活动深刻地影响了尚未定居的希伯来人,他们中有些人逐渐放弃了畜牧业与农业,介入当地的贸易活动中。与迦南人的历史交往,对犹太民族商业特征的形成起到了十分重要的作用。希伯来人定居迦南的过程,不单是一个游牧部落向定居农业的转化过程,这个过程"正是希伯来人的商人基因同迦南地方商业特性相吻合的过程"。正是在长期的历史交往中,犹太人获了一个又一个孕育和发展其商业特长的机遇,频繁的交往和特殊的商贸环境,使他们对金钱有特殊认知,对财富有独特领悟,形成具有民族特征的义利观。

先秦儒家经济伦理是风云激荡的社会历史变化的产物。春秋时期是"礼崩乐坏"的社会动荡时期。旧的社会秩序遇到信任危机,"从社会根源来说,这是由于当时出现了新的生产力的代表——地主阶级,这些社会新贵经济上有着极强的实力,他们不满于自己的经济势力不相适应的政治地位,要求更多的政治权利,向旧制度、旧秩序发难"[①]。先秦儒家伦理是对小农自然经济基础之上的血缘家庭和宗法制度的道德观照。春秋时期铁器逐步推广应用于农业生产,开始有条件地大规模开发荒漠和森林。铁器的广泛应用,加速了专业的分工和发展。随着农业和手工业的发展,商业也逐步繁荣,生产力的发展,为封建的生产关系提供客观基础。无论如何,各诸侯国在由奴隶制度向封建制度转变过程中,有两点是共同的,即经济制度上以"私田"代替"公田"和血缘宗法制的崩坏。[②] 经济基础变革,引起整个社会结构和上层建筑的变化。随着社会制度的变化,意识形态也发生了变化,在权力下移的同时,相应地出现了文化下移。而经济制度的变革引发社会变革的一个重要方面就是:原来支配和主宰人间祸福的"天"与鬼神遭到人们的怀疑,旧的价值体系的崩溃和新的价值体系的建立都为新的伦理思想体系提供了契机。先秦儒家的伦理价值观可以说是这一时期典型的代表,先秦儒家以自己对新价值体系的建构而成"显学"。而孔子经济伦理在整

---

① 唐凯麟等:《成仁成圣——儒家道德伦理精华》,湖南大学出版社 1999 年版,第 10 页。
② 沈善洪等:《中国伦理思想史》,人民出版社 2005 年版,第 71 页。

济与道德的关系问题上强调道德价值是第一性的,道德是目的,而经济是达到道德目的的手段,孔子的义利观是典型的德性主义特征。

总之,犹太经济伦理与儒家经济伦理关于义利关系的探究与思考,因文化时代背景、民族背景、历史渊源不同在价值取向亦各有特点,犹太经济伦理是奴隶社会时期道德观照,而先秦儒家经济伦理是奴隶社会向封建社会过渡的时期的道德反映,前者是外来商贸对民族的影响使之更倾向把财富和金钱作为人生的追求;后者在面对社会价值观整合和重塑的时候,必然先把人的精神价值的追求作为目的。先秦儒家从本体论上展开的"义利之辩",更多偏重于对人类精神价值的设定,虽有蹈虚之嫌,但更重要的是涉及人的价值取向问题。先秦儒家已经洞察到,在人类需要的层次当中,存在着一个比物质需要更高的并因此也是更为根本的需要——道德需要。因此,先秦儒家的经济伦理是德性主义伦理。

再次,两种义利模式的调节方式相异。人类进入文明社会以后创造许多调节社会关系的方式,以伦理还是以律法、以宗教还是以政治作为调节社会关系主要规范机制和调节手段,这都与当时的民族文化背景有关。以色列先民之"律法是神的旨意"和犹太人是"特选子民"的心理优势,使之特别重视律法和伦理在经济交往和商业活动中的地位和价值。以色列先民较早形成的健全的契约伦理观念和律法观念,是使之很早成为契约民族、商业民族、金融民族的一个重要前提。以色列先民长期的客居他乡,失去从事农业和畜牧业所需的基本生产资料——土地,商业贸易成为他们的唯一选择,以色列先民在与其他民族的商业贸易和经济交往实践中,遵守律法、契约和伦理规范,追逐利益、财富,视金钱为目的,是必然的选择。先秦时期中国是以小农经济为主的民族,以土地为最基本生活资料,商业贸易落后,人口难以流动,所以传统的中国社会以伦理道德作为调节社会关系的主要方式。

最后,两种义利模式的性质不同。对犹太经济伦理而言,利益和道德都是上帝耶和华的在旨意,上帝具有最终的决定作用;对儒家而言,"天"虽然也是道德和利益的本原,但人事对道德、利益具有决定性作用,以色列先民之义利观是宗教神性的经济伦理,而先秦儒家义利观是一种经济道德本质论思想。撇开本原而言,一个把经济作为第一性的,另一个把道德价值看作第一性的；一个把利益作为目的，另一个把道德作为目的。简言之，一个是宗教神性经济道德论；另一个是人性经济道德本质论。

（二）两种义利观之同

尽管犹太义利观与儒家义利观在许多方面旨趣不一，但由于人类文化的共性特征和人类需要层次需求层次性特征，以及人类价值观追求一致性的特征，两种伦理模式在相异中亦相通，在分歧中亦存同，在个性之中显共性。

首先，两种义利观都肯定律法或伦理、规范调节作用。"一神教"在犹太文化的许多方面产生了深刻的影响，使之形成了极富特色的经济伦理体系，在经济活动中特别重视契约和律法的规范调节作用。特别是摩西时代已经洞悉到过分追求财富和金钱对"一神信仰"的危害，"摩西十诫"以及涉及财产、财富、所有权、债务、罪等方面的律法或伦理都肯定了律法和道德的规范调节作用。以色列先民特别重视契约在经济交往中的作用，把契约和律法作为约束经济行为的基本规范，以色列先民在商贸交往中，注重每个细小环节，契约一旦鉴定，不管什么意外发生都坚持履行契约，决不毁约，契约形成了犹太先民的交换意识，交换意识和契约意识奠定了犹太民族之商业民族的基础。契约是对交换的律法保证，并内涵着对交换的肯定。以色列先民与上帝耶和华签订契约的条件是：犹太人信诺耶和华的约，耶和华就保佑犹太人。将人神关系理解为交换关系意味着这种文化价值观中把交换意识和交换观念导向为积极的价值，以积极的态度理解交换使之必然以交换的态度处理各种关系。契约和交换意识的深入也加速一个商业民族的形成。而"律法是神的旨意的体现"和"犹太人是与神立约的选民"的信仰使之重视律法在各种经济关系以及义利关系中的作用和意义。同时，把律法和道德作为衡量和评价追求财富和利益的标准。他们把律法作为规范各种经济关系的伦理原则，律法对犹太人的生活具有约束力量，并且能有效地解决彼此间的各种纠纷不困难。由于这一时期律法、契约、伦理交互杂糅，彼此不分，甚至通用，因此，犹太教之义利观特别重视律法和伦理的调节作用。而中国作为小农经济为主的民族，以伦理道德作为调节社会关系的主要方式，整个文化传统都体现着浓厚的伦理色彩，已成为学界的共识。

其次，两种义利观都认识到了经济或财富现实价值和基础作用。重利益、财富是犹太伦理之义利观核心。以色列先民之特殊的商贸环境、"客民"身份，不断迁徙而失去土地的不幸，使他们比世界任何民族更看重金钱，金钱是他们的世俗上帝，他们重钱爱钱，用钱生钱，生活节俭，开源节流，"金钱无姓氏，更无履历表"，任何钱都没有净染之分，赚钱的方法只有效果的好坏之分，没有高贵低贱之分，至于用什么方式进行经营，只要遵守契约符合律法就心安理得。犹太教从不把贫穷看成美德，发财致富被认为是一个人有责任去接受的挑战。在经济上依附他人而不能自立，被认为是犹太人间接违背"托拉"的行为。对于犹太人来说，他们的谋钱观念与众不同，认为"只要赚钱就行"，从不认为钱丑恶肮脏，而是把钱视为人生无法或缺的一部分。因此，金钱、利益、财富获得符合律法的要求是犹太人成为商业民族的基本观念；重利益，轻说教，是犹太伦理之义利观的基本特征。

对先秦儒家而言，尽管"重义轻利"为基本价值取向，但孔孟荀也从未否定现实的财富、利益对百姓生活的意义。义之于孔子是道德的主体性和道德的规范性的统一，而"利"与今天的"利益"范畴相近，是主体对一定对象如物质财富、权力等客观需要。孔子十分强调获取"利"方式的正当性的问题，亦即符合"义"或"道"的标准和要求，若符合道义标准，可谓"君子爱财，取之有道"，追求正当的个人利益的满足也是"君子"成为君子的必要条件，孔子的道义论实际上蕴含有功利论的可能因子。孔子义利之辩的核心还不单是利益获得的正当性的问题，而且更是涉及人的价值取向问题，孔子已经洞悉到道德需要在人类各种需要中的超拔性和关键性，初步奠定道德在社会价值体系中的本体论地位。孔子的义利之辩尽管强调"义"亦即道德本身的独立性和自足价值，但这并不意味着孔子的义利观是以"贫穷"为基础的道德快乐主义，而是包含在富裕条件下主体的道德修养的理性考量问题。孔子较早地看到百姓"怀土""怀惠"的实际生活问题，王道德政要赢得民心，满足百姓土地和物质的需求，"德政"才不流于说教，孔子的富民之道中的著名"庶、富、教"的思想，对财富利益的肯定，并将之视为教的基础性工作,"富民"是孔子经济伦理的核心,可见孔子的富民论与道义论之间强大的张力机制持续存在。孟子对孔子义利思想的推进更多地表现为一种个体道德理论即"君子之学",除此之外,孟子深感利益的重要,其恒产与恒心的思考,是对经济与道德关系的新考量。因此,即使极端的孟子也十分重视恒产等财富、土地、利益对人类道德建设的意义和价值。

总之,两种伦理之义利观在对利益的基础性认知上,都认识到利益对在社会生活中的意义和价值,即使儒家德性主义的经济伦理也不否定利益对道德建设作用,此两种义利模式相同多于相异,道德生活特别是百姓生存的现实性思考是二者相同的一个基本因素。

最后,两种义利模式作用一致。无论是犹太经济伦理,还是儒家经济伦理,均是根据当时经济状况、民族生存和国家治理需要,凸显民族特点的道德选择和伦理观照,均是实现国家治理目的和维系民族、文化、经济、社会健康运作的道德手段和道德制度。犹太先知与先秦儒家关于道德和经济、义与利、物质需要与道德价值、整体利益与个体利益关系的认知与解读不同,但他们体察、洞悉和思考道德与经济、义与利、物质需要与道德价值、整体利益与个体利益关系的思维方式、推进理路,依旧具有很强的互鉴价值,二者建构的经济伦理模式及其财富观、利益观和道德观,至今依旧影响着两个民族经济伦理思想建构与人类商业伦理精神的培育。比较二者的经济伦理思想及其金钱观、财富观、利益观和道德观、契约观,有助于我们建构符合现代市场经济需要的经济伦理,有益于我们形成适合现代商业文明的商业伦理和商业精神。

结　语

　　元典时期是犹太伦理和儒家伦理的发端创制时期。伦理思想是希伯来文明与中华文明的重要内容。从比较文化视角出发，探究犹太先知与儒家先哲的伦理智慧，对于重塑现代伦理体系，实现道德重建之目的，具有重要的学术价值和现实意义。冷战结束以来，文明冲突和文明博弈、文明矛盾和文明对抗，是引发国际社会利益博弈和矛盾冲突的一个重要因素。文明对话与文明隔阂、文明互鉴与文明冲突、文明共存与文明优越，是人类文明发展进程中亟待解决的几个重要问题。人类文明发展历程和历史事实确证，因民族、国家、宗教、种族、地域、地理、文化等要素的不同，文明呈现出多样性、丰富性、多维性和地域性、民族性、种族性的基本特征。笔者认为，造成世界冲突的不是文明本身，也不是文明多样性形式，而是文明背后的政治、宗教和利益的驱动，抑或以文明的同质性消解文明多样性的价值驱使。文明互鉴的主旨是在肯定世界多样性中尊重文明的差异性，在文明比较中实现文明相互借鉴与文明相互尊重。

一　文明互鉴的必要性

　　文明互鉴的内在价值驱动源于人类文明多样性的各种助益，其基本前提源于不同民族文明共识的平等性，动力则是源于不同民族对彼此文明的包容性，而互鉴之目的是希冀不同国家、不同民族、不同种族在平等交往对话中实现文明理解、文明包容和文明宽容。

　　首先，文明互鉴具有方法论意义。文明个体甚至文明个体的部分、侧面之比较是文明互鉴的起点,文明整体概念下的个体与个体的比较、个体与整体的关联,微观和宏观、个体与群体、局部与整体、过往与当下、现在与未来的比较,则是文明互鉴的基本维度。因此,基于儒家文化视角审视犹太文化,抑或从犹太文化维度理解儒家文化,比较和互鉴具有重要的方法论意义。

其次,文明互鉴助益文明自信、互信和互谅。"万物并育而不相害,道并行而不相悖。"研究不同文明之间的相互交往内在机制,实现不同文明在核心利益上的共圆和交集,互鉴比较是一种方法和路径。世界文明没有高下、优劣、好坏之分,只有特色、民族、地域之别。文明互鉴研究,首先必须肯定和尊重其他文明系统生存发展的正当性和合法性,形成衡量文明发展标准的普遍性和共识性,尊重文明发展的差异性和多样性,承认其他各国文明选择其发展道路、政治体制、社会制度、文化习俗、宗教信仰的历史性、现实性、合理性。通过文明互鉴,不同文明系统能在相互了解中获得不断发展动力,促进文明间的和谐共处,成为人类命运共同体构建的重要力量。

最后,文明互鉴助益文明共育和互蕴。儒家文化和犹太文化均是民族性凸显的文化类型,要真正把握两种文化模式的基本内核,必须从世界视角理解二者的源流和源向问题。一方面,文明时空坐标系是世界性的,必须站在世界维度才能把握文明流变的规律。另一方面,文明因变量亦是世界性的,必须站在世界维度认真探究左右文明发展大势的根本性因素,以及决定文明变迁和更替的实质性因素。基于世界维度审视儒家文化和犹太文化,我们得到的不是文化的自怨自艾、妄自菲薄,而是不同文明的尊重和互信,这是国与国、族与族交往发展、共育互蕴的文明基因。

文明互鉴不应限于具象条件下的研究,而应由学术生命构想孕育出超越人类心理和生理属性,冲破时空坐标的拘囿形而上的思考和研究。我们无法绕开人类文明的交互性、贯通性和一致性,文明互鉴之真、善、美、利的努力亦有共赢性和共识性的价值,不必避讳文明多元,不该回避文明自强,多元自强之后,肯定是浩浩荡荡的文明大势。

二 两种伦理模式的定位

在文明共同体和文化全球化的视域之下，从多种维度对两种伦理范型的历史渊源、时代背景、体系架构、基础、原则、内容特征、嬗变历程、传承影响、当代价值的比较研究，精准把握两种伦理范型的嬗变规律和基本特征，并对两种文明在更高层面上互补融合的可能性进行探究，具有重要学术价值和现实意义。

首先，两种伦理模式蕴含普遍性和共通性。在交通落后、地理阻隔、通信原始的古代社会，两个民族及其伦理的交往、交通和交集很难进行。但在人类文明演进和现代学术的平台上，对二者的互鉴研究，无论是互鉴语境、互鉴条件，还是互鉴模式、互鉴目标都凸显了文明流变的普遍性和共通性。

其次，两种伦理模式彰显连续性和生命力。两个民族的宇宙观、世界观、人生观、价值观和伦理观及其对人性关系假定、时空关系探究、因果关系考量、生命关系追求，各自呈现出不同特色和气度，彰显独有的内在价值、生存逻辑和演进规律。两种伦理嬗变至今，可谓今古不同，但二者的基本道德观念和道德判断，均隐含着对两种文明整体性、连续性和持久性的肯定和认同，我们不能否定文明发展历史长河中某个阶段和某个部分的断层和异变，但二者的核心价值却是一以贯之、经久不衰。

最后，两种伦理模式彰显不同性质。通过神人关系和天人关系的比较，廓清了两种伦理模式的根本特征：犹太伦理是神本主义伦理，儒家伦理是人本主义伦理；爱是犹太伦理的基本原则，仁是先秦儒家伦理的总纲；前者的爱是神爱、契约之爱、平等之爱，后者的爱是人爱、人伦之爱、差等之爱。

三 两种伦理模式比较的学术价值

首先，挖掘传统道德资源，实现传统伦理创造性转换。通过跨文化、跨伦理比较，在传统伦理与现代伦理、民族伦理与世界伦理之间形成张力，完成传统伦理的创造性转换，形成民族道德认知、道德认同和道德自省。通过对两种创制时期伦理范型的比较，还原伦理源头的本来面貌，探究两种伦理流变的嬗变规律，在比较中相互借鉴，汲取优秀道德资源，实现道德重塑和道德治理之目的。

其次，把握伦理流变规律，创新伦理运思方式。元典犹太伦理和儒家伦理是"轴心时代"道德先知对民族伦理的内窥与预判，是对神人关系（天人关系）、人人关系、人社关系以及人与道德关系的认知与考量。经由文化先知的共同学术耕耘，实现了人类伦理精神的伟大突破，各自创制的伦理理论、伦理模式、道德精神，成为后起伦理的运思形式和发展方向。

再次，探究伦理的民族性和世界性，重塑现代伦理精神。"轴心时代"文化先哲的道德追求和伦理探索，实现人类文明的重大创新和全面突破。犹太先知和先秦儒家致力于探究人类伦理精神，在追求普遍性和彰显民族性的伦理建构中，形成爱与仁、律法与礼法、中道与中庸、他律与自律为基础的伦理洞见，这一传统和古希腊苏格拉底、古印度佛陀思想遥相呼应，将"轴心时代"人类先哲的原初洞见诉诸当下人类道德重建，具有普遍性和共通性的源头价值。

复次，建构伦理对话平台，重塑当代伦理体系。世界范围内不同文明对话、商谈和互鉴是文明多样性、多元性、多维性存在和发展的重要前提。研究比较两大伦理传统的继承性与积累性、共时性和历时性，有助于建构相融、互补、对话的伦理文化平台，有助于打通民族与世界、传统与现代、当下与未来的内在伦理关联，实现当代伦理体系创新之目的。

又次，提供互鉴范本，达成共识价值。以两种元典伦理为范例，分析人类道德文明的发展规律、内在机理和深层意义，为跨文明、跨文化的对话和商谈提供有价值的范本，引导不同文明间寻求共识的方向和目标。不同文明间的商谈、对话和互鉴，形成知理、知心、知行的共识价值，能消解文明隔阂、冲突、狐疑，畅通异域文明交流合作，消除文明霸权和道德绑架，有助于形成构建人类命运共同体。

最后，通过文明互鉴，实现优长互补。分别以己方与彼方的立场、思维方式和文明标准，深度理解不同文明体系中"善"的价值和成因，寻求不同文明体系之道德价值的共通性和普适性，形成不同文明形式间的有效交流和真诚合作，将异域文明的优秀文化资源化为本土文明繁荣和发展的动力，是文明互鉴的基本要求。因此，文明对话、比较和互鉴将成为各大文明系统普遍认同和普遍选择的、维系世界和平与发展的最基本的力量。

四　两种伦理模式比较的现实意义

首先，"轴心时代"文化先哲们的学术耕耘，实现了人类伦理精神的伟大突破。两种元典伦理是"轴心时代"道德先知对民族伦理的内窥和预判，犹太先知和儒家先哲的学术耕耘，实现了人类伦理精神的重大突破，创制的彰显民族精神和民族价值的道德理论、道德思想、道德模式和道德体系，很大程度上左右着后续民族伦理演进的基本方向和伦理运思的基本形式。通过跨文化、跨伦理的比较，在传统伦理与现代伦理、民族伦理与世界伦理之间形成张力，完成传统伦理的创造性转换，必然会形成民族道德认知、道德认同和道德自省。通过对元典伦理范型的比较，还原伦理源头的本来面貌，探究两种伦理流变的嬗变规律，在比较中相互借鉴，汲取优秀的道德资源，有助于实现道德重塑和道德治理的目的。因此，基于文明互鉴需要，比较两种伦理模式之异同，有助于互相借鉴学习优秀的伦理传统和伦理资源，臂助民族文化的自信、自觉和自省。

其次，"轴心时代"文化先哲们独特文化追求和伦理探索，实现人类道德文明的重大创新。犹太先知和儒家先哲致力于人类伦理的研究，在彰显普遍性和民族性的伦理规范建构中，形成爱与仁、律法与礼法、中道与中庸、他律与自律为基础的伦理传统，这一传统和古希腊苏格拉底、古印度佛陀思想遥相呼应，是"轴心时代"两种典型的伦理模式，将"轴心时代"人类先哲的伦理洞见赋予其民族特色，诉诸当下价值重塑和道德重建，适应"百年未有之大变局"的国际环境，具有重要的民族价值和世界意义。

最后，"轴心时代"文化先哲们独特的伦理致思进路，实现人类道德实践的重大创新。不同文明的比较、互鉴，是尊重人类文明多样性、多元性、多维性的重要前提。比较两大伦理传统的比较研究，有助于建构多元文明的平等、共享、相融机制，是打通民族与世界、传统与现代、当下与未来的内在伦理关联的有益尝试。

总之，两种元典伦理模式隶属两个不同的文化系统，许多道德范畴、概念、规范在形式上既非对应，在内容上也不尽一致，二者之比较牵涉的问题和层面也繁杂众多，如，伦理的民族性与普遍性问题，经济与道德或义与利的关系问题，家庭伦理的神圣性与世俗性问题，契约问题，犹太与儒家经典的诠释方法问题，两种伦理模式的时代还原问题，经典典籍稽查界定问题，制度伦理问题，角色伦理问题，法律伦理问题，对涉及的问题要全部梳理并给出比较结论，显然是一件非常困难的事情。但萃取上述几个方面，或许有助于我们把握两种伦理流变的主旨、概貌和特征。

参考文献

一 主要中文文献

《圣经》，中国基督教协会，中英文版。

《说文解字》，中华书局 2018 年版。

《死海古卷》，王神荫译，商务印书馆 1999 年版。

《诸子集成》，岳麓书社 1996 年版。

白玉林等：《三礼文化辞典》，商务印书馆 2019 年版。

陈谷嘉：《儒家伦理哲学》，人民出版社 1996 年版。

陈来：《古代思想文化的世界》，北京大学出版社 2017 年版。

程东风：《责任伦理导论》，人民出版社 2010 年版

崔永东：《道德与中西法治》，人民出版社 2002 年版。

董小川：《儒家文化与美国基督新教文化》，商务印书馆 2002 年版。

范瑞平：《当代儒家生命伦理学》，北京大学出版社 2011 年版。

方汉文：《比较文化学新编》，北京师范大学出版社 2019 年版。

方汉文：《比较文明学》，中华书局 2014 年版。

冯时：《文明以止》，中国社会科学出版社 2018 年版。

冯时：《文明以止》，中国社会科学出版社 2018 年版。

冯象：《以赛亚之歌》，生活·读书·新知三联书店 2017 年版。

傅佩荣：《儒道天论发微》，中华书局 2010 年版。

傅佩荣：《儒道天论发微》，中华书局 2010 年版。

傅有德：《犹太哲学与宗教研究》，中国社会科学出版社 2007 年版。

傅有德等：《现代犹太哲学》，人民出版社 1999 年版。

傅有德等：《犹太哲学史》，中国人民大学出版社 2008 年版。

傅有德主编：《犹太研究》（1—11辑），山东大学出版社2002—2013年版。

葛兆光：《中国思想史》，复旦大学出版社2001年版。

郭金鸿：《道德责任论》，人民出版社2008年版。

贺麟：《文化与人生》，商务印书馆1999年版。

贺璋瑢：《历史与性别——儒家经典与〈旧约〉的历史与性别视域的研究》，人民出版社2013年版。

胡启用：《先秦儒家法伦理思想太研究》，民族出版社2012年版。

黄建中：《比较伦理学》，山东人民出版社1998年版。

黄陵渝：《犹太教学》，当代世界出版社2000年版。

黄天海：《希腊化时期的犹太思想》，上海人民出版社2007年版。

姜法曾：《中国伦理学史略》，中华书局1991年版。

瞿同祖：《中国法律与中国社会》，商务印书馆2010年版。

李培超：《自然的伦理尊严》，江西人民出版社2001年版。

李喜霞：《中国近代慈善思想研究》，人民出版社2016年版。

李学勤：《十三经注疏》，北京大学出版社1999年版。

李学勤：《中国古代文明十讲》，复旦大学出版社2003年版。

梁工、赵复兴：《凤凰再生——希腊化时期的犹太文学研究》，商务印书馆2000年版。

梁启超：《先秦政治思想史》，中华书局2015年版。

刘笃才：《民间法规与中国古代法律秩序》，社会科学文献出版社2014年版。

刘洪一：《犹太文化要义》，商务印书馆2006年版。

卢风、肖巍：《应用伦理学概论》，中国人民大学出版社2008年版。

吕红平：《先秦儒家家庭伦理及其当代价值》，人民出版社2015年版。

吕洪业：《中国古代慈善简史》，中国社会出版社2014年版。

马作武：《先秦法律思想史》，中华书局2015年版。

孟天运：《先秦社会思想研究》（上下），人民出版社2012年版。

牟钟鉴等：《中国宗教通史》，社会科学文献出版社2003年版。

潘光、陈超南等：《犹太文明》，中国社会出版社1999年版。

裴安平：《中国的家庭、私有制、文明、国家和城市起源》，上海古籍出版社 2019 年版。

彭林：《中国古代礼仪文明》，中华书局 2013 年版。

皮锡瑞：《经学历史》，中华书局 2011 年版。

钱穆：《中国思想史》，九州出版社 2015 年版。

饶本忠：《犹太人与欧洲文明》，人民出版社 2015 年版。

萨孟武：《中国社会政治史》，生活·读书·新知三联书店 2018 年版。

沈长云：《上古史探研》，中华书局 2002 年版。

宋立宏：《犹太流散中的表征与认同》，社会科学文献出版社 2018 年版。

宋立宏等：《犹太教基本概念》，江苏人民出版社 2013 年版。

孙慕义：《后现代生命伦理学》，中国社会科学出版社 2015 年版。

唐凯麟：《伦理学》：高等教育出版社 2002 年版。

唐凯麟、陈科华：《中国古代经济伦理思想史》，人民出版社 2004 年版。

唐凯麟、张怀承：《成人与成圣——儒家伦理道德精粹》，湖南大学出版社 1999 年版。

田海华：《希伯来圣经之十诫研究》，人民出版社 2012 年版。

田秀云：《角色伦理——构建和谐社会的伦理基础》，人民出版社 2014 年版。

万俊人：《寻求普世伦理》，商务印书馆 2001 年版。

王博：《中国儒教史》（先秦卷），北京大学出版社 2011 年版。

王国轩等：《孔子家语》，中华书局 2011 年版。

王海明：《公正与人道》，商务印书馆 2010 年版。

王海明：《新伦理学原理》，商务印书馆 2017 年版。

王立新：《古犹太历史文化语境下的希伯来圣经文学研究》，商务印书馆 2014 年版。

王梦欧：《礼记今注今译》，新世界出版社 2011 年版。

王永刚：《犹太文明五千年》，国际文化出版公司 2020 年版。

翁绍军：《神性与人性——上帝观的早期演进》，上海人民出版社 1999 年版。

吴雷川：《基督教与中国文化》，商务印书馆 2015 年版。

伍庸伯等：《儒家修身之门径》，商务印书馆2017年版。
徐复观：《中国人性论史》（先秦篇），上海三联出版社2001年版。
徐新：《犹太文化史》（第二版），北京大学出版社2011年版。
徐新、凌继尧：《犹太百科全书》，上海人民出版社1993年版。
徐行言：《中西文化比较》，北京大学出版社2004年版。
许倬云：《西周史》，生活·读书·新知三联书店2001年版。
杨英等：《礼与中国古代社会》（秦汉魏晋南北朝卷），中国社会科学出版社2016年版。
姚新中：《儒教与基督教——仁与爱的比较研究》，中国社会科学出版社2002年版。
姚新中：《早期儒家与古以色列智慧传统比较》，陈默译，中国社会科学出版社2013年版。
俞荣根：《礼法传统与中华法系》，中国民主法制出版社2016年版。
俞荣根：《儒教法思想通论》，商务印书馆2018年版。
曾宪义：《礼与法：中国传统法律文化总论》，中国人民大学出版社2012年版。
张光直：《考古人类学随笔》，生活·读书·新知三联书店2017年版。
张光直：《中国青铜时代》，生活·读书·新知三联书店2017年版。
张践：《儒学与中国宗教》，中国财富出版社2013年版。
张立文：《天人之辨——儒学与生态文明》，人民出版社2013年版。
张倩红：《困顿与再生：犹太文化的现代化》，江苏人民出版社2003年版。
张倩红等：《犹太人千年史》，北京大学出版社2016年版。
张倩红等：《犹太史研究入门》，北京大学出版社2017年版。
张倩红等：《犹太史研究新维度》，人民出版社2015年版。
张衍田：《国学教程》，中华书局2013年版。
赵敦华：《人性和伦理的跨文化研究》，黑龙江人民出版社2004年版。
赵林：《基督教与西方文化》，商务印书馆2013年版。
赵明：《先秦儒家政治哲学引论》，北京大学出版社2004年版。
赵墨、赵磊：《犹太人是如何思考的》，九州出版社2019年版。
周燮藩：《犹太教小辞典》，上海辞书出版社2004年版。

周赟：《中国古代礼仪文化》，中华书局 2019 年版。

朱伯崑：《先秦伦理学概论》，北京大学出版社 1984 年版。

朱维之：《希伯来文化》，浙江人民出版社 1988 年版。

朱贻庭：《应用伦理学辞典》，上海辞书出版社 2013 年版。

朱贻庭：《中国传统伦理思想史》，华东师范大学出版社 2015 年版。

邹昌林：《中国礼文化》，中国社会科学出版社 2002 年版。

［埃及］摩西·迈蒙尼德：《论知识》，董修元译，山东大学出版社 2015 年版。

［德］阿尔伯特：《耶路撒冷史》，王向鹏译，大象出版社 2014 年版。

［德］弗朗茨·罗森茨威格：《救赎之心》，孙增霖、傅有德译，山东大学出版社 2013 年版。

［德］赫尔曼·柯恩：《理性宗教》，孙增霖译，山东大学出版社 2013 年版。

［德］卡尔·白舍客：《基督宗教伦理学》，静也等译，上海三联书店 2002 年版。

［德］利奥·拜克：《犹太教的本质》，傅永军等译，山东大学出版社 2002 年版。

［德］马丁·布伯：《论犹太教》，刘杰译，山东大学出版社 2002 年版。

［德］马克斯·韦伯：《古犹太教》，康乐等译，广西师范大学出版社 2010 年版。

［德］马克斯·韦伯：《儒教与道教》，王容芬译，商务印书馆 2002 年版。

［德］朋霍费尔：《伦理学》，胡其鼎译，商务印书馆 2015 年版。

［法］埃玛纽埃尔·勒维纳斯：《塔木德四讲》，关宝艳译，商务印书馆 2002 年版。

［法］亨利·梅因：《古代法》，郭亮译，法律出版社 2019 年版。

［法］沙洛姆·所罗门·瓦尔德：《中国和犹太民族：新时代中的古文明》，张倩红等译，大象出版社 2014 年版。

［古罗马］斐洛：《论创世记》，王晓朝等译，北京商务出版社 2015 年版。

［美］艾伦·德肖维茨：《法律创世记——从圣经故事寻找法律起源》，林为正译，法律出版社 2011 年版。

［美］安乐哲：《儒教角色伦理学——一套特色伦理学词汇》，孟魏隆译，山东人民出版社2017年版。

［美］保罗·格莱姆雷·昆茨：《历史中的十诫——让社会井然有序的摩西法规》，甘霖译，贵州大学出版社2011年版。

［美］伯纳德·J.巴姆伯格：《犹太文明史话》，崔宪译，商务印书馆2018年版。

［美］弗吉尼亚·赫尔德：《关怀伦理学》，苑莉均译，商务印书馆2014年版。

［美］汉密尔顿：《上帝的代言人——〈旧约〉中的先知》，李源译，华夏出版社2014年版。

［美］赫尔曼·沃克：《以色列的诞生：荣耀1》，辛涛译，湖南文艺出版社2016年版。

［美］麦秀斯等：《旧约圣经背景注释》，李永明等译，中央编译出版社2014年版。

［美］摩迪凯·开普兰：《犹太教是一种文明》，黄福武等译，山东大学出版社2002年版。

［美］祁斯特拉姆·恩格尔哈特：《基督教生命伦理学基础》，孙慕义译，中国社会科学文献出版社2014年版。

［美］塞缪尔·亨廷顿：《文明的冲突》，周琪等译，新华出版社2017年版。

［美］沙亚·科亨：《古典时代犹太教导论》，郑阳译，中国社会科学院出版社2012年版。

［美］施特劳斯：《哲学与律法》，黄瑞成译，华夏出版社2012年版。

［美］涂纪元：《德性之境——孔子与亚里士多德的伦理学》，林航译，中国人民大学出版社2009年版。

［美］亚伯拉罕·柯恩：《大众塔木德》，盖逊译，山东大学出版社1998年版。

［清］孙希旦：《礼记集解》，中华书局2016年版。

［清］孙诒让：《周礼正义》，中华书局2013年版。

［日］滋贺秀三：《中国家族法原理》，张建国等译，商务印书馆2016年版。

［以］S. N. 艾森斯塔特：《犹太文明——比较视野下的犹太历史》，胡浩等译，中信出版集团2019年版。

［以］阿里·沙维特：《我的应许之地：以色列的荣耀与悲情》，简扬译，中信出版社2016年版。

［以］沙洛姆：《以色列2000年——犹太人及其居住地的历史》，徐新等译，山东画报出版社2003年版。

［以］施罗默·桑德：《虚构的犹太民族》，王崟兴等译，中信出版社2017年版。

［英］莱特：《基督教旧约伦理学》，黄龙光译，中央编译出版社2014年版。

［英］马丁·吉尔伯特：《五千年犹太文明史》，蔡永亮、袁冰洁译，上海三联书店2019年版。

［英］诺曼·所罗门：《犹太人与犹太教》，王广州译，译林出版社2014年版。

［英］塞西尔·罗斯：《简明犹太民族史》，黄福武等译，山东大学出版社1997年版。

［英］史密斯：《以色列的先知及其历史地位》，孙增霖译，上海三联书店2013年版。

［英］詹姆斯·乔治·弗雷：《〈旧约〉中的民间传说——宗教、神话和律法的比较研究》，叶舒宪、户晓辉译，陕西师范大学出版社2012年版。

蔡尚思：《孔子的礼学体系》，《孔子研究》1989年第3期。

晁福林：《论殷代神权》，《中国社会科学》1990年第1期。

戴兆国：《从郭店楚简看原始儒家德性论》，《华东师范大学学报》（哲社版）2002年第2期。

冯国超：《论先秦儒家思想的内在逻辑与历史价值》，《哲学研究》2002年第7期。

傅有德：《试论犹太哲学及其基本特征》，《哲学研究》1999年第4期。

傅有德：《希伯来先知与儒家圣人比较研究》，《中国社会科学》2009年第6期。

傅有德：《犹太教中的选民概念及其嬗变》，《文史哲》1995 年第 1 期。

彭小瑜：《略论犹太教一神论的起源和发展》，《世界宗教研究》1986 年第 4 期。

沈坚：《古代犹太教一神观的演进》，《华东师范大学学报》（哲社版）1994 年第 3 期。

张持平、吴震：《殷周宗教观的逻辑进程》，《中国社会科学》1985 年第 6 期。

周燮藩：《论什么是犹太教》，《世界宗教研究》2000 年第 2 期。

周燮藩：《犹太教伦理》，《犹太研究》2003 年第 2 期。

二 主要外文文献

The Bible, *Revised Standard Version*. The British&Foreign Bible Society, 1971.

The Cambridge History of Judaism, ed. By W. D. Davies, L. Finkelstein, Cambridge University Press, 1989.

The Bible and Civilization, by Gabriel Sivan, Keter Publishing House Jerusalem Ltd., 1973.

The Religion of Israel, by Yehezkel Kaufmann, tr. and abridged by Moshe Greenberg, The University of Chicago Press, 1960.

The Story of Jewish Way of Life, New York: Barman House, 1959.

JewishValue, Jerusalem: Keter Publishing House, 1974.

Jews God andHistory, by Max I. Dimont, New York: The New American Library, 1964.

Encyclopedia Judaica, *Jerusalem*: The Macmillan Company, 1972.

The Way ofTorah (WOT) 5th ed., byNeusner, Jocob, WadsworthPublishingCompany, 1993.

The Apocryphal OldTestament, Clarendom Press, Oxford, 1984.

Judaism and Confucianism: A General Comparison, in Sino-Judaica: Jews and Chinese in Historical [1] Dialogue, Tel Aviv University 1999.

Maimonides on Prophecy: Synthesis and Reconciliation Journal of Progressive Judaism, Vol. 2, 1994. 11.

The Judaic response to Modernity and Its Referential Value to the Cultural Re-

construction in China Today, Bulletin, Igud Yotzei Sin, 2007. 7.

Revelation and Prophets: *The Comparison of Judaism and Confucianism*, Ching Feng: A Journal on Christianity and Chinese Religion and Culture, Vol. 2, Fall 2001.

Freedman, *H*, *and Maurice*, Simon (eds.) Midrash rabba, Lond: Soncino press, 1939.

Cittelsphn, *Roland B.*, *Wings of the Morning*, New York: Union of American Hebrew Congregationgs, 1969.

后 记

本书系国家社科基金一般项目"文明互鉴下的圣经犹太伦理与先秦儒家伦理比较研究"(项目编号：15BZJ004)的最终研究成果，该项目于 2015 年立项，2021 年结项。结项和成书大体经过了五个阶段：第一阶段，诠释经典文本，搜集和整理犹太与儒学最新研究成果，翻译相关外文资料，诠释《圣经》、《塔木德》、先知思想和"儒经"、孔门弟子或再传弟子思想。搜集古犹太伦理的研究成果和资料、先秦儒家伦理最新研究成果和资料的工作，推进较为顺利，后期因购买部分英文版书籍，翻译耽误一些时间。第二阶段，细化研究内容，补充材料和整理材料。主要以两种伦理范型的基础、核心、特征、形式、嬗变历程、当代价值为主线展开比较研究，"抓主带次，抓重带从"，完成重点比较任务。同时，撰写几篇相关论文，完成课题设计刊发论文的任务。第三阶段，突出比较重点、形成比较结论。对两种伦理范型进行不同层面比较研究，听取相关专家的意见，修改、补充、完善比较结论。第四阶段，根据"坚持正确的政治方向和学术导向，牢固树立问题意识、创新意识和精品意识，立足学术前沿，体现有限目标，突出研究重点，避免重复研究"的要求，对 30 万字初稿进行了取舍、精简，凸显择重导向，保留 22 万多字。第五阶段，评审通过后，根据评审专家的评审意见，特别是评审专家提出的问题和不足，进行了局部修改，增加"内容简介""后记"，根据出版规范的要求，对内容、格式、引文进行修改完善。

犹太伦理与儒家伦理比较研究是多年来笔者的学术研究方向。2002年考取山东大学哲学与社会发展学院博士研究生后，笔者有幸就读在傅有德先生的门下，先生知识渊博、治学严谨，对西方哲学、犹太文化有着精深研究，对中西文化的比较有很高造诣，这是吸引笔者由研究哲学原理转为研究犹太伦理与儒家伦理比较的一个重要原因。国家社科基金课题"文明互鉴下的犹太伦理与先秦儒家伦理比较研究"的立项、结项和成书，是笔者多年来辛勤耕耘的阶段性学术总结，亦是两种伦理范型比较研究由浅及深、由表及里和不断细化深化、自我修正之学术轨迹的表征。

课题立项、结项和成书出版得益于多年来师友和家人鼎力帮助。由衷感谢我的导师傅有德先生，我在学术上的每一次进步都有他的大力提携和鼎力帮助。感谢我的师弟陈京伟、王广、王春、李延仓，感谢有你们一路同行。中国社会科学出版社的责任编辑刘亚楠认真负责精神令本书增色不少。最后要感谢我的夫人，正是她的默默付出和支持，才使我有时间顺利完成课题和书稿。

2023 年 5 月 27 日于济南